COMPARISON AND ANALYSIS OF STANDARDS IN MAJOR EQUIPMENT FIELDS

重大装备领域标准比对分析

张 妮 刘 冰 吕保良 邱 楠 郭德华 张东生 等著

中国质量标准出版传媒有限公司
中 国 标 准 出 版 社

北 京

图书在版编目（CIP）数据

重大装备领域标准比对分析／张妮等著．—北京：中国标准出版社，2021.11

ISBN 978-7-5066-9792-7

Ⅰ.①重… Ⅱ.①张… Ⅲ.①装备制造业—工业技术—标准—对比研究—中国、国外 Ⅳ.①T-65

中国版本图书馆 CIP 数据核字（2021）第 039256 号

中国质量标准出版传媒有限公司
中　国　标　准　出　版　社　出版发行

北京市朝阳区和平里西街甲 2 号（100029）

北京市西城区三里河北街 16 号（100045）

网址：www.spc.net.cn

总编室：（010）68533533　发行中心：（010）51780238

读者服务部：（010）68523946

中国标准出版社秦皇岛印刷厂印刷

各地新华书店经销

*

开本 787×1092　1/16　印张 18.75　字数 339 千字

2021 年 11 月第一版　　2021 年 11 月第一次印刷

*

定价：115.00 元

编委会

各篇编委名单

第一篇　航天篇·卫星

主　　编： 邱　楠　郭德华　郭晋媛

参编人员： 张　乐　王　磊　胡明明　金晓晨　周思卓

审定专家： 赵剑霞　杨维垣　冯小琼

第二篇　航空篇·直升机

主　　编： 吕保良

参编人员： 皮润格　任文明　凌云霞　廖子祥　张　冰　王　硕　姜　昱　朱　瑾

审定专家： 郑朔昉　朱怡超　高丽稳　汪定杰　汪　滨　李　景　张　宏

第三篇　能源篇·油气管道

主　　编：张　妮　　刘　冰　　熊　辉

参编人员：谭　笑　　崔秀国　　祝悫智
徐葱葱　　薛鲁宁　　赵晋云
马伟平　　王　岳　　支树洁

审定专家：汪　滨　　张　宏　　惠　泉
税碧垣　　李　景　　彭金平

第四篇　海工装备篇·自升式钻井平台

主　　编：张东生

参编人员：江　平　　黎　伟　　徐　鑫
于　洋　　张召翠

审定专家：耿海平　　马　娜　　李　杰

前言

重大技术装备是国之重器，关系到国家战略安全和国民经济命脉，是基础性、战略性的产品，是衡量一个国家制造业核心竞争力的重要标志，对国民经济的发展起着支撑和带动作用。党的十八大以来，在以习近平同志为核心的党中央坚强领导下，我国重大技术装备发展取得了显著成就，有力支撑了经济发展和国防建设。然而，当前我国装备制造产业与世界先进水平还有一定差距，诸如产品自主开发创新能力弱、国产化依托工程难以落实等。为实现重大装备领域“以我为主　装备中国　走向世界”的宏伟目标，按照世界各国推行的“标准先行”的先进做法，2017年，我国启动了国家重点研发计划国家质量基础（NQI）共性技术研究与应用重点专项“中国标准走出去适用性技术研究（二期）”，并将“重大装备标准走出去适用性研究”作为重点研究内容，由国家管网集团北方管道有限责任公司牵头，联合中国标准化研究院、北京空间科技信息研究所、中国航空综合技术研究所及上海市质量和标准化研究院等多家单位，通过开展各自领域重点标准比对分析研究，总结标准比对分析结果及标准成功转化经验，这对于提升我国重大装备领域国际话语权和核心竞争力有重要意义。

本书是国家重点研发计划项目“中国标准走出去适用性技术研究（二期）”中“重大装备标准走出去适用性技术研究”课题的研究成果，分别从卫星、直升机、油气管道以及海工装备四个重大装备领域分析我国优势标准与国际标准及国外标准之间的差异性，总结标准成功转化的经验，旨在为重大装备领域“标准互认”提供必要条件，为中国标准“走出去”提供事实依据和技术支撑，加快我国标准与产品、技术、装备及服务“走出去”的步伐，服务“一带一路”建设。

本书分为航天、航空、能源和海工装备四个篇章，分别从卫星、直升机、油气管道以及自升式钻井平台四个方面对我国60余项优势标准[①]进行比对分析，总结相关领域我国标准“走出去”的路径和方法。第一篇“航天篇·卫星”介绍了国内外航天领域标准现状、标准比对分析及标准比对总体评价。以卫星领域标准“走出去”为例，依托卫星整星出口，航天基础设施建设，单机、部组件出口等领域国际合作项目，开展标准及标准体系比对分析。第二篇“航空篇·直升机”介绍了国内外航空领域标准现状、标准比对分析及总体评价。综合考虑应用范围广、体现直升机特色和民用航空领域关注度高等因素，从基础、直升机旋翼系统、噪声控制等不同专业技术领域进行标准比对分析。第三篇“能源篇·油气管道”介绍了国内外油气管道标准现状、油气管道不同领域标准比对情况及总体评价，从油气管道设计、管道施工及验收、管道运营维护不同生命周期节点对国内外标准进行比对分析。第四篇“海工装备篇·自升式钻井平台”介绍了国内外海工装备标准现状、海工装备标准比对分析及总体评价，在标准比对方面，从海工装备典型结构设计、典型产品、典型零部件等方面进行标准比对分析。

感谢编写过程中国家管网集团北方管道有限责任公司、中国标准化研究院、北京空间科技信息研究所、中国航空综合技术研究所、上海市质量和标准化研究院等单位领导的关心和支持。感谢中国石油大学（北京）、中国标准化研究院、中国空间技术研究院、中国直升机设计研究所、中国船舶重工集团公司第七〇四研究所、上海振华重工（集团）股份有限公司、沪东中华造船（集团）有限公司等单位的专家对本书内容的审阅和提出的宝贵意见。

由于本书涉及技术领域广泛，相关资料来源有限，加之作者的水平有限，书中难免有疏漏之处，恳请专家和读者批评指正！

著　者

2021年1月

[①] 本书中涉及的国内外标准均为项目研究期间现行有效的标准，有效性截至2020年12月（项目完成时间）。

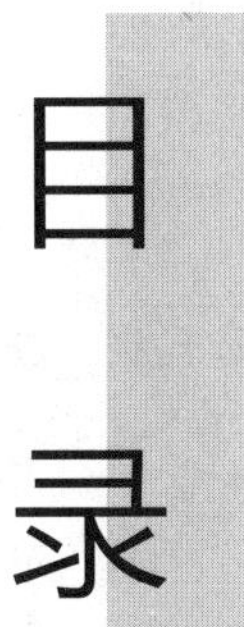

目录

第一篇　航天篇·卫星

第二篇　航空篇·直升机

第三篇　能源篇·油气管道

第四篇　海工装备篇·自升式钻井平台

第一篇

航天篇·卫星

探索浩瀚宇宙，发展航天事业，建设航天强国，是我们不懈追求的航天梦。“十三五”以来，我国完成了以“长征五号”为代表的新一代运载火箭研制，实施140余次发射。近两年来，我国航天发射次数更是位居世界首位，我国进入和利用空间能力大幅提升。在航天器领域，“嫦娥四号”2019年完成人类首次月球背面软着陆；天宫二号空间实验室、神舟十一号载人飞船、天舟一号货运飞船等相继发射成功，为中国空间站建设奠定了坚实基础。目前，我国在轨卫星370多颗，从卫星导航到移动通信，从环境监测到抢险救灾，航天服务着生活的方方面面。

党的十九大提出建设航天强国的宏伟目标，实现中国航天标准“走出去”是提升中国航天影响力的关键途径。航天器领域标准“走出去”主要依托卫星整星出口，航天基础设施建设，单机、部组件出口等领域国际合作项目。本篇从卫星国际合作项目中外方重点关注的卫星研制产品保证、项目管理和工程技术三个方面入手，在国内外航天标准体系比对的基础上，结合卫星国际合作项目在研制过程中对标准实施与应用的实际需求，比对分析重点标准并推进其中的优势标准在国际合作项目中的实施与应用。在开展国内外标准比对分析中，将标准内容分为通用要素和个性要素：通用要素一般包括标准的适用范围、标准化对象的术语和定义等；个性要素是标准的基本属性，即技术类和管理类。技术类标准重点比对的要素一般包括技术条件、环境条件、设备设施、指标参数、技术流程、技术方法等；管理类标准重点比对的要素一般包括工作项目、管理模式、工作流程、工作要求等。在提取比对要素的基础上对核心技术内容进行比对，进而得出分析结论。本篇共比对分析15项中国标准。

第一章　国内外航天领域标准现状

第一节　中国航天领域标准

我国航天领域标准化工作随着航天事业的发展而不断发展，目前已形成了由国家标准、行业标准、企业标准构成的金字塔型标准框架，在航天事业的发展过程中，航天标准作为技术基础发挥了重要作用。

一、航天领域国家标准

随着我国航天事业的迅速发展，自主创新能力不断提升，我国航天技术已经跻身世界先进行列，航天活动在国民经济建设和社会发展中所发挥的作用越发重要，在国家层面，建设与我国航天大国地位相称，与我国航天强国建设需求相适应的水平先进、国际接轨的标准体系的时机已经成熟。2012 年，我国启动了中国航天国家标准的建设工作。2015 年，旨在促进我国航天国际交流与合作的中国航天标准体系和首批中国航天标准英文版正式对外发布。中国航天标准体系参考了欧洲 ECSS 的航天标准体系框架结构，借鉴了美国 NASA 的专业划分方式，按照国际惯例将航天标准体系划分为航天管理（M）标准，产品保证（Q）标准，工程技术（E）标准，运行服务、空间应用和空间科学（S）标准四部分（见图 1-1）。

航天管理（M）标准：包括项目管理、空间可持续性、政策指令和程序要求等方面的标准。

产品保证（Q）标准：包括质量保证、可靠性 / 维修性 / 测试性 / 安全性保证、EEE 元器件保证、零件保证、材料保证、软件保证等方面的标准。

工程技术（E）标准：包括系统技术、机械结构与力学、动力与推进、导航与控制、测控与通信、电气电子和光学、人机与环境、地面系统等方面的标准。

运行服务、空间应用和空间科学（S）标准：包括空间应用、空间科学、运行服务、发射服务等方面的标准。

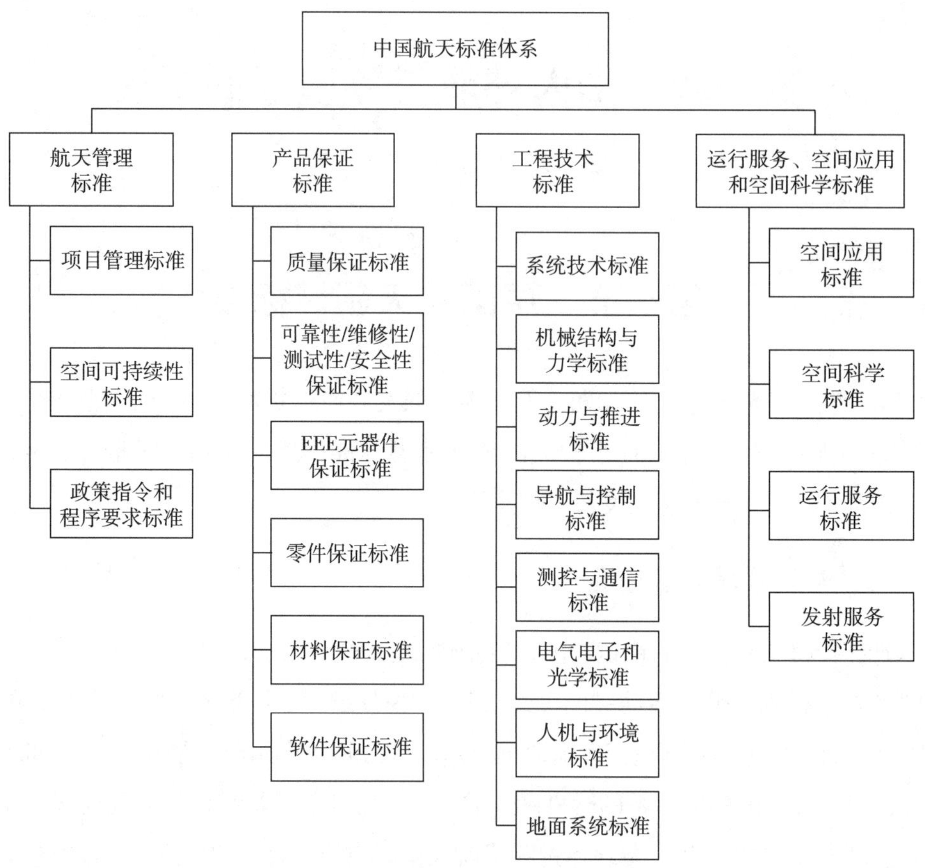

图 1-1　航天领域国家标准体系框架

二、航天领域行业标准

航天领域行业标准体系包含在国防科技工业标准体系表中，国防科技工业标准体系结构如图 1-2 所示。它由八个部分组成：A 航空、B 军用电子、C 航天、D 兵器、E 船舶、N 核工业、W 核武器、Z 通用标准。

航天领域行业标准体系以航天行业内的专业基础性标准、门槛性标准为主，建设标准体系的目的是规范全行业的基本准入条件，其结构见图 1-3，在航天领域行业标准体系结构设计时，将导弹武器系统、航天系统等航天行业的两大类主要系统级产品按照平行分解法一层层地分解下去，得到各个系统的标准树，最终确定整个大系统所要求的整个标准体系。

我国航天领域行业标准化工作主要经历了以下四个阶段：

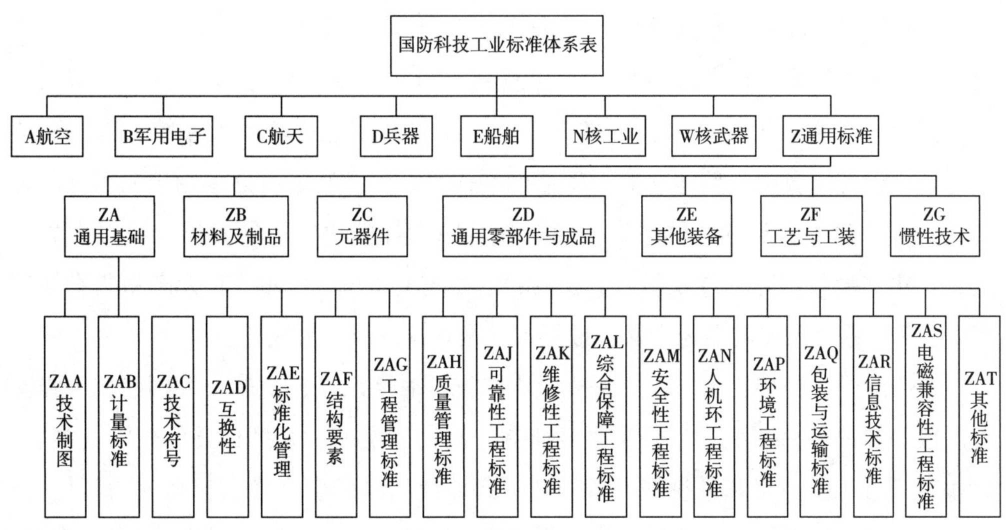

图 1–2 国防科技工业标准体系结构

第一阶段，学习和引进阶段。1956 年，我国航天工业处于引进阶段，航天型号研制采取“先仿后制”的方针，这一时期的标准化工作主要是以引进翻译苏联标准技术资料为主。

第二阶段，起步和自研阶段。从 20 世纪 60 年代初期开始，型号进入自行研制阶段，运载火箭和人造卫星开始起步，航天工业体系逐步建立。这一时期的标准化工作主要是面向专业技术填补空白，快速形成标准，满足型号研制需要。

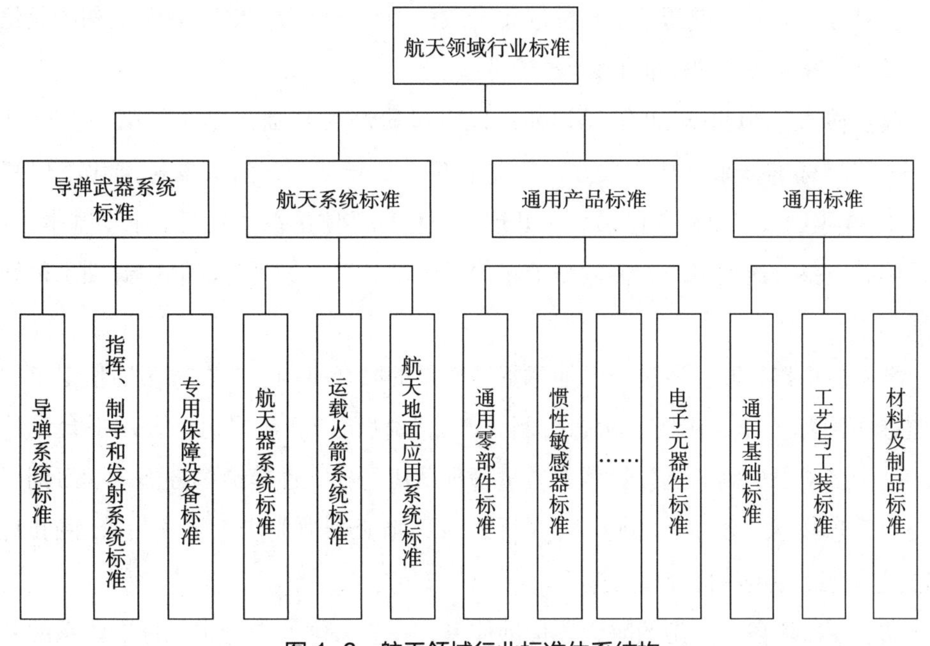

图 1–3 航天领域行业标准体系结构

第三阶段，系统建设阶段。20 世纪 80 年代中期，我国航天技术从试验走向全面应用的发展阶段，逐步建立应用卫星系列。20 世纪 90 年代，导航卫星、载人航天、探月等工程相继启动，我国航天由单一型号研制逐步转向大系统、大工程建设。这一时期，我国开始建立航天工业标准体系，标准制定由分散制定向系统制定转变，开始建立各类标准体系，同时，随着国际标准化工作的发展，我国大力引进、转化和吸收国际标准及国外先进标准，如 QJ 3076—1998《航天产品质量保证要求》等一系列重要的航天产品保证标准就是在这一阶段形成的。

第四阶段，转型发展阶段。进入“十二五”时期以来，由航天大国向航天强国迈进成为新的使命，航天型号高强度研制、高密度发射、大批量交付进入新常态，商业航天带来新机遇和新挑战，规模化、产业化的科研生产模式转型成为新任务。在这一时期，我国航天标准化工作加快补给、升级换代，标准领域逐步拓展，标准制度体系建设逐步完善，国际标准化工作取得突破。

三、航天领域企业标准

中国空间技术研究院是我国主要的空间技术及其产品研制基地，主要开展空间技术开发、航天器研制、空间领域对外技术交流与合作、航天技术应用等业务。

航天器标准化作为系统工程管理和知识管理的工具，传承了成熟技术和成功经验，是核心竞争力的重要体现。在几十年的探索实践中，建成了具有自主知识产权的航天器标准体系，创新了型号标准化模式，围绕国际合作、产品保证和产业化形成了具有研究院特色的标准化成果与经验。

起步阶段。20 世纪 80 年代初期，以卫星研制为基础，建立了第一套标准体系——卫星标准体系。从“八五”至“十五”15 年期间，航天器标准化工作基本围绕 1983 年版《卫星标准体系表》开展。卫星标准体系在“九五”末期基本建成，在返回式卫星、通信卫星、传输型卫星、科学试验卫星等型号研制中起到了很好的保证作用。

学习与积累阶段。通过中巴地球资源卫星的联合研制、首颗鑫诺通信卫星的型号监造等国际合作，在技术状态控制、产品验收和产品数据包、公用平台设计思想、基于多项目研制的矩阵管理、质量管理队伍的独立性等诸多方面，学习到了大量先进管理技术，积累了经验，培养了人才，航天器研制步入了项目管理的时代，标准成为全面开展项目管理的抓手。

初步建成阶段。新型的航天器标准体系是在参考国外先进宇航标准体系的基础上设计和优化的。标准体系全面覆盖航天器研制生产过程，更注重操作性，体系总体设计与国际接轨，规划了 2025 年航天器研制标准化工作。航天器标准体系顶层结构如图 1-4 所示。

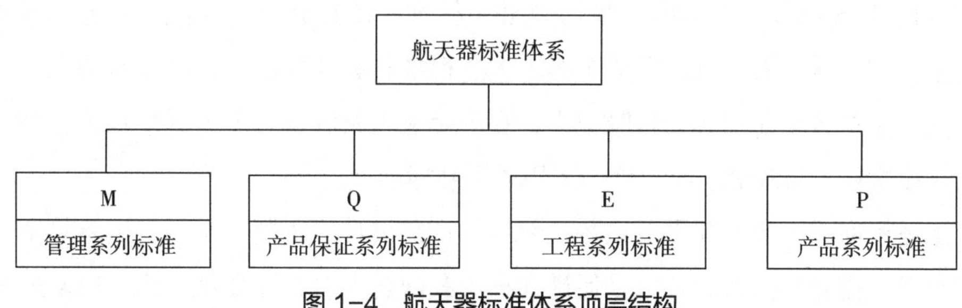

图 1-4　航天器标准体系顶层结构

管理系列标准体系以航天器工程管理为主，突出航天器项目管理的技术和方法，并根据国际项目管理的最新发展方向和航天器项目管理的实际情况，将航天器项目管理分为项目管理基础、项目组合管理、项目群管理和单项目管理等。单项目管理参考项目管理知识体系（Project Management Body of Knowledge，PMBOK）对要素进行划分，并将项目质量管理要素归入产品保证系列标准体系。

产品保证系列标准体系以产品保证各要素为主线，覆盖航天器研制全过程各阶段的产品保证技术和管理，同时包含项目质量管理的有关内容。通过产品保证活动，对组成产品的元器件、机械零部件、软件等基础件，以及产品研制、生产过程实施重点控制，产品保证系列标准体系主要根据产品保证要素进行划分。

工程系列标准体系以航天器研制的各个专业为主线，产品层次覆盖系统、分系统、部（组）件产品等，不含标准件、原材料以及元器件。

产品系列标准体系的设置，体现了航天器研制的产品特点，主要应用于分系统以下的部（组）件以及重要零件等产品。

第二节　国外航天领域标准

一、国外航天标准

从标准的覆盖面、作用范围，以及参与标准制定的组织的职能定位来看，国外航天领域标准可为国际标准、区域标准、国家标准、行业标准、企业标准等。在众多类型标准中，对于空间项目包括非载人航天器（如卫星）、载人航天器（如载人飞船、空间站等)、火箭、深空探测器等的设计、开发与研制等具有重要的指导与引领作用。在许多大型国际合作项目中受到世界各国普遍认可及采用的典型标准主要包括，国际标准(典型代表为ISO标准)、区域标准(主要是欧洲空间标准化合作组织的ECSS标准)、美国宇航局NASA标准，还有美国一些行业协会标准(如美国航空航天学会的AIAA标准)等。上述标准具有开放性、先进性等特点，对航天产品的生产者和使用者极具吸引力，在国际航天领域具有深远的影响力，被广大航天国家所认可与接受，成为等同采用的国际标准。

上述标准对于我国开展卫星装备领域的产品设计、研制、生产、试验等全过程具有重要的指导和借鉴意义，是促进和推动我国航天领域标准化工作快速发展的重要助推剂。

二、航天领域国际标准

(一) ISO航天标准化现状

ISO标准化技术工作主要是通过技术委员会(TC)进行的。ISO目前设有近300个TC，其中负责制定航天领域标准的是航空航天标准化技术委员会(ISO/TC 20)。

ISO/TC 20标准化工作的主要目标是：

(1)制定关于航空器和航天器的零部件、设备和系统的设计、建造、试验和评估、操作、航空交通管理，维护和处置以及相关的安全性、可靠性和环境方面国际公认的标准。

(2)生产、维护和保证这些标准具有经济性，符合用户和市场需求，支撑相应的技术领域的发展。

(3)提高效率，持续追求过程改进，缩短标准研制周期，提高竞争力。

ISO/TC 20目前下设11个分技术委员会(SC)，包括：

SC 1：Aerospace electrical requirements;

SC 4：Aerospace fastener systems;

SC 6：Standard atmosphere;

SC 8：Aerospace terminology;

SC 9：Air cargo and ground equipment;

SC 10：Aerospace fluid system and component;

SC 13：Space data and information transfer system;

SC 14：Space system and operation；

SC 16：Unmanned aircraft system；

SC 17：Airport infrastructure；

SC 18：Material。

其中，ISO/TC 20/SC 13“空间数据与信息传输系统标准化分技术委员会”和ISO/TC 20/SC 14“空间系统及其应用标准化分技术委员会”主要起草与航空航天相关的国际标准。秘书处均设在美国航空航天学会（AIAA）。

（1）ISO/TC 20/SC 13

ISO/TC 20/SC 13 成立于 1988 年，正式成员（P 成员）有美国、法国、英国、德国、俄罗斯、日本、中国、印度、意大利、乌克兰和巴西 11 个国家，观察员（O 成员）有芬兰、伊朗、以色列、哈萨克斯坦、韩国、波兰、罗马尼亚和瑞典 8 个国家，秘书国为美国。

ISO/TC 20/SC 13 的基本任务是制定民用数据与信息传输和交换的国际标准，其宗旨是：

1）根据有关组织和成员提出的建议及标准化的需要而制定空间数据与信息传输和交换的国际标准；

2）凡是其他组织已制定并得到国际广泛承认的，并适合国际数据系统标准化的技术文件，ISO/TC 20/SC 13 将承认并利用这些文件，避免重复制定国际标准；

3）在空间技术方面，推动并鼓励国际合作和科技进步，并为国际间合作的项目和任务，包括航天、地面无线电技术、空间与地面跟踪网络等，寻求和开创新的方案；

4）推动发达国家和发展中国家在空间应用领域内的合作，其中包括空间和地面跟踪网络和数据共享。

根据 ISO/TC 20/SC 13 的宗旨，其工作主要是在空间数据系统咨询委员会（CCSDS）的基础上进行的，两个组织既有区别又有密切联系。CCSDS 由各国空间组织参加，从事学术研究和交流，无权发布国际标准，只能提出标准建议书。而ISO/TC 20/SC 13 则是国际标准化组织，由代表各国政府的标准化团体参加，从事国际标准制定工作。按照国际标准制定程序的规定，ISO/TC 20/SC 13 采用“封面法”，直接采用 CCSDS 的标准建议书作为国际标准草案，以避免重复性工作。ISO/TC 20/SC 13 和 CCSDS 的秘书处均设在 NASA 总部，ISO/TC 20/SC 13 与 CCSDS 协调一致地开展空间数据和信息传输系统的标准化活动。ISO/TC 20/SC 13 的成员都应邀参加 CCSDS 会议。

ISO/TC 20/SC 13 涉及的技术领域如图 1-5 所示，与 CCSDS 基本一致。各领域主要涉及内容如下：

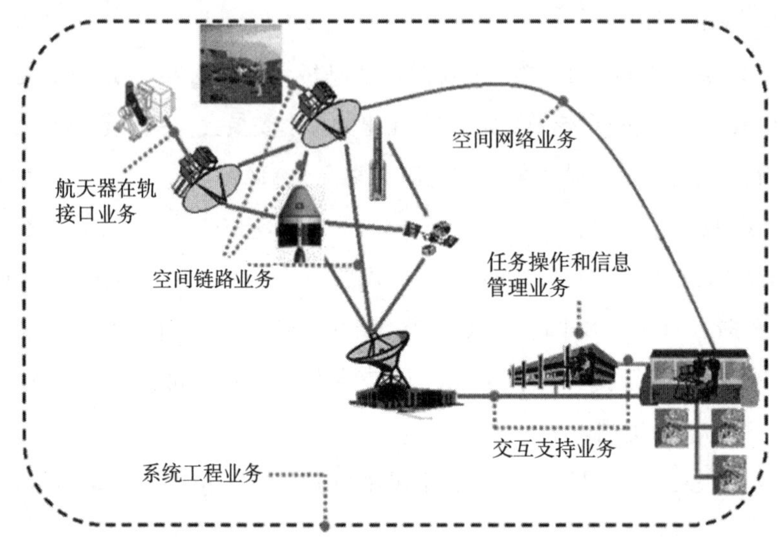

图 1-5　ISO/TC 20/SC 13 涉及的技术领域

1）空间链路业务（SLS）：航天器到地面支持系统或航天器之间的通信链路业务。SLS 主要关注 OSI 模型的物理层和数据链路层。支持长距离链路（从航天器到地面）和近距离链路（如从星球着陆器到在轨星座）通信。

2）任务操作和信息管理业务（MOIMS）：飞行阶段的所有需要操作航天器和地面系统以实现任务目标的所有应用过程，以及相关的信息管理标准和处理过程。

3）空间网络业务（SIS）：为航天器与地面资源、航天器之间，航天器与着陆器、复杂航天器内部之间通信提供网络通信业务和协议。

4）交互支持业务（CSS）：涉及多种交互支持接入点所需的业务，以及各组织在执行任务时如何使用这些业务来协同使用各自的基础设施，以达到充分利用空间网络资源，实现各个组织间的交互支持。

5）航天器在轨接口业务（SOIS）：通过定义一系列通用业务从根本上改进航天器飞行段数据系统设计开发过程，这些业务将简化飞行软件和硬件相互作用的方式，通过交互操作性和可重用性的实现使空间组织和设备供应商双方都从中受益。

6）系统工程业务（SEA）：为空间任务提供通信、操作和交互的整体结构；负责协调并与其他领域合作完成有关体系结构方面的选择及选项；支持各领域的工作项目及其结构定义的一致性。

（2）ISO/TC 20/SC 14

ISO/TC 20/SC 14 于 1993 年 4 月 8 日至 9 日在美国华盛顿的美国航空航天学会（AIAA）总部成立。秘书国是美国，秘书处设在 AIAA。

ISO/TC 20/SC 14 主要涉及载人和非载人航天飞行器的标准化工作，包括它们的设计、生产、维修、运行以及处置，还包括它们运行的环境。ISO/TC 20/SC 14 下设 7 个工作组（WG），如图 1-6 所示。

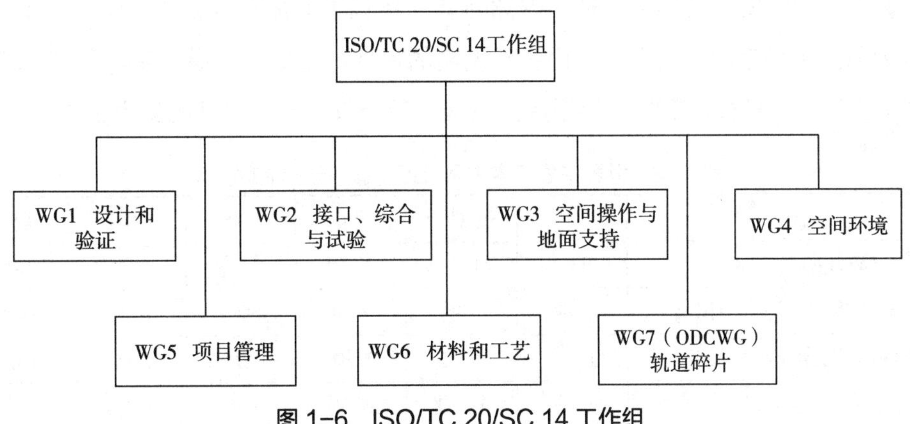

图 1-6 ISO/TC 20/SC 14 工作组

各工作组所涉及的技术内容和范围见表 1-1。

表 1-1 ISO/TC 20/SC 14 工作组

工作组	专业名称	召集国	专业和技术领域
WG1	设计和验证	日本	运载和航天器及其分系统、设备等有关设计；EEE 及非 EEE 产品的设计、选用等
WG2	接口、综合与试验	美国	运载与航天器、运载与发射设备等接口方面标准；试验标准（除材料试验外）
WG3	空间操作与地面支持	美国	地面站设计与应用、发射操作、航天器运行、航天器交会对接、坐标系等
WG4	空间环境	俄罗斯	磁层、地球磁场、环境辐射和太阳活动，空间环境模型等
WG5	项目管理	法国	项目管理、产品保证等
WG6	材料和工艺	日本	金属和非金属材料、复合材料、工艺等
WG7（ODCWG）	轨道碎片	英国	空间碎片防护与减缓等

ISO/TC 20/SC 14 秘书处由美国国家标准学会 ANSI 承担，主席由美国宇航局（NASA）的 Paul Gill 担任，秘书由美国航空航天学会（AIAA）的 Nick Tongson 担任。目前，ISO/TC 20/SC 14 共有 13 个正式成员国，包括巴西、中国、芬兰、法国、德国、印度、意大利、乌克兰、英国、美国、日本、俄罗斯、哈萨克斯坦。9 个观察员，包括阿根廷、伊朗、比利时、以色列、韩国、波兰、罗马尼亚、斯洛伐克、瑞典。

截至 2017 年 6 月，ISO/TC 20/SC 14 现行有效的标准、编制过程中及复审过程中的标准共 181 项，撤销标准项目共 38 项。一半以上的标准由美国、日本、俄罗斯等航天强国主导编制。其中，美国主导编制的标准数量更是遥遥领先。不过，近几年中国主导编制的标准数量逐年增多。各国主导 ISO 标准编制情况见表 1-2。

表 1-2　世界主要国家主导 ISO 航天标准编制情况

工作组	美国	俄罗斯	日本	法国	中国	其他
WG1 设计和验证	9 项	1 项	12 项	5 项	4 项	5 项
WG2 接口、综合与试验	4 项	5 项	3 项	5 项	6 项	2 项
WG3 空间操作与地面支持	12 项	8 项	6 项	0	5 项	4 项
WG4 空间环境	9 项	11 项	10 项	1 项	0	2 项
WG5 项目管理	8 项	2 项	3 项	10 项	6 项	10 项
WG6 材料和工艺	35 项	4 项	3 项	2 项	0	1 项
WG7（ODCWG）空间碎片	0	0	3 项	1 项	1 项	3 项
合计	77 项	31 项	40 项	24 项	22 项	27 项

（二）ISO 航天标准的特点

ISO 航天标准是经过世界上各国航天领域组织、企业或其他机构的专家研究分析、试验验证、相互协商，并得到大多数成员国同意而制定的，综合了航天领域具有普遍性、规律性的科技成果。因此 ISO 航天标准具有通用性、适用性的特点，此外，ISO 航天标准主要用于约束用户、承制单位双方的行为规范，因此标准的技术内容主要以规定原则性的要求、通用的技术方法为主，不规定细化的参数指标、要求具体实现的措施和方法。

三、区域标准

（一）概述

区域标准化组织是同一地区或按政治的、经济的或民族的利益结合的国家之间开展标准化活动的组织。在航天标准化领域中，欧洲空间标准化合作组织（ECSS）是最具代表性的区域标准化组织，它是由欧洲空间局（ESA）（以下简称欧空局）和欧洲各相关国家空间机构和组织联合成立的。

（二）欧洲空间标准化合作组织（ECSS）概况

随着欧洲空间共同体内各国在空间项目上的合作不断加强，各国使用不同的空间标准导致出现空间项目研制成本增高、效率降低、竞争力减弱等问题。因此欧洲空间协会意识到应该采取措施解决以上存在的问题，并表示希望开发一套完整的欧洲空间标准。1993 年秋，在欧空局的倡导下成立了 ECSS，它是欧空局、欧洲各国航天局和欧洲工业协会的标准化合作组织，其成员有：欧空局、德国航天局、意大利航天局、英国国家航天中心、法国国家空间研究中心、挪威空间中心、欧洲航空航天材料制造商协会、欧洲空间研究工业集团、比利时科技文化事务办公室。ECSS 的主要任务就是建立起一套用户满意的、固有的、单一的、能满足 ECSS 各成员国意图的标准体系，以统一的标准化手段消除合作障碍，提高欧洲空间项目的竞争力。

ECSS 标准实施的总体目标是：

（1）使欧洲空间规划和空间项目降低成本、提高效率。

（2）提升欧洲航天行业的竞争力。

（3）提高航天项目、航天产品的质量及安全性。

（4）促进相关团体、组织之间交流更加顺畅，并为其提供参考、引用的依据。

ECSS 坚持的标准化工作原则是：

（1）通过使用一套统一的管理、工程和产品保证标准提高航天行业的效率及竞争力，根据空间规划和空间项目的技术、成本、进度、计划和经济方面的特点可对 ECSS 标准进行选择性使用。

（2）促进方法、技术的持续改进以达到资源优化利用的效果。

（3）促进总体、系统的计划和项目风险管理方法的实施。

（4）保证航天系统在其寿命期间不会对人的生命、环境、公共和私有财产、空间和地面主要的投资产生危害。

（5）充分利用所有可用的研究成果。

（6）规定产品和采购制度的标准化原则。

（7）ECSS 标准体系系统地反映过去规划、项目经验和其他相关经验。

（8）与相关标准编制机构合作，避免对现有标准重复编制。

（三）欧洲空间标准化合作组织（ECSS）标准体系

ECSS 标准是在欧空局 PSS 标准的基础上综合以往空间项目在研制、合作过程中总结的经验教训，从而全面满足欧洲乃至世界范围内的用户要求。

ECSS 标准化文件主要分为 3 个类型：ECSS 标准、ECSS 手册（HB）和 ECSS 技术备忘录（TM）。其中：

（1）ECSS 标准是指直接用来指导实施空间相关活动的标准文档，可直接用于招投标和商业合同中。

（2）ECSS 手册是针对具体项目提供背景信息的非标准文档，包括惯例、专门技术、典型应用以及描述物理、化学特征。

（3）ECSS 技术备忘录与 ECSS 手册类似，通常强调说明与特定的主题或具体的问题相关的非标准数据，或对一些暂时不够成熟或不能作为标准出版的技术内容或信息进行规定。

目前 ECSS 文件体系分为三个层次：

第一个层次是 ECSS 标准体系的顶层文件，对体系构架、方针和政策、ECSS 标准在空间项目中的应用以及相关术语和定义进行了规定。

第二个层次包括项目管理、产品保证、工程和可持续四个分支，主要规定了各自专业领域的总体要求。

第三个层次主要规定了具体的技术方面的要求。

ECSS 最新的标准体系分为空间项目管理、空间产品保证、空间工程和空间可持续性 4 个子体系，ECSS 标准体系框架如图 1-7 所示。

ECSS-M 为空间项目管理子体系，该分支主要针对项目的组织和监督工作，规定寿命周期内所有项目活动的过程要求，例如项目策划与实施、技术状态和信息管理、成本和进度管理、综合后勤保障、风险管理等过程中需要完成的工作要求，如图 1-8 所示。

ECSS-Q 为空间产品保证子体系，该分支规定了空间项目产品保证活动的管理和实施方面的要求，主要包括产品保证管理、质量保证、可靠性、安全性、EEE 元器件、材料、机械零件和工艺、软件产品保证 7 个专业领域，每一个专业领域下又根据技术要素给出了不同领域产品保证活动过程中管理和实施方面的要求，如图 1-9 和图 1-10 所示。

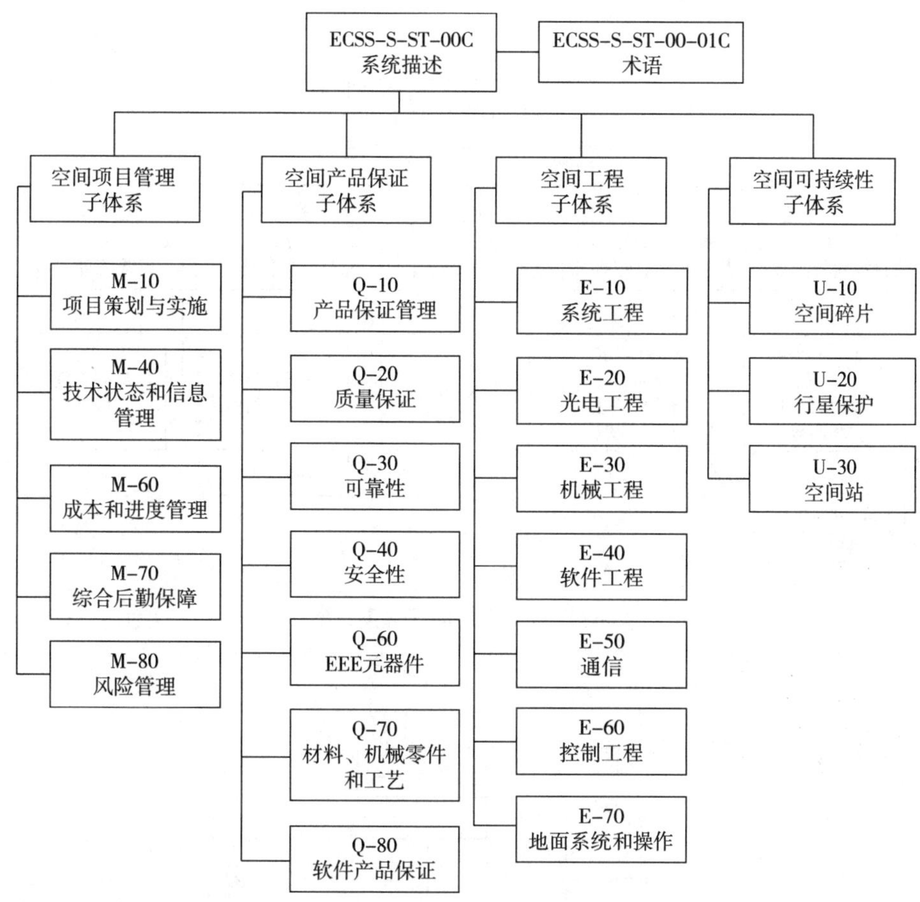

图 1-7　ECSS 标准体系框架

ECSS-E 为空间工程子体系，该分支主要应用于最终产品，包括系统工程、光电工程、机械工程、软件工程、通信、控制工程、地面系统和操作 7 个专业，用于验证客户技术要求及产品预定功能是否实现，如图 1-11 和图 1-12 所示。

ECSS-U 为空间可持续性子体系，该分支是在 2012 年 ECSS 标准体系框架调整以后，从原 ECSS-E 系列中分离出来的，通过规划空间碎片减缓、行星保护以及长期在轨航天器（如空间站）等的要求和原则，规范人类的空间活动，确保未来空间环境安全和可持续发展，如图 1-13 所示。截至目前，该系列现行有效的标准只有一项，即采标自 ISO 24113《空间碎片减缓》。

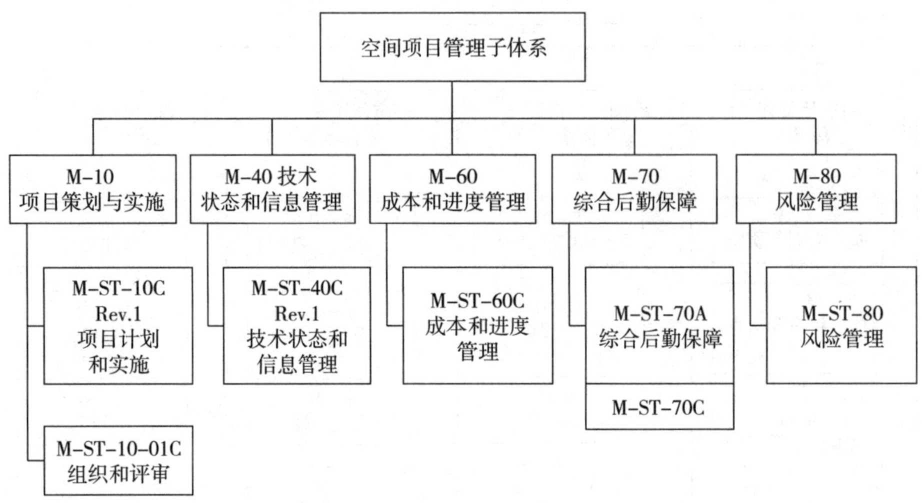

图 1-8 ECSS-M 子体系框架

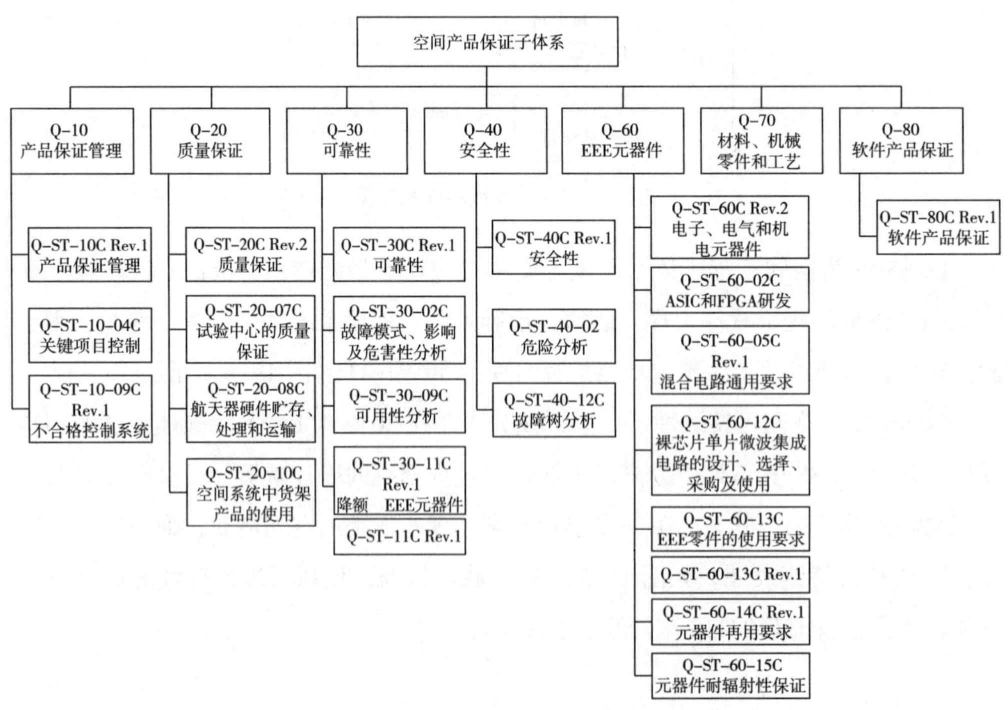

图 1-9 ECSS-Q 子体系框架

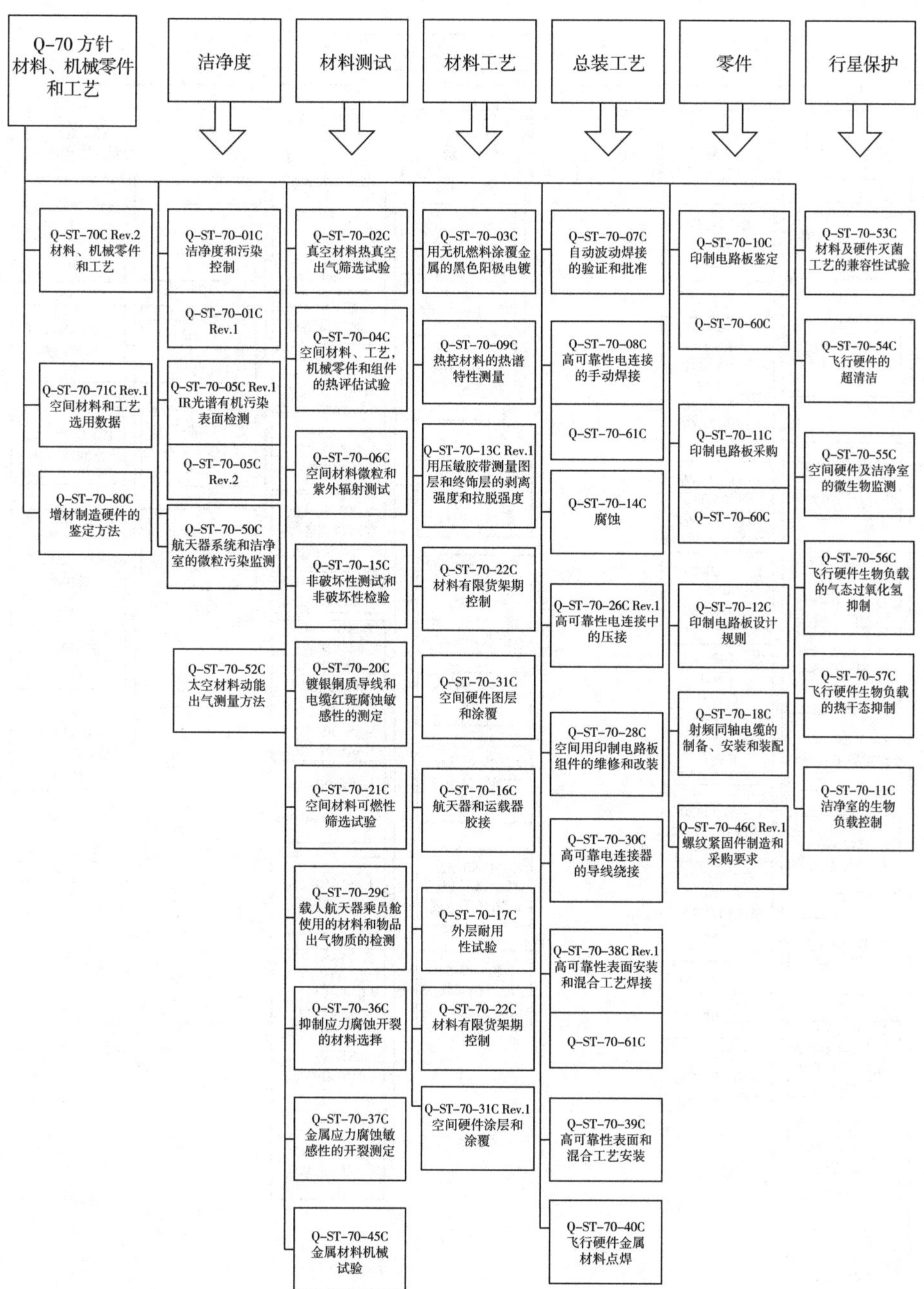

图 1-10 ECSS-Q 子体系框架（Q70）

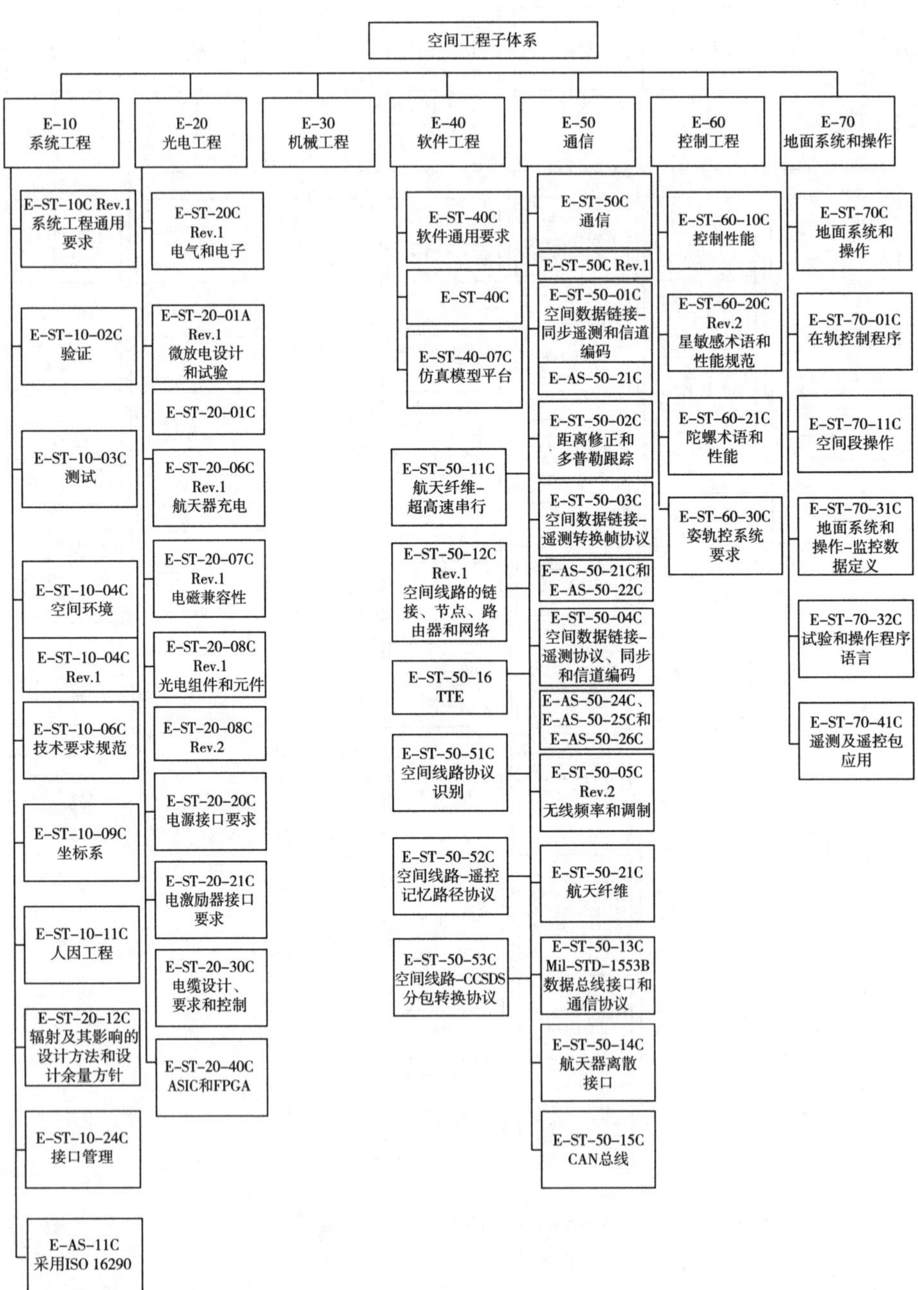

图 1-11　ECSS-E 子体系框架

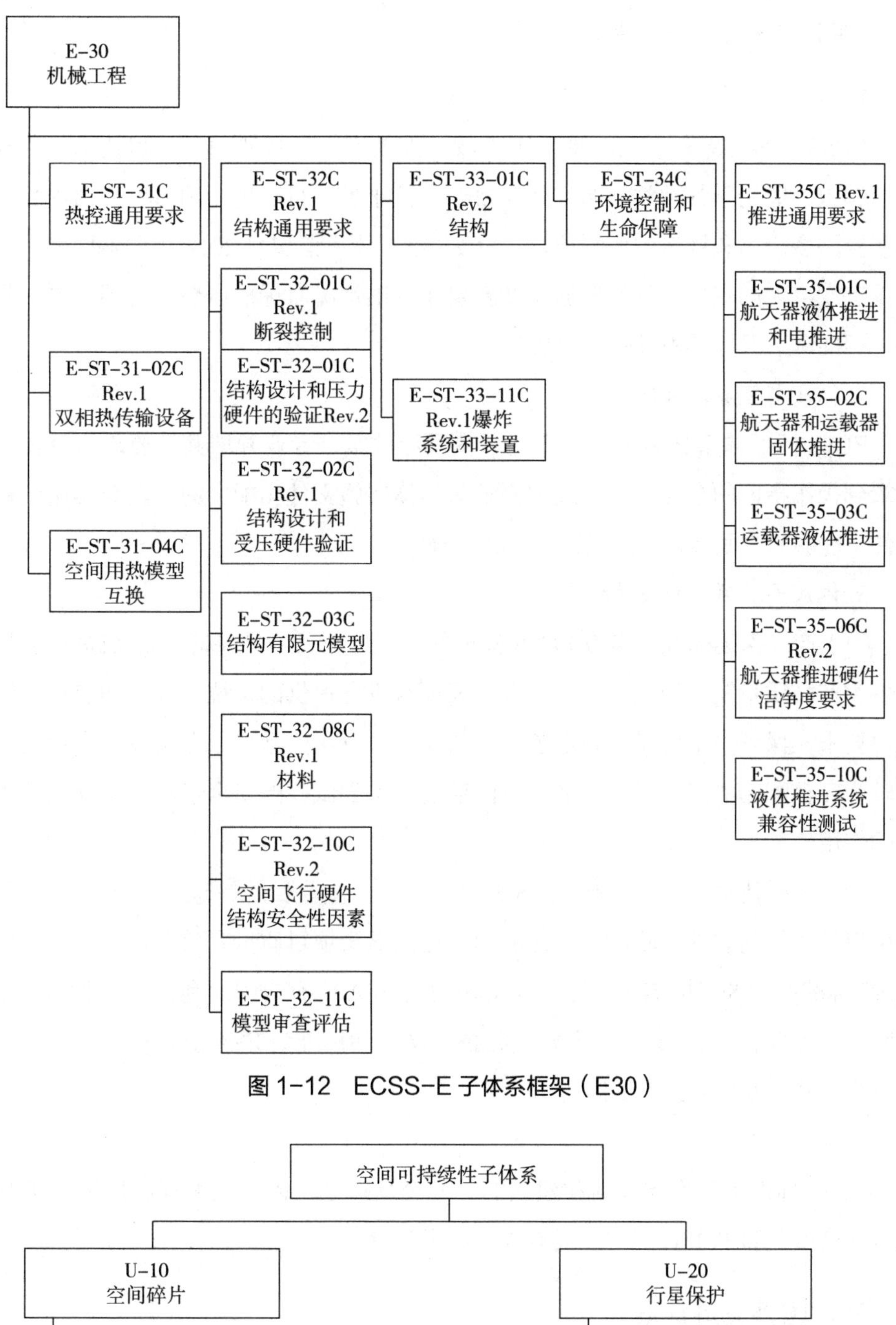

图 1-12　ECSS-E 子体系框架（E30）

空间可持续性子体系

U-10
空间碎片

U-AS-10C
采用ISO 24113空间碎片
减缓要求

U-20
行星保护

U-ST-20C
行星保护

图 1-13　ECSS-U 子体系框架

（四）ECSS 标准体系特点

1. 标准体系完整且相对稳定

ECSS 标准体系覆盖的标准范围广阔，涉及空间项目研制全过程技术、管理各专业领域，适用于各种类型的空间项目，包括小型项目、单一项目、普通项目，以及涉及许多产品和接口的大型项目。ECSS 标准体系框架自 2012 年调整以来，总体上没有发生大的变化，只是根据年度新发布标准情况对标准体系进行动态维护和更新，标准体系保持了相对稳定的状态。

2. 标准文件层级清晰

ECSS 标准体系从多个维度实现了从顶层政策、专业领域共性要求、具体技术要求到操作指南的全覆盖，形成了要求与具体实施文件相配套的一整套实用的标准文件，能够为空间项目的完成提供有力支撑。

3. 体系呈现项目管理的特点

（1）产品保证标准：实施 ECSS 标准的一个主要目的是保证 ESA 成员国所提供的各类产品质量及安全性。为了使各航天项目供方提供的系统、设备和装置能满足用户要求，保证安全可靠，制定了一套从要求到方法的标准。在实际中应用这套相对较为完整配套的产品保证标准，对保证空间科学试验的安全性和可靠性发挥了巨大的作用。

（2）工程技术标准：实施 ECSS 标准的另一个重要目的是通过统一的技术标准、指南以及成熟的硬件、软件和设计准则，提高航天项目质量和效费比，同时，由于 ECSS 标准的“区域标准”属性，其反映的是 ESA 所有组织的利益，而非某个组织的利益，因此，ECSS 必须制定相应的技术文件和标准为 ESA 航天项目签订合同提供一个公开、互认的技术依据。

4. 标准继承性

ECSS 标准不是重新规划和建立的一套全新体系，而是最大程度地利用了 ESA 原有的 PSS 标准和 ISO 标准，具有高度的灵活性。

四、国外先进标准

（一）概述

NASA 标准、AIAA 标准在空间项目研制过程中被广泛地使用，其积极地将本组织的标准转化上升为 ISO 标准，在国际航天舞台，起着重要的作用。

（二）美国宇航局（NASA）

1. 组织概况

NASA 成立于 1958 年，主要任务来自政府，经费来源由政府经过国会拨款，NASA 也承担少量商业项目。NASA 发布了很多技术标准和管理指令，这些标准在航天领域应用广泛，有很多值得我们研究和借鉴的地方；NASA 各中心也发布了很多标准，在 NASA 的官方网站上可获得这些标准。

NASA 非常重视标准化工作，对技术标准尤为重视，认为技术标准是工程经验的总结，特别是在航空航天领域。NASA 对技术标准的需求源于在项目的研制与使用中逐渐意识到要想避免重复的失效和灾难，需要系统地拥有和使用标准。因此，1997 年，NASA 启动了技术标准项目，致力于 NASA 内部技术标准的开发、采用（认可），以及将各中心标准转化为 NASA 内部通用标准。

NASA 标准化主要工作目标如下：

（1）改进和保持 NASA 的工程能力，使得 NASA 处于世界航天工程研制组织中的领先地位。

（2）总结工程经验信息，不断提高 NASA 的项目管理能力。

（3）促进新技术的转化，使技术易于应用到所有 NASA 项目 / 子项目中，加强美国的航天竞争能力。

2. 标准体系

NASA 标准化文件包括 NASA 自己制定的标准（含本部和各中心制定的标准）、NASA 采用的自愿协调一致标准和其他的政府标准。NASA 标准体系主要包括技术标准和管理标准两大部分，标准体系框架如图 1-14 所示。

NASA 技术标准分为 6 类标准化文件：

（1）标准（Standards）；

（2）规范（Specifications）；

（3）手册（Handbooks）；

（4）指南（Guidelines）；

（5）法规（Regulations）；

（6）代码（Code）。

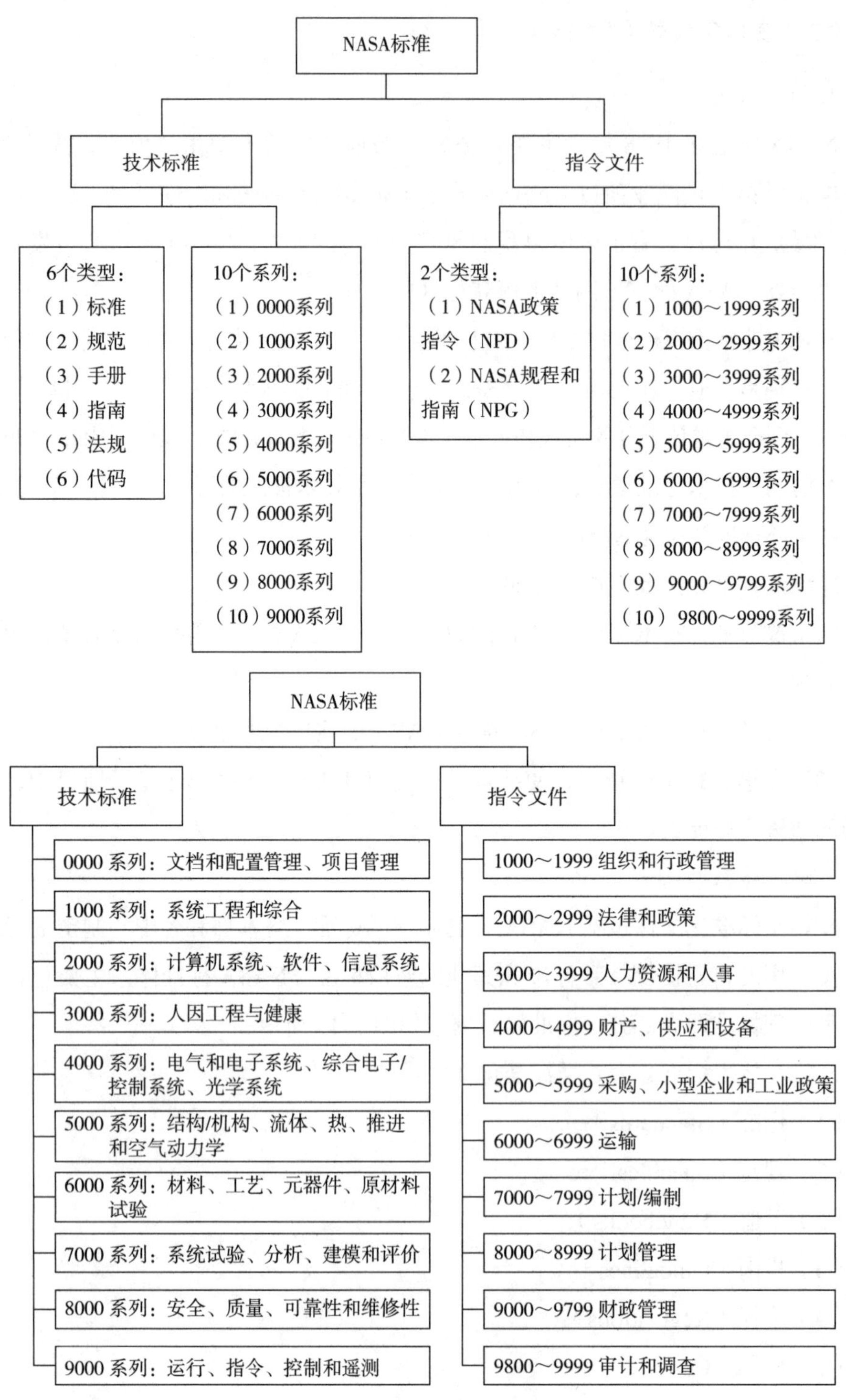

图 1-14　NASA 标准体系框架

NASA 技术标准分为 10 个系列：

（1）0000 系列：文档和配置管理、项目管理；

（2）1000 系列：系统工程和综合；

（3）2000 系列：计算机系统、软件、信息系统；

（4）3000 系列：人因工程与健康；

（5）4000 系列：电气和电子系统、综合电子 / 控制系统、光学系统；

（6）5000 系列：结构 / 机构、流体、热、推进和空气动力学；

（7）6000 系列：材料、工艺、元器件、原材料试验；

（8）7000 系列：系统试验、分析、建模和评价；

（9）8000 系列：安全、质量、可靠性和维修性；

（10）9000 系列：运行、指令、控制和遥测。

NASA 的技术标准，包括 NASA 自己制定的标准（含本部和各中心制定的标准）和 NASA 优选采用的标准（自愿协调一致标准、政府标准等）。NASA 自己制定的标准（含本部和各中心制定的标准）约有 3100 多项，大多是基础性标准。“优选采用”是 NASA 标准化工作的基本方针，“优选采用”是要按规定的程序进行审查、批准，纳入标准目录，并公开发布后生效。采用标准又可分为 3 种类型：

（1）参与制定自愿协调一致标准（NASA 直接作为标准起草单位，或参加起草组制定的标准）。

（2）采用现行自愿协调一致标准，如 ISO 14300-1《空间系统—项目管理　第 1 部分：项目构成》、ISO 14004：1996《环境管理体系：原理、体系和保障技术指南》等。

（3）采用采办（acquisition）标准，如一些 MIL 标准。

在现有的目录中，“优选采用”的标准有近 2000 项，涉及的标准有美国军用标准、美国联邦标准、国际标准化组织的标准等，其中，通用产品标准有 1600 多项。

NASA 除了技术标准以外，还有 NASA 指令文件，包括指令、程序、指南、手册和说明等，相当于我国的管理标准，用于技术、项目、行政等方面的规范化管理。整个 NASA 工作的运作，是根据 NASA 发布的一系列管理标准来进行的。NASA 发布的管理标准有以下 10 个系列：

（1）1000～1999 系列：组织和行政管理；

（2）2000～2999 系列：法律和政策；

（3）3000～3999 系列：人力资源和人事；

（4）4000～4999 系列：财产、供应和设备；

（5）5000～5999 系列：采购、小型企业和工业政策；

（6）6000～6999 系列：运输；

（7）7000～7999 系列：计划 / 编制；

（8）8000～8999 系列：计划管理；

（9）9000～9799 系列：财政管理；

（10）9800～9999 系列：审计和调查。

NASA 指令文件用于技术、项目、行政等方面的规范化管理，其中：

（1）NASA 政策指令（NPD），规定政策是什么，描述 NASA 进行管理以达到 NASA 的设想和任务所要求的“什么”政策。

（2）NASA 程序和指南（NPG），规定如何满足政策，提供执行 NASA 政策所要求的程序和指南，详细地说明“如何”做。

（3）NASA 管理详细说明（NMI’s），制定责任、政策等，用于制定和行使延续性的组织责任、授权和 NASA 政策。

（4）NASA 通告（NN’s），临时说明，当某个问题需要采取一次性措施或信息发布时，或在 NMI 或 NHB 发布出版前发布的临时详细说明。

（5）NASA 手册（NHB’s），说明“如何”符合程序和指南等。以书的形式出版，用于详细地说明“如何”符合必须有效执行的详细说明、程序和指南。

（6）增补手册，针对全部功能编制的全面和详细的程序或操作说明。

3. NASA 标准体系特点

（1）较少的管理标准

NASA 管理标准占标准总数不到 5%，NASA 有管理标准是由于它是一个空间科学技术试验研究的管理机构，要进行管理就必定要有关于技术、计划、行政、费用等方面的共同事务需要规定，就此制定一些文件和标准，以便有关单位和工作人员共同遵守，但其数量不是很多。

（2）大量工程设计与方法标准

NASA 工程设计与方法标准在整个标准数量中所占的比例较大，主要以空间试验设备、试验装置的设计要求和接口要求为主，包括软硬件的要求，这是由于 NASA 是空间科学技术试验研究工作的管理机构，在空间科学技术试验研究中需要的大量科学仪器设备和装置由 NASA 进行采购，承包给各个公司进行研制和生产，至于这些仪器、设备和装置的性能、功能要求，以及它们之间的接口控制也需要NASA及其所属机构给出，所以NASA及其所属机构必须制定相应的文件和标准以供招标签订合同时承包商使用。

（3）产品标准中有较多专用型号产品规范

NASA产品标准中，专用的型号产品标准占有较大比例。NASA制定专用型号产品规范的目的是满足采购的需要，在采购设备时需要将所采购设备的性能要求和验收要求提供给承包方，以便承包方按此提供能满足采购方需要的设备，所以尽管此类设备不是标准化的通用设备但也需要制定规范。

（4）有一套较为完整配套的产品保证标准

NASA为了使各承包商提供的系统、设备和装置能满足使用要求，保证安全可靠，制定了一套从要求到具体执行措施的标准供承包商执行。NASA现在已经有一套相对较为完整配套的产品保证标准在实际中应用，对保证空间科学试验的安全性和可靠性发挥着巨大的作用。

（5）少量的工艺标准

NASA标准中工艺标准很少，主要是关于焊接的标准，只占标准总数的1%，NASA是一个空间科学技术试验研究的管理与实行者，试验研究中所用的系统、设备和装置均是承包给各工业企业或研究单位开发生产的。需要通过其制定的一系列文件和标准将要求传达给承包方，而不应过多地限制承包方应如何做，因此，工艺标准较少。

第二章　航天领域标准比对分析

航天领域标准“走出去”主要依托卫星整星出口，航天基础设施建设，单机、部组件出口等领域国际合作项目。通过对卫星国际合作项目关于标准需求的调研和分析，在卫星国际合作项目中，外方重点关注卫星项目在研制过程中所执行的产品保证标准、项目管理标准以及工程技术标准，在国内外航天标准体系比对分析的基础上，结合卫星国际合作项目在研制过程中标准实施与应用的实际需求，确定了比对分析的重点标准项目并推进其中优势标准项目在国际合作项目中的实施与应用。

本章比对分析了我国标准共15项，覆盖卫星研制产品保证、项目管理和工程技术等领域。在开展国内外标准比对分析前，研究提出了标准比对的方法。首先确定进行比对分析的标准，然后将标准的比对分析要素进行分析与提取。将标准的内容分为通用要素和个性要素。通用要素一般包括标准的适用范围、标准化对象的术语和定义等。个性要素按照标准的基本属性，即技术类标准和管理类标准，在标准章节内容比对的基础上，进一步分析和提取。技术类标准重点比对的要素一般包括技术条件、环境条件、设备设施、指标参数、技术流程、技术方法等；管理类标准重点比对的要素一般包括工作项目、管理模式、工作流程、工作要求等。在比对要素提取的基础上进行技术和管理内容的核心比对，得出分析结论。

比对分析内容选取了比对分析的基本内容和主要结论，对复杂技术细节的分析比对进行了适当的简化。由于管理类和技术类标准内容存在一定的差异性，在比对分析过程中结构与内容根据标准的类型、国内外标准内容的实际范围及特点等具体情况进行了相应调整。

第一节　卫星研制产品保证标准比对分析

一、产品特性管理标准比对分析

（一）标准介绍

1. 国外标准概况

产品特性是产品可区分的特征，其类别划分多种多样，如物理特性、感官特性、功能特性等。对于卫星产品，根据产品特性发生故障或不符合设计要求导致后果的严重性分成三类：关键特性、重要特性和一般特性。关键特性是指如果发生故障，可能对人身安全产生威胁或导致系统或完成预定任务的主要分系统失效的特性；重要特性是指如果发生故障，可能导致最终产品不能完成预定任务的特性；一般特性是指如果发生故障，不会影响产品完成预定任务的特性。由于关键特性和重要特性可能引发严重后果，因此卫星产品的关键特性、重要特性需要加强管理。

国外典型的标准是 DoD-STD-2101《特性分类》。DoD-STD-2101 是由美国海军系统司令部批准，目的是为政府验收产品服务。该标准规定了进行产品特性分析时考虑的问题、内容和步骤，确定关键特性、重要特性类别时判断的因素，特性分类后进行标注的方法以及特性检验的方法。该标准指出了进行产品特性分类的主要作用：对于设计部门，促进设计交底，促进设计人员对产品质量和生产的重视，并且对特性的分析、分类也是传递设计信息的一种手段；对于生产部门，有助于他们编制试验和检验计划；对于政府检验人员，有助于检验人员合理地安排检验力量，减少检验数量，集中检验关键和重要特性，传递设计信息。该标准主要适用于新研制的产品和有一定批量的设备、部件。

2. 国内相关标准概况

国内关于航天产品特性的标准主要有“特性分类”“产品特性管理”“产品特性分类分析报告编写规定”和手册 5842[①] 中“航空产品特性和单元件分类及质量控制原则”。其中，指导航天产品特性分类工作的主要标准为“特性分类”和“产品特性管理”，其中，“产品特性管理”重点针对航天产品。以下主要是对产品特性管理的主要要素进行标准比对。

---

① 手册 5842 是航空行业的内部手册。

（二）比对分析过程及结论

1. 术语和定义

国内外关于产品特性的定义见表 2-1。

表 2-1　特性分类

标准	定义	
	关键特性	重要特性
DoD-STD-2101	该特性如有故障，可能会引起或增加对人身安全的危害，或导致武器系统或完成预定任务的主要系统失效	该特性虽不是关键的，但如有故障，可能会导致产品不能完成所要求的任务
国内产品特性管理标准	此类特性如达不到设计要求或发生故障，可能迅速地导致型号或主要系统失效或对人身财产安全造成严重危害	此类特性如达不到设计要求或发生故障，可能导致产品不能完成预定的使命，但不会引起型号或主要系统失效

通过比对可以看出，国外标准关于关键特性、重要特性的定义角度及侧重点有所不同，主要是由于标准编制的用途、适用的领域不同。其中：

（1）DoD-STD-2101 是在系统层面，强调特性发生故障后，影响的对象和产生的后果的程度。

（2）国内产品特性管理标准主要参考了 DoD-STD-2101，从特性的故障影响程度和对象，包括对人身安全、主要系统以及预定任务的影响，同时结合航天产品的实际情况进行了改写，定义的实质内涵是一致的。

2. 特性分类

国内外关于产品特性的分类情况见表 2-2。

表 2-2　标准定义

标准	定义
DoD-STD-2101	确定产品设计特性的分类符号（关键的、重要的、一般的）的过程
国内产品特性管理标准	确定产品特性重要程度的过程

国内外标准中定义的内涵基本一致，产品特性分类的过程是经过一系列分析后，重点考虑特性失效或发生故障后的影响来确定产品的关键特性、重要特性以及一般特性，然后在图样或技术文件中标注。

3. 分类过程

（1）DoD-STD-2101

该标准关于特性分类主要包括要求分析、设计分析、选择检验单元然后综合考虑进行分类的判断因素和基本原理，确定产品特性的类别。

要求分析主要对以下 5 方面进行分析、研究：

1）产品在任务期间必须完成的功能；

2）每项功能要求持续的时间；

3）执行任务能够适应的极端环境条件；

4）产品在使用过程中的可维修性；

5）失效的影响。

设计分析是详细识别和掌握产品如何满足任务要求的过程，需要与产品相关的所有技术方面的资料信息支持，包括研制试验的结果、设计评审报告、FMEA 分析报告等。主要从分析产品需完成技术要求中所规定的功能入手，需要从配合、寿命、互换性、功能和安全（CLIFS）5 个方面展开分析研究。

关于选择检验单元，DoD-STD-2101 规定所有关键的、重要的和选定的一般特性都要规定检验要求，也就是说除非另有规定，关键特性、重要特性都应进行检验。DoD-STD-2101 总结出凡是符合以下一个或一个以上标准的，可设为一个检验单元：

1）合同规定作为成品订购；

2）作为一个修理产品订购；

3）要求在使用中能更换或安全可靠；

4）仅在实际使用条件下，才能决定它的性能（必须进行破坏性试验）；

5）在较高装配级别安装后，不能或需要花费高成本才能进行检验、修理或更换。

该标准中检验单元的设置主要从产品订购的角度提出。判断产品特性类别主要依据产生故障对产品完成预定任务的影响和严重性。

（2）国内产品特性管理标准

国内关于产品特性分类也是按照技术要求分析、设计分析、选择检验单元、确定特性类别的思路，分析的内容、检验单元设置的标准与 DoD-STD-2101 基本是一致的。此外，国内还针对航天器产品的特点、产品特性分析、不同层级产品关键特性和重要特性的识别与确定，提出了具体详细的特性分析方法，包括产品特性分析的步骤和要求，分析结果传递、落实和检查要求等。

4. 其他

国内的产品特性管理标准根据国内航天行业、航天产品的管理特点规定了产品特性管理要求。管理要求主要针对具有关键特性、重要特性的产品提出，即关键件、重要件。管理内容主要规定了关键件、重要件的标识、检验、文件记录与管理以及相关部门人员的职责等。这些要求在 DOD-STD-2101 中没有规定。

5. 结论

由于国内外标准编制的用途、适用的领域不同，标准中关于关键特性等术语的定义、特性识别及特性控制等技术内容存在一定差异。但是，关于产品特性管理的核心思路是基本一致的：

（1）产品关键特性、重要特性从特性失效或发生故障后，影响对象和产生后果严重性的角度进行定义。

（2）产品特性的识别是“自上而下”逐级分解，“自下而上”及失效模式与影响分析（FMEA）逆向分析相结合的过程。

（3）对产品特性的控制与管理贯穿产品设计、生产与检验各阶段。

二、不合格控制标准比对分析

（一）标准介绍

1. 国外标准概况

不合格指“未满足要求”（采用 ISO 9000：2000）。不合格控制是对产品质量进行把控的重要环节，其目的是通过一定的方法识别不合格，并采取一系列纠正措施以消除不合格产生的原因，避免再次发生同类不合格情况。

对于航天器产品这类高可靠、高安全要求的产品，其不合格控制的好坏程度将直接关系到航天器的成败和人员安全与否。为此，国外制定了相应的标准，确保其有效实施，其中，以 ISO 9000 系列和 ECSS 相关标准如 ECSS-Q-ST-10-09C《不合格控制系统》为代表，具有基础数据丰富、信息化程度高、特殊不合格分类细等特点，得到国际广泛认可，并且应用最为广泛。

2. 国内相关标准概况

国内在引进、消化、应用和总结的基础上，相继发布了一系列国家标准、国家军用标准（以下简称国军标）、行业标准，其中在航天领域应用较为广泛的标准主要有国军标 GJB 571A—2005《不合格品管理》、GJB 9001C—2017《质量管理体系要求》，行业标准《航天产品研制过程不合格品审理基本要求》《航天器产品质量保证要求》《航天器产品不合格控制要求》《航天器产品电气、电子和机电（EEE）元器件保证要求》《航天器产品软件保证要求》。

GJB 571A—2005 于 1988 年首次发布，2005 年进行修订，该标准从研制生产单位的角度，对不合格品审理的组织管理、不合格品处理、不合格品审理程序、跟踪管理等进行了规定，适用于除软件产品外所有军工产品的研制和生产。

GJB 9001C—2017 是在采用 GB/T 19001—2008（ISO 9001：2008，IDT）的基础上增加军用产品质量管理体系的特殊要求编制而成，将军用产品质量管理体系的特殊要求作为标准的一部分，列在 GB/T 19001—2008 标准相应条款之后。该标准基本覆盖了质量管理体系的全部要素，不合格控制作为其中的一个环节，重点规定了不合格品的处置和有关职责及权限。

行业标准《航天产品研制过程不合格品审理基本要求》是从航天产品研制单位的角度对航天产品初样、正样和定型过程中不合格品的审理组织、程序、处理措施和报告等内容进行了规定，较上述两项国军标而言，航天特点更为明显。

行业标准《航天器产品质量保证要求》是航天器研制企业级标准，从顶层上对不合格品审理系统、不合格品的分类以及处置提出了要求。

行业标准《航天器产品不合格控制要求》是航天器研制企业级标准，是航天器产品不合格控制工作的直接指导文件。该标准在编制过程中借鉴了 ECSS-Q-ST-10-09C 的技术内容，从研制生产单位的角度规定了航天器产品不合格发生的原因，不合格审理组织及工作职责，识别与控制，审理与处置，信息记录和传递，审理及处置的汇总、审查、确认，以及不合格审理的举一反三等要求，内容较细化，且具有很明显的航天器产品特点。

行业标准《航天器产品电气、电子和机电（EEE）元器件保证要求》和《航天器产品软件保证要求》也均是航天器研制企业级标准，其中有部分内容对 EEE 元器件不合格控制和软件产品不合格控制提出了要求。

（二）比对分析过程及结论

1. 关键要素提出

以 ECSS-Q-ST-10-09C 为目标，逐项将其技术要素与国内现行标准的相关内容进行比较。通过对 ECSS-Q-ST-10-09C 不合格控制系统的技术要素进行梳理，提炼出了不合格审理组织、不合格审理流程、不合格处置、特殊不合格控制、不合格信息记录等 15 个要素，具体对标要素包括：

（1）体系位置；

（2）主体章节的结构；

（3）范围；

（4）术语；

（5）不合格控制基本原则；

（6）发现不合格并采取的紧急措施；

（7）不合格评审委员会一般要求及处理程序；

（8）纠正和预防措施；

（9）措施的实施和不合格关闭；

（10）不合格文件管理；

（11）EEE 元器件不合格；

（12）软件不合格；

（13）运行中的不合格和异常；

（14）不合格相关文件模板；

（15）不合格处理流程。

2. 结论

对 ECSS-Q-ST-10-09C、GJB 571A—2005 以及 GJB 9001C—2017 等 8 项标准按照关键技术要素逐项比对。国内外标准技术内容存在以下异同之处：

（1）ECSS 标准与国内现行标准的定位不同

ECSS-Q-ST-10-09C 是从产品保证管理的角度，同时约束了用户和供方的不合格控制系统。这也是由 ECSS 标准的“区域性”标准属性所决定的。

国内各级相关标准均是侧重于从供方内部质量管理的角度，规定不合格控制相关的组织、程序等，在这些标准规定的不合格控制流程中，缺少用户方的参与。两者的角度和定位不同。

（2）ECSS 标准适用范围比国内现行标准广

ECSS-Q-ST-10-09C 适用于所有级别的可交付的产品，且适用于整个项目生命周期。由于国内现行标准是站在供方内部质量控制的角度编制，故只用于规范产品的研制和生产阶段的不合格控制，且都不适用于软件产品。

（3）ECSS 标准侧重于对“不合格”进行控制，国内现行标准侧重于对“不合格”进行管理

ECSS-Q-ST-10-09C 在术语中提出了“轻度不合格”和“严重不合格”的定义，这里的“不合格”不仅是针对不合格的产品，凡是满足不合格条件的都称之为“不合格”。国内现行标准中均是对不合格的产品如“严重不合格品”和“轻度不合

格品”进行定义。

当产品研制过程中出现程序不符合、要求不符合等不合格项时，有可能造成两种结果，一是影响产品质量，产生“不合格品”，二是不影响产品质量，生产出来的产品是合格的。按照 ECSS 标准的规定，在航天产品设计、研制、生产全过程中发现的不合格都可采取紧急措施进行审理、处置等，而国内执行标准是对产生的“不合格品”进行审理和处理，对于严重不合格品要求进行质量归零。虽然国内外标准术语的内涵不完全相同，但是其判断“严重”和“轻度”的原则是基本一致的。

（4）不合格审理系统的组成模式不同

ECSS-Q-ST-10-09C 将不合格审理委员会确定为处理不合格的唯一技术权威机构，由于该标准需要站在保证管理的角度，强调用户和供方共同控制不合格，因此设置了由内部不合格审理委员会和用户审理委员会共同组成的审理系统，一般轻度不合格由内部不合格审理委员会确定处理方式，当处理方式出现争议、出现严重不合格或出现的不合格会对用户产生影响时，则提交用户不合格审理委员会进行处理。

国内现行标准设置审理系统时的思路不太一样，均是在研制单位内部设立审理系统，审理系统中不包括高一级用户，如中国空间技术研究院提出设立院、部、所、厂四级不合格审理组织，GJB 571A—2005 提出设立包括不合格品审理小组、不合格品审理常设机构、不合格品审理委员会在内的三级审理系统，相关行业标准提出不合格审理代表和不合格审理组织常设机构等。

虽然国内现行标准与 ECSS-Q-ST-10-09C 标准审理系统组成不同，但审理的核心思想是相同的，即随着不合格的影响范围和程度的加深，向上一级审理组织提交审理。

（5）不合格审理流程不同

ECSS-Q-ST-10-09C 的不合格处理程序是发现不合格后记录并采取紧急措施，召开内部 NRB 审理，通过内部 NRB 审理确定为严重不合格的，则提交用户 NRB 进行审理，无论是严重不合格还是轻度不合格，最后都需要采取处置和纠正预防措施，并关闭不合格。该流程的特点是体现了用户在不合格审理中的地位，并对严重不合格和轻度不合格的处理流程进行了区分。

国内现行标准中规定的不合格审理流程主线是发现不合格品后采取标记、隔离等紧急措施并进行记录和报告，再提交各级审理组织进行审理、处置、跟踪等。

国内现行标准中规定的不合格品审理流程的一个突出特点是均规定内部审理流程，将内部产品和采购外包产品的处置方式进行了区分，同时在流程图中明确了不合格处置的几种方式，这是 ECSS-Q-ST-10-09C 中没有的。

两者最主要的区别是是否将用户纳入审理流程。

（6）不合格文件管理形式不同，ECSS 标准信息化程度高

ESA 非常重视不合格数据的收集和整理，为了更好地管理这些数据和信息，有效吸取积累的经验，防止再次发生错误，在 ECSS-Q-ST-10-09C 中规定了形式多样的文件管理方式，并对相关不合格文件的可追溯性提出了要求：采用不合格报告、不合格报告清单、不合格报告状态清单等记录和展示每个产品的全部不合格状态；建立不合格数据库，帮助完成不合格报告的编写，跟踪、传递不合格信息以及做出不合格统计分析和趋势分析；开展不合格记录的评审和分析，以确定处置和纠正措施的合理性和有效性，并总结出常用 EEE 元器件、软件等产品的不合格趋势。

国内现行标准中，仍采用的是常规的信息记录和传递方式，产品的不合格信息主要通过质量跟踪卡、产品履历书、不合格处理表等文件进行记录和传递。

（7）特殊不合格控制要求不同

ECSS-Q-ST-10-09C 单独设立章节提出了 EEE 元器件、软件、运行中的不合格控制的适用范围、一般要求及处理要求，体现了欧洲标准对 EEE 元器件等特殊不合格控制的关注。

国内现行的不合格控制相关标准中未提到“元器件不合格”相关内容，仅规定了 DPA 出现不合格时的处理要求。相比而言，ECSS 标准的内容更具有通用性。

国内现行的不合格控制相关标准均不适用于软件产品，因此也没有提及“软件不合格”的相关内容，只是从研制单位的角度规定了软件生存周期中发生问题的管理要求，两者角度不同，故规定的内容也不相同。

同样，国内现行标准中也没有提出“运行中的不合格”相关要求。

（8）其他

1）在紧急措施方面，ECSS-Q-ST-10-09C 对产品保证进行的工作以及人员、设备、不合格品的紧急措施均进行了规定，而国内现行标准仅规定了不合格品的标识和隔离要求，这部分要求与 ECSS-Q-ST-10-09C 基本相同，但没有对产品保证提出要求。

2）在不合格审理方面，ECSS-Q-ST-10-09C 规定了不合格审理组织形成、审

理意见的前提条件、达不到该条件时的处理办法及严重不合格评审的内容，国内现行相关标准中并未对此进行具体规定，仅在 GJB 9001C—2017 中规定了不合格审理结论更改的前提条件和不合格评审的流程。

3）在不合格原因及后果分析方面，ECSS-Q-ST-10-09C 中对不合格产生原因及后果的分析提出了要求，国内现行标准均提出了要对不合格产生原因进行分析，甚至给出了比 ECSS-Q-ST-10-09C 更细的可能导致不合格的原因，但未针对不同的原因提出后续建议。

4）在不合格处置方面，ECSS-Q-ST-10-09C 对轻度不合格和严重不合格的处置方式分别进行了描述，并对确定处置方式前应进行的一系列分析评估工作进行了规定，国内现行标准中均是将轻度不合格和严重不合格的处置方式合并描述的，且未对如何确定处置方式进行规定。

5）在超差和偏离申请方面，ECSS-Q-ST-10-09C 从管理上规定了提出超差或偏离申请的要求（包括申请流程和填写的表格等），国内现行标准未对超差或偏离申请的用户批准记录进行规定。

6）在纠正预防措施方面，ECSS-Q-ST-10-09C 强调的是对产品 / 项目应采取相应的纠正和预防措施，并举例给出了典型的纠正措施。国内现行标准中均未给出典型的纠正措施，只在 GJB 571A—2005 和其他标准中给出了确定纠正和预防措施的依据，其中，国内标准还提出了“举一反三”等内部质量管理要求。

7）在不合格报告方面，ECSS-Q-ST-10-09C 规定了供方应提供不合格报告和不合格报告状态清单，用于记录每一个不合格状态的完整信息，报告和清单的内容非常详细，包含了不合格产品的供方、所在项目名称、不合格唯一编号、由该不合格产品构成的高一级组件、发现不合格的日期和地点、图样编号、内部和客户审理处置记录、会议纪要、不合格处理相关措施及证据等内容。国内现行标准中均只规定需要填写不合格审理单，但审理单内容较为简单，主要包括不合格情况描述、逐级审理意见及处理情况，其中，国内标准还给出了不合格汇总表，用于汇总记录一个项目中的所有不合格情况，该表与 ECSS-Q-ST-10-09C 中提到的不合格报告状态清单的作用相同，但缺少对不合格状态的描述。

国内外标准技术内容的相同点如下：

（1）国内现行标准能够基本覆盖 ECSS 标准中涉及的不合格控制要素

ECSS-Q-ST-10-09C 对不合格控制的程序与目标、发现不合格采取的紧急措施、NRB 评审及其处置措施、纠正措施及其实施、文件管理等内容分别给出具体的处理方法和要求，通过比对可以看出，国内外标准关于不合格控制常规的工作要素、要求基本相同，但由于国内外标准层次不同、应用对象不同，具体的管理模式，实施与操作程序、方法有差异。

（2）不合格处置方式基本相同

ECSS-Q-ST-10-09C 规定了不合格的处置方式，即返回给供方、原样使用、返工、返修、报废。国内现行标准采取的处置方式能够完全覆盖 ECSS 标准提出的处置方式，在《不合格品管理》等标准中均增加了让步接受和降级使用两种处置方式。此外，国内标准还提出了在处理实施前应获得相关人员的批准。可见，国内现行标准的不合格处置相关要求较 ECSS 标准更加细化。

（3）其他

1）ECSS-Q-ST-10-09C 规定了返工或返修产品检验和验证要求，国内现行的两项标准能够完全覆盖 ECSS-Q-ST-10-09C 的相关内容，此外，《航天器产品不合格控制要求》更加详细地规定了不同级别产品处置、纠正后应进行的验证措施。

2）ECSS-Q-ST-10-09C 规定了不合格关闭应满足的前提条件，国内标准能够完全覆盖 ECSS-Q-ST-10-09C 的相关内容，此外，国内标准还增加了“报废产品的隔离确认”以及“不合格控制全过程的记录”的前提条件，比 ECSS 标准更严。

3）ECSS-Q-ST-10-09C 规定了报废产品标识、放置和清单的要求，国内标准能够完全覆盖 ECSS-Q-ST-10-09C 的相关要求。

三、洁净度及污染控制标准比对分析

（一）标准介绍

1. 国外标准概况

洁净度及污染控制标准比对的 ECSS 标准是 ECSS-Q-70-01A《空间产品保证　洁净度和污染控制》。ECSS-Q-70-01A 为 ECSS 产品保证（Q）系列标准中材料、零部件与工艺保证（Q-70）标准之一，是在空间产品保证中洁净度和污染控制方面的顶层标准。欧空局产品的洁净度和污染控制均应遵从这一标准。

ECSS 产品保证（Q）系列标准中材料、零部件与工艺保证（Q-70）标准见表 2-3。

表 2-3　ECSS 材料、零部件与工艺保证标准清单

序号	标准编号	标准名称
1	ECSS-Q-70B	材料、机械零件和工艺
2	ECSS-Q-70-01A	洁净度和污染控制
3	ECSS-Q-70-02A	空间材料热真空出气筛选试验
4	ECSS-Q-70-03A	用无机染料涂覆金属的黑色阳极电镀
5	ECSS-Q-70-04A	空间材料和工艺的热循环筛选试验
6	ECSS-Q-70-05A	用红外线光谱分析探测表面有机污染
7	ECSS-Q-70-07A	机械自动波峰焊的验证和批准
8	ECSS-Q-70-08A	高可靠性电连接的手工焊接
9	ECSS-Q-70-09A	热控材料的热谱特性测量
10	ECSS-Q-70-10A	印制电路板质量认证
11	ECSS-Q-70-11A	印制电路板的采购
12	ECSS-Q-70-13A	用压敏胶带测量终饰层的剥离强度和拉脱强度
13	ECSS-Q-70-18A	射频同轴电缆的制备、装配和安装
14	ECSS-Q-70-20A	镀银铜质导线和电缆红斑腐蚀敏感性的测定
15	ECSS-Q-70-21A	空间材料可燃性筛选试验
16	ECSS-Q-70-22A	有限贮存寿命材料的控制
17	ECSS-Q-70-25A	太空釉 Z306 黑色涂层的涂覆
18	ECSS-Q-70-26A	高可靠性电连接中的压接
19	ECSS-Q-70-28A	空间使用印制电路板组件的维修和变更
20	ECSS-Q-70-29A	载人航天器乘员舱内所用材料和器部件出气成分的测定方法
21	ECSS-Q-70-30A	高可靠电连接器的导线绕接
22	ECSS-Q-70-33A	PSG120 FD 热控涂层的涂覆
23	ECSS-Q-70-34A	太空釉 H322 黑色导电涂层的涂覆
24	ECSS-Q-70-35A	太空釉 L300 黑色导电涂层的涂覆
25	ECSS-Q-70-36A	抑制应力腐蚀开裂的材料选择
26	ECSS-Q-70-37A	金属应力腐蚀开裂敏感性的测定
27	ECSS-Q-70-38A	表面安装和混合工艺焊接高可靠性
28	ECSS-Q-70-45A	金属材料机械试验的标准方法
29	ECSS-Q-70-46A	制造和采购螺纹紧固件的要求
30	ECSS-Q-70-71A（Rev. 1）	用于选择空间材料和工艺的数据

ECSS-Q-70-01A的内容主要偏重于顶层的、原则性的要求，着重规定空间产品的洁净度和污染控制工作中必须完成的工作内容及要求，并不涉及具体工作的组织与实施措施。因此，该标准在应用和实施过程中，不受组织、机构和实施方法变化的限制，在机构和方法变化时，仍可适用。此外，该标准与ISO 9000族标准相协调。编写ECSS-Q-70-01A的目的在于：通过确定空间系统各部分以及它们在实现、维护全过程中可接受的污染水平，保证任务的顺利完成。标准主要内容包括：

（1）对污染情况的评价；

（2）污染控制与监控工具、设施的确定；

（3）材料和工艺选择；

（4）对活动的策划。

2008年，ECSS开始进行标准体系的调整，标准逐步更新为C版，其中包括ECSS-Q-70-01A。ECSS产品保证（Q）系列标准中材料、零部件与工艺保证（Q-70）中新旧版本标准对照情况见表2-4。

表2-4 ECSS材料、零部件与工艺保证标准新旧版本对照表

序号	新版标准编号	原标准编号	备注
1	ECSS-Q-ST-70C	ECSS-Q-70B	—
2	ECSS-Q-ST-70-01C	ECSS-Q-70-01A	—
3	ECSS-Q-ST-70-02C	ECSS-Q-70-02A	—
4	ECSS-Q-ST-70-03C	ECSS-Q-70-03A	—
5	ECSS-Q-ST-70-04C	ECSS-Q-70-04A	—
6	ECSS-Q-ST-70-05C	ECSS-Q-70-05A	—
7	ECSS-Q-ST-70-06C	—	空间材料的粒子和紫外辐照试验
8	ECSS-Q-ST-70-08C	ECSS-Q-70-08A	—
9	ECSS-Q-ST-70-09C	ECSS-Q-70-09A	—
10	ECSS-Q-ST-70-10C	ECSS-Q-70-10A	—
11	ECSS-Q-ST-70-11C	ECSS-Q-70-11A	—
12	ECSS-Q-ST-70-13C	ECSS-Q-70-13A	—
13	ECSS-Q-ST-70-18C	ECSS-Q-70-18A	—
14	ECSS-Q-ST-70-20C	ECSS-Q-70-20A	—
15	ECSS-Q-ST-70-22C	ECSS-Q-70-22A	—
16	ECSS-Q-ST-70-26C	ECSS-Q-70-26A	—
17	ECSS-Q-ST-70-28C	ECSS-Q-70-28A	—
18	ECSS-Q-ST-70-29C	ECSS-Q-70-29A	—

表 2-4（续）

序号	新版标准编号	原标准编号	备注
19	ECSS-Q-ST-70-30C	ECSS-Q-70-30A	—
20	ECSS-Q-ST-70-31C	ECSS-Q-70-25A、ECSS-Q-70-33A、ECSS-Q-70-34A、ECSS-Q-70-35A	空间设备表面涂层的涂敷
21	ECSS-Q-ST-70-36C	ECSS-Q-70-36A	—
22	ECSS-Q-ST-70-37C	ECSS-Q-70-37A	—
23	ECSS-Q-ST-70-38C	ECSS-Q-70-38A（Rev.1）	表面装配高可靠性焊接
24	ECSS-Q-ST-70-45C	ECSS-Q-70-45A	金属机械试验的标准方法
25	ECSS-Q-ST-70-46C（Rev.1）	ECSS-Q-70-46C	螺纹紧固件的制造和采购要求
26	ECSS-Q-ST-70-53C	—	空间设备的微生物检测和杀菌技术
27	ECSS-Q-ST-70-55C	—	飞行设备和洁净室的微生物检测
28	ECSS-Q-ST-70-58C	—	洁净室的微生物控制

修订后的 ECSS-Q-ST-70-01C 与上一版标准的主要区别包括：

（1）按照 ECSS 标准的编写要求，重新编排了标准内容（如：将描述性内容与标准化条文分开）。

（2）标准正文在章条编排上改为原则和要求两章内容，将航天器设计、制造、发射、在轨运行等各阶段的要求明确地写出，将上一版标准中介绍性的描述和说明进行了简化，两个版本间的变化比较大。

（3）由于 ECSS 标准体系中的部分相关标准进行了修订，国际标准（ISO 14644）、环境科学与技术学会（国际学术组织，其相关标准广泛被欧洲及美国采用）标准（IEST-STD-CC1246D）的发布和采用，新版标准中的相应要求也进行了调整，如：标准的洁净度级别中增加了 ISO 的等级内容。

（4）增加了两份文件的编写要求，以附录的形式给出。

（5）主要内容基本一致。

由此可知，新版标准对框架进行了重新整理编排，并简化了其中介绍性的描述，但两个版本主要技术内容并没有太大变化。由于上一版本中包含了对标准内容更详细全面的描述和说明，为更好地理解和分析标准内容，本篇的主要内容仍为 ECSS-Q-70-01A 与国内执行标准之间的比对。

2. 国内相关标准概况

现阶段国内执行的，与ECSS产品保证（Q）系列标准中材料、零部件与工艺保证（Q-70）相对应的标准较多。其中，与ECSS-Q-70-01A直接相关的，洁净度与污染控制方面的相关标准共16项，具体的名称、主要内容及类别见表2-5。

表2-5　国内关于洁净度与污染控制相关标准概况

<table>
<tr><th>序号</th><th>标准名称</th><th>级别</th><th>内容概述</th><th colspan="2">类别</th></tr>
<tr><td>1</td><td>卫星产品洁净度及污染控制要求</td><td>国军标</td><td>卫星产品设计、生产、试验过程中与污染控制有关的质量控制</td><td>各类卫星</td><td rowspan="2">针对卫星产品研制全过程的控制要求</td></tr>
<tr><td>2</td><td>卫星光学表面洁净度要求及污染清除</td><td>行标</td><td>有光学表面卫星产品的加工、测试、贮存和包装、运输过程中的产品质量保证和污染物清除</td><td>光学卫星</td></tr>
<tr><td>3</td><td>洁净度测试方法</td><td>企标</td><td>航天器推进系统部、组件和地面试验设备等洁净度的测试</td><td rowspan="2">推进系统产品</td><td rowspan="2">针对卫星产品研制全过程的控制要求</td></tr>
<tr><td>4</td><td>洁净度要求</td><td>企标</td><td>航天器推进系统及其部件的设计、研制、试验及使用中，其洁净度和检验的要求</td></tr>
<tr><td>5</td><td>污染控制方法</td><td>行标</td><td>卫星热平衡与热真空试验过程中的污染控制</td><td colspan="2" rowspan="3">试验过程中的污染控制要求及方法</td></tr>
<tr><td>6</td><td>洁净度要求及污染控制</td><td>企标</td><td>卫星热平衡与热真空试验中，洁净度要求、污染控制和污染测量的基本方法</td></tr>
<tr><td>7</td><td>污染控制真空烘烤试验方法</td><td>企标</td><td>对有污染等级的航天器进行真空烘烤的试验方法</td></tr>
<tr><td>8</td><td>洁净度级别及评定</td><td>行标</td><td>以空气悬浮粒子为控制对象，新建、改建、扩建的洁净室（区）的分级和评定</td><td colspan="2">地面设施要求</td></tr>
<tr><td>9</td><td>质量损失测试方法</td><td>行标</td><td>材料在真空环境中质量损失的测试</td><td colspan="2" rowspan="4">材料特性的测试及筛选</td></tr>
<tr><td>10</td><td>材料可凝挥发性能测试方法</td><td>行标</td><td>材料在真空环境中可凝挥发物的原位测试方法</td></tr>
<tr><td>11</td><td>材料挥发性能测试方法</td><td>行标</td><td>材料在真空环境中挥发性能的测试</td></tr>
<tr><td>12</td><td>真空—紫外辐照材料质量损失测试方法</td><td>行标</td><td>材料在真空—紫外辐照环境中质量损失的测试方法</td></tr>
</table>

表 2-5（续）

序号	标准名称	级别	内容概述	类别
13	空间材料出气速率测试方法　低温出气速率	行标	航天器及地面设备用材料在真空、低温环境条件下出气速率的测试方法	材料特性的测试及筛选
14	空间材料出气速率测试方法　高温出气量和出气速率	行标	航天器及地面设备用材料在真空、高温环境条件下出气量和出气速率的测试方法	
15	非金属材料出气筛选方法	企标	卫星用非金属材料出气筛选的方法和判据	
16	非金属材料出气数据手册	企标	航天器用部分非金属材料的真空出气数据	

（二）比对分析过程及结论

1. 概述

由表 2-5 可看出《卫星产品洁净度及污染控制要求》对卫星产品设计、生产、试验过程中与污染控制有关的质量控制提出了应达到的要求，是一项顶层的要求性标准，而其他标准则为针对某类卫星或产品，或针对洁净度和污染控制某一环节提出的具体要求、方法。

根据国内现阶段执行标准所规定主要内容的不同，比对分析的重点为 ECSS-Q-70-01A 与《卫星产品洁净度及污染控制要求》。同时，根据具体比对内容，在表 2-5 中选取对应的其他标准进行比对。通过一系列比对、分析，研究 ECSS-Q-70-01A 与《卫星产品洁净度及污染控制要求》等国内执行标准之间存在的差异。

2. 总体结论

ECSS 标准适用于所有的空间项目，且在执行上具有可剪裁性。经过比对，表 2-5 中所列的《卫星产品洁净度及污染控制要求》等 16 项相关标准能够基本覆盖 ECSS 标准中适用于航天器研制相关的各项目内容，要求基本相当，标准能够满足目前航天器研制的需求和国际合作的需求。

3. 适用性

从比对结果来看，《卫星产品洁净度及污染控制要求》等我国标准，是在充分借鉴国外先进标准（如 MIL-STD-1246C《产品洁净度等级和污染控制要求》）内容基础上，结合国内实际情况，经过长期的实践、总结而来，符合国内现状，具体内容操作性强。

4. 覆盖性

我国执行的《卫星产品洁净度及污染控制要求》等标准能够基本覆盖 ECSS-Q-70-01A 中的内容。但由于与 ESA 本身的定位、组织形式、航天器研制技术特点、研制水平以及标准体系构成等不同，ECSS 标准与《卫星产品洁净度及污染控制要求》等国内执行标准在范围上存在一定的差异：

（1）ECSS 标准的对象为所有类型的空间项目、组织、产品及其综合，适用于项目各个阶段，污染物还包括微生物、细菌、霉菌以及航天器载人过程中带来的生物污染等。《卫星产品洁净度及污染控制要求》的对象为卫星，其内容不涉及对微生物等生物污染源的控制。

（2）ECSS 标准中对产品发射及在轨运行过程中的洁净度要求和污染预计、监测提出了原则性要求和介绍，但并没有具体、明确的指标或控制措施。《卫星产品洁净度及污染控制要求》等标准则重点规范了产品从设计到发射前的研制过程，不涵盖发射后的洁净度和污染控制要求。

（3）ECSS 标准中规定了空间系统污染预计、预测和建模的原则性要求。《卫星产品洁净度及污染控制要求》等标准中编写的重点为实施的具体要求和措施，因此没有这一方面的要求。

（4）ECSS 标准中对污染测量提出了原则性的要求，我国在卫星实际型号研制工作中，对于污染的测量，已经积累了相当多经验，通过不断的工程实践也摸索出了一套先进的测量方法。特别值得一提的是：在《卫星光学表面洁净度要求及污染清除》标准中规定了使用 3 个不同温度的石英晶体微量天平，在航天器多个低温表面上进行污染物凝结量测试的方法，该标准中规定的挥发物凝结量通过原位测试得到。

（5）我国执行的标准中对于具体的执行方法均有相应的标准作为支撑，有具体的操作方法和程序，而 ECSS-Q-70-01A 中只有原则性的要求。

5. 标准编写的侧重点

标准体系本身的构成有所不同，ECSS-Q-70-01A 是顶层的通用标准，仅在标准中规定必须遵循的要求、原则、注意事项等。

国内执行的一系列标准中，《卫星产品洁净度及污染控制要求》为“牵头”标准，除规定了通用性的要求外，偏重于规定各阶段必须达到的措施、实施要求。

《卫星产品洁净度及污染控制要求》作为顶层的通用性要求，其下一层次还有若干标准作为支撑。例如：针对有洁净度特殊要求的产品（光学产品、推进系统产品等）、热试验等产品寿命周期中有特殊要求的阶段、材料出气、真空凝结等材料污染特性、洁净室（区）等“局部”“关键”问题均有一定数量的标准支持。

在描述同一项工作内容时，ECSS 标准只规定通用的原则、不能违背的要求；《卫星产品洁净度及污染控制要求》等国内执行标准则偏重于要求承担研制任务方各环节的具体要求和量化指标，乃至措施和程序。

从这一层面上看，ECSS 标准要求通用性、原则性强，且在执行上较为灵活，不受体制和组织的限制。《卫星产品洁净度及污染控制要求》等国内执行的一系列标准则更具可操作性和针对性，更能贴切地指导具体研制工作，突出地体现了实用性。

ECSS-Q-70-01A 的内容主要是污染对空间项目的影响。《卫星产品洁净度及污染控制要求》等国内执行的标准着重于具体的指标要求和控制措施。

四、质量保证标准比对分析

（一）标准介绍

1. 国外标准概况

ECSS-Q-ST-20C《空间产品保证　质量保证》是 ECSS 产品保证系列标准之一（ECSS 产品保证子体系标准的结构见图 2-1）。该标准对制定和实施包括空间系统的任务定义、设计、研制、生产和使用以及处置在内的工程项目的质量保证大纲规定了各项质量保证要求。ECSS-Q-ST-20C 规定了质量保证原则、质量保证管理要求、质量保证通用要求及详细要求。

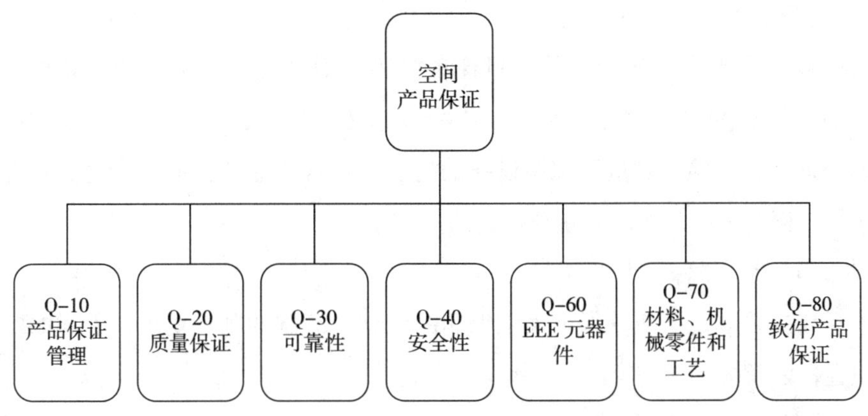

图 2-1　ECSS 产品保证子体系标准的结构

2. 国内相关标准概况

国内航天器标准体系是在分析研究国外先进宇航标准体系，尤其是ECSS标准体系结构的基础上，针对国内航天器型号研制、产品研制和型号产品管理的现状以及发展方向，借鉴并继承卫星标准体系、载人飞船标准体系建设的经验和成果而建立的，由管理系列（M）、产品保证系列（Q）、工程系列（E）和产品系列（P）四个系列标准组成，国内航天器标准体系产品保证子体系结构见图2-2，该子体系以产品保证各要素为主线，覆盖航天器研制全过程的产品保证技术和管理，其内容与ECSS基本一致。

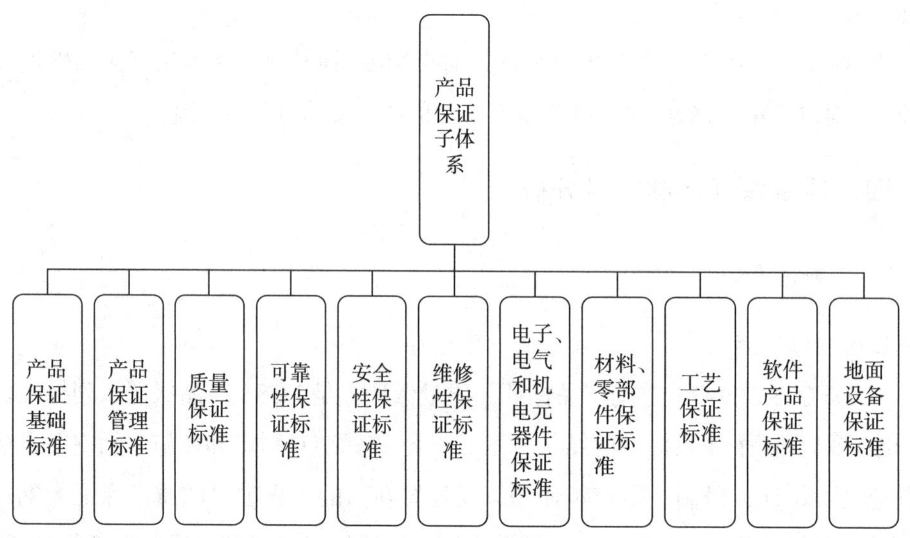

图2-2　国内航天器标准体系产品保证子体系结构

与ECSS-Q-ST-20C相关的国内标准情况如下：

（1）《航天产品质量保证要求》

该标准主要规定了航天产品质量保证管理，设计控制，文件和资料控制，采购，产品的标识和可追溯性，制造、装配和总装的控制，检验，洁净度和污染控制，大型试验，检验、测量和试验设备的控制，不合格品的控制，搬运、贮存、包装、防护，交付，产品出厂质量评审，质量记录。

（2）《产品质量保证大纲要求》

该标准主要规定了质量保证大纲编制的依据，编制的基本要求，大纲的实施与监督检查，以及大纲的内容。

（3）《航天产品保证要求》

该标准主要规定了产品保证的工作内容；产品保证管理包括建立产品保证工作

系统、处理、质量审核、人员培训等活动；产品保证大纲的编写、审批和修订；产品保证大纲的结构和内容。

（二）比对分析过程及结论

将我国执行的标准与 ECSS 标准进行逐条比对，得出如下结论：

（1）《航天产品质量保证要求》是根据 ECSS 标准中 Q 系列产品保证标准翻译过来，并结合我国航天实际情况制定的，标准中的项目基本覆盖 ECSS 质量保证的内容；我国在开展航天产品质量保证工作的过程中，针对航天器在研制、生产全过程中涉及的各个环节、要素，不仅执行《航天产品质量保证要求》，还执行其他具体的企业标准等，并且制定了一系列相关的管理文件，这些标准、文件从技术层面上能够覆盖 ECSS-Q-ST-20C 中规定的要求，能够指导航天器研制过程中质量保证工作的开展。例如国内关于产品关键检验点和强制检验点的设置和控制要求参考借鉴了 ECSS-Q-ST-20C 的有关规定，国内外的要求基本一致。

（2）国内开展航天器质量保证的理念、思路和要求与欧洲整体上是一致的，但在一些操作层面的做法上，国内外存在一定差异。

1）工作日志

ESA 的工作日志是按时间顺序，记录从第一次验证或接收试验开始与技术状态项目的总装和试验有关的数据，目的是在项目生命周期期间的任何时候对任何事件可追溯。其中设备的工作日志是从装配后的第一次鉴定或接收试验开始；分系统和系统的工作日志是从各设备工作日志开始一直持续到形成完整的记录。ESA 的工作日志主要包括 8 个部分，各个部分包含了对项目操作有意义的历史的和质量的数据和信息，详细记录了每一个操作和实施步骤。

而我国也有相同作用的质量保证文件——质量履历书。质量履历书包括设备级质量履历书，系统级质量履历书以及软件产品的质量履历书。设备级履历书是从产品装配开始建立，系统级履历书是从产品总装阶段开始建立。从建立的时机比较，我国与欧洲基本一致，但是从文件的形式，记录的全面性、细致程度相比，国内的质量履历书比欧洲的工作日志可能更粗糙一些，设备级的质量履历书与系统级质量履历书相比，内容较简单。

2）最终项目数据包

ESA 的最终项目数据包收集了与制造、装配、总装及可交付技术状态项目试验有关的数据，用于提供必要的可追溯性和事件的记录，这些数据是构成支撑产品验收的基础。我国规定了型号单机产品（包括软件）质量与可靠性数据包的管理要求，作为用户及上一级技术系统接收产品的依据。两者的功能、作用和内容都一致。

3）合格证明文件要求说明

合格证明文件主要证明最终项目在各个方面与可适用的规范、图纸和订购要求的一致性。该文件包含在最终项目数据包中，以向顾客保证可交付项目已按合同和工作状态表规定的技术和质量要求进行了设计、制造和试验。我国有类似的质量保证文件——产品证明书，分单机产品证明书和系统级产品证明书，是产品质量合格的证明。

五、故障模式、影响及危害性分析标准比对分析

（一）标准介绍

1. 国外标准概况

故障模式及影响分析（FMEA）是一种系统化的可靠性分析程序，早在20世纪50年代初期，美国Grumman公司第一次把故障模式及影响分析（FMEA）用于战斗机操纵系统的设计分析，取得了良好的效果。此后这种FMEA技术在航空、航天以及其他领域得到了广泛的应用，并有所发展，后来发展为FMECA技术，并形成标准程序。1974年，美国发布了MIL-STD-1629《故障模式、影响及致命性分析程序》。1985年，IEC发布了IEC 812《故障模式和影响分析（FMEA）程序》。2001年，ECSS发布了ECSS-Q-30-02A《故障模式、影响及危害性分析》，并于2009年进行了修订。

ECSS-Q-30-02A规定了空间项目所有要素实施故障模式、影响及危害性分析应遵循的原则和要求以及实施FMEA的具体程序。

2. 国内相关标准概况

我国于1987年颁布了GB/T 7826《系统可靠性分析技术　失效模式和效应分析（FMEA）程序》（等同采用IEC 60812），1992年颁布了国军标GJB/Z 1391《故障模式、影响及危害性分析指南》，2006年进行了修订，1993年颁布了行业标准QJ 2437《卫星故障模式影响和危害度分析》，1998年颁布了行业标准QJ 3050《航天产品故障模式、影响及危害性分析指南》。2011年对《航天产品故障模式、影响及危害性分析指南》进行了修订，与原版标准相比，主要做了以下更改：

（1）完善了FEMA、FMECA工作表；

（2）危害性分析（CA）方法中补充了风险指数评定方法；

（3）增加了不同产品层次间 FMEA 或 FMECA 迭代关系；

（4）增加了不同产品层次严酷度分类及故障模式发生可能性等级的划分准则；

（5）增加了系统级 FMEA 或 FMECA 工作的指导；

（6）增加了软件 FMEA 的内容；

（7）增加了工艺 FMEA 的内容。

（二）比对分析过程及结论

通过对国内外标准的分析，可得出以下结论：

（1）我国执行的《航天产品故障模式、影响及危害性分析指南》的技术内容基本上与 ECSS 标准的规定一致，并且《航天产品故障模式、影响及危害性分析指南》中不但规定了故障模式影响、危害性分析要求，还规定了具体的方法，给出了详细的案例，较 ECSS 标准更为详细、具体。

（2）ECSS 标准中的内容分为设计 FMEA/ FMECA 和过程（工艺）FMEA/ FMECA 两部分：

1）设计 FMEA/FMECA 中的有关规定与《航天产品故障模式、影响及危害性分析指南》的规定基本一致，但 ECSS 标准中还包含了软硬件接口分析（HSIA）的有关内容，《航天产品故障模式、影响及危害性分析指南》中没有这部分内容。《航天产品故障模式、影响及危害性分析指南》中规定了软件 FMECA 分析方法，与 ECSS 标准中的 HSIA 不同，ECSS 标准把软件作为“黑盒子”处理。

2）ECSS 标准中的过程（工艺）FMEA/FMECA 与《航天产品故障模式、影响及危害性分析指南》中的工艺 FMEA/FMECA 的分析方法基本一致，但 ECSS 标准的范围更广，包括了加工、工艺、试验、工装操作等全部过程，《航天产品故障模式、影响及危害性分析指南》中只涉及工艺过程，但《航天产品故障模式、影响及危害性分析指南》对工艺 FMEA/FMECA 的分析和实施要求比 ECSS 标准具体、详细。

（3）ECSS 标准中对在各个研制阶段（阶段 A——可行性、阶段 B——初步定义、阶段 C——详细定义、阶段 D——生产和测试、阶段 E——使用、阶段 F——处置）怎样选择 FMEA/FMECA 方法、怎样具体实施 FMEA/FMECA 以及各阶段 FMEA/FMECA 工作程度做出了明确的规定。国内执行的标准中只是用图示说明设计 FMEA/FMECA 与产品各研制阶段的关系。

（4）ECSS 标准更注重用户的要求和人的因素，提出了对 FMEA/FMECA 分析要经用户认可，并且用户可获得相关分析结果和分析资料等要求。

（5）具体技术指标的差异，如关于危害度计算的规定不同。

（6）此外在《航天产品故障模式、影响及危害性分析指南》中对风险评价指数及评价准则进行了规定，在定性 FMECA 中应用风险评价指数评价故障模式影响的危害性，应用风险评价准则对故障模式影响的危害性进行排序，以作为技术、管理决策的依据。

六、可用性分析标准比对分析

（一）标准介绍

1. 国外标准概况

美国航天器方面与可用性有关的标准是 GPS 系统的“global positioning system standard positioning service performance standard”。GPS 卫星自 20 世纪 90 年代以来开展中断分析工作，通过各类中断事件分析，评价系统可用性和连续性，识别影响导航服务的关键点，不断提高系统可用性。该标准将 GPS 卫星的中断分为四类，包括长期计划中断、长期非计划中断、短期计划中断、短期非计划中断，并对四类中断的分类、影响因素进行了说明。但该标准没有给出四类中断的具体定义和定量分析方法。

欧洲标准化组织 ECSS 专门制定了两项可用性相关的标准：ECSS-Q-ST-30C“Dependability”和 ECSS-Q-ST-30-09C“Availability analysis”，明确提出了中断分析要求和中断分析适用性矩阵，在伽利略导航卫星、通信卫星中推行中断分析工作以分析卫星可用性。ECSS-Q-ST-30C 是关于可靠性、维修性、可用性的综合性顶层标准，提出了对可用性分析的原则性要求，包括：

（1）供应商应进行可用性分析或仿真，以评估系统的可用性。其结果用于：对有关设计、使用、维修的系统方案进行优化等。

（2）供应商应进行中断分析，为可用性分析提供输入数据。

（3）可用性分析的输出应包括已识别的所有潜在中断的清单，中断原因、发生概率和持续时间。

（4）应通过分析识别中断检测手段和恢复方法。

（5）应利用系统可靠性和维修性模型及中断数据，在系统级完成可用性分析。

ECSS-Q-ST-30-09C 是 ECSS 关于可用性的具体操作标准。该标准面向大系统，适用于空间段和地面段。其技术内容包括可用性参数（固有可用度、运行可用度、短期中断指标、长期中断指标等）、可用性分析、不同阶段的可用性分析工作、可用性分析方法（包括解析法、马尔可夫过程和蒙特卡罗仿真三种方法）。

2. 国内相关标准概况

目前检索到与航天器可用性分析相关的标准是国军标《北斗卫星导航系统可用性控制与评估》及航科集团企业标准《卫星导航系统空间段可用性建模与分析方法》。《北斗卫星导航系统可用性控制与评估》规定了北斗卫星导航系统可用性控制与评估的目的、依据、组织与分工、时机，对北斗卫星可用性评估的数据采集和评估准则做了简单规定，但并未给出评估指标体系，也未给出流程和具体方法。航科集团企业标准《卫星导航系统空间段可用性建模与分析方法》规定了卫星导航系统空间段可用性建模、中断分析与可用性分析方法，给出了导航星座空间段的典型可用性模型，该标准适用范围限于卫星导航系统空间段，技术内容也限于空间段的可用性建模和分析计算。

为加强卫星可用性分析工作的可操作性，中国空间技术研究院针对卫星各研制阶段可用性分析的具体参数、流程和方法制定了企业标准《卫星可用性分析指南》。该标准规定了卫星可用性分析的目的、参数、流程与方法，适用于有连续服务要求的卫星的可行性论证、方案设计、初样研制、正样研制、在轨工作和返回阶段的可用性分析，其他航天器可参照使用。

（二）比对分析过程及结论

通过将国内外标准中关于可用性参数、可用性分析、不同阶段的可用性分析工作、可用性分析方法等进行比对分析，得出除可用性参数和建模方法外，国内可用性分析标准在技术内容的广度和深度上均超出了 ECSS 标准。具体如下：

（1）在可用性参数选择方面，与 ECSS 标准提到的可用性参数相比，我国可用性分析标准没有考虑系统 / 分系统在特定时间段的可用性，也没有考虑产品应用成功率。

（2）ECSS 标准只有可用性分配和可用性分析迭代两个具体的工作项目，没有关于中断分析的内容，我国可用性分析标准增加了可用性指标论证、可用性建模、中断分析和可用性评估四个工作项目并给出了两种中断分析方法，并进行了详细说明。

（3）ECSS 标准只给出了可用性分配和可用性分析迭代的原则，没有给出具体方法。而我国可用性分析标准详细描述了可用性分配的原则、步骤、方法。

（4）我国可用性分析标准详细给出了各类可用性指标的计算分析方法，ECSS 标准没有给出具体计算方法。

（5）ECSS 标准提到了解析法、马尔可夫过程和蒙特卡罗仿真三种分析方法，但只有简单的说明。我国可用性分析标准提出了解析法和蒙特卡罗仿真两种分析方法，没有明确提及马尔可夫过程，原因在于马尔可夫过程目前尚没有确定的工程应用，解析法和蒙特卡罗仿真足以支持可用性分析标准中各类可用性指标的分析。

（6）ECSS 标准在附录 B 中给出了一个系统可用性分析的典型工作说明以帮助标准使用者理解可用性分析，我国可用性分析标准并未给出相关示例。

第二节　卫星研制项目管理标准比对分析

一、标准介绍

（一）国外标准概况

ECSS 标准体系初建于 1993 年，它包括 ECSS-M（空间系统 - 管理）、ECSS-E（空间系统 - 工程）和 ECSS-Q（空间系统 - 产品保证）3 个系列。ECSS 标准由各工作组编制，由 ECSS 管理委员会审查，ECSS 指导委员会批准通过。ECSS 关于技术状态的标准是 ECSS-M-ST-40C《技术状态和信息管理》。该标准是对 ECSS-M-40B《技术状态管理》和 ECSS-M-50B《信息 / 文件管理》的整合修订。本部分还是重点以 ECSS-M-40B《技术状态管理》为比对对象进行分析。

（二）国内相关标准概况

我国在航天器研制过程中制定了部分直接与技术状态管理有关的各级标准和有关文件。其中包括：

1. 国家标准

GB/T 19017—2020/ISO 10007：2017《质量管理　技术状态管理指南》首先规定了实施技术状态管理职责和权限，其次描述了技术状态管理的过程（技术状态管理策划、技术状态标识、更改控制、技术状态纪实和技术状态审核），适用于支持产品从概念到处置的各个阶段。

2. 国家军用标准

国防科学技术工业委员会于 1998 年 3 月 16 日批准发布的《技术状态管理》规定了技术状态管理的内容、要求和方法，适用于武器装备（常规武器装备、战略武器装备和人造卫星）技术状态项目在研制、生产中的技术状态管理。

3. 航天行业标准

中国航天工业总公司于 1999 年 5 月 10 日批准发布的《航天产品技术状态管理》，是在《技术状态管理》标准的基础上，结合航天产品的研制特点编制的，规定了航天产品技术状态管理的内容、方法、程序和要求，适用于航天产品（航天器、运载火箭和导弹武器系统及其组成部分）技术状态项目的研制、生产中的技术状态管理。

4. 企业标准

（1）中国航天科技集团公司批准发布的《航天产品技术状态更改控制要求》，是对《航天产品技术状态管理》中有关技术状态控制“更改”的细化，规定了技术状态更改五项原则，对航天产品技术状态更改实施控制规定了具体要求，适用于航天产品研制生产全过程的技术状态更改控制。

（2）中国航天科技集团公司批准发布的《航天型号出厂评审》，规定了参加飞行试验航天型号出厂评审要求，适用于集团公司、院组织的或以其为主组织的出厂评审。

二、比对分析过程及结论

（一）技术状态管理简介

1. 技术状态管理及其内容

技术状态管理就是用技术的和行政的方法对项目（或产品）的技术状态实施指导、控制和监督。技术状态管理主要内容包括：

（1）标识技术状态项目功能和物理特性并形成文件；

（2）控制技术状态项目及其相关文件的更改；

（3）记录和报告管理技术状态项目所需的信息（更改建议和已批准更改的执行情况）；

（4）审核技术状态项目，检查其符合性。

2. 技术状态管理要求

技术状态管理基本要求：

（1）准确全面地描述产品当前的技术状态，反映满足功能和物理特性要求的状况，使这些状况和要求都形成技术状态文件，确保参与项目工作的所有人员在研制过程中随时使用准确的文件。

（2）在产品研制各阶段，编制相应反映产品某一特定时刻的技术状态文件，并建立相应基线，控制对这些基线的更改，使对这些基线的全部更改都形成文件，并具有可追溯性。

3. 技术状态管理活动

技术状态管理的相互活动包括：

（1）技术状态标识；

（2）技术状态控制；

（3）技术状态纪实；

（4）技术状态审核。

（二）对标过程

1. 技术状态管理

（1）国外国内技术状态管理发展概况

由于技术状态涉及项目管理中进度、成本、人力资源等，甚至影响产品是否满足用户需求。因此，在国内外大型复杂工程项目中（如航天与航空等领域）都非常重视对技术状态项目实施技术状态管理。

技术状态管理早在20世纪50年代导弹竞赛中由美国提出，原因是研制的导弹发射成功后，由于疏于技术状态管理，没有随时对导弹研制过程中的技术状态进行记录，再生产的产品不能保证原有水平。为了解决此类问题，美国国防部组织了有关研究，提出了技术与管理融为一体的办法，1962年美国空军发布技术状态管理指令性文件《技术状态管理》。20世纪70年代至20世纪80年代初，美国国防部发布指令性文件，后来又发布了技术状态管理系列标准，NASA发布有（NASA-CM-HDBK）技术状态管理指南等。

在ISO 9000系列质量管理体系中涉及了技术状态管理的部分内容。

ESA发布有技术状态管理标准。ECSS于1993年发布技术状态管理标准ECSS-M-40，于1996年修订为ECSS-M-40A，2005年修订为ECSS-M-40B，2008年批准发布了 ECSS-M-ST-40C。

我国从 20 世纪 80 年代开始工程技术状态管理研究，1988 年国防科工委召开项目技术状态管理研讨会，1990 年召开工程管理讨论会，1998 年开始发布有关技术状态管理标准。

（2）技术状态管理组织

项目技术状态管理组织是独立于其他部门的。

在美国防务系统（国防产品）研制期间，由政府设立“技术状态控制委员会”负责评审和决定技术状态的更改，型号办公室相关人员任主席，技术状态管理部相关人员任秘书。

ECSS 标准中规定“每个项目都应建立技术状态管理委员会，由技术状态经理和项目经理共同管理。技术状态委员会的成员有决定权”。

我国目前只有型号定型委员会的组成与美国相似。一般航天型号的技术状态管理由分管技术状态的技术经理负责，重点型号成立技术状态管理委员会。其职能是在将技术基线更改建议提交政府评审前先进行内部筛选。

2.《航天产品技术状态管理》与 ECSS 标准中的差异

（1）ECSS 标准明确地规定了“输入”与“输出”的具体要求，如技术状态管理计划、技术状态接口、技术状态标识（产品树）、技术状态控制（更改程序、更改和偏差分类、更改开始、更改评估、更改处理、与技术状态基线偏差）、技术状态纪实、技术状态审核等，而《航天产品技术状态管理》中没有明确“输入”与“输出”的基本要求。

（2）ECSS 标准对硬件和软件的要求很明确（分别提出有关要求），如数字文件和介质标识，技术状态基线标识，而《航天产品技术状态管理》中仅对软件提出了通用性要求。

（3）ECSS 标准与《航天产品技术状态管理》中规定的管理模式不完全相同。如：ECSS 的规定是对“合同”的，而《航天产品技术状态管理》中的规定是对“合同或任务书（技术要求）”的。

（4）ECSS 标准与《航天产品技术状态管理》中规定的“研制阶段划分、评审”等不完全相同。

（5）ECSS 标准与《航天产品技术状态管理》中规定的“更改与偏离分类”不完全相同，如 ECSS 标准中规定的更改分为 1 类和 2 类，而《航天产品技术状态管理》中规定的工程更改分为 1 类、2 类和 3 类。

（6）ECSS 标准对在轨运行阶段的技术状态管理，分别对在轨运行阶段规定了技术状态管理方法，而《航天产品技术状态管理》中没有对在轨运行阶段技术状态管理提出规定要求。

（三）执行的有关标准或文件

国内在航天器型号（各类卫星及飞船等）研制中执行的技术状态管理及其相关标准如下：

（1）技术状态管理，如《技术状态管理》《航天产品技术状态管理》《航天产品技术状态更改控制要求》《出厂技术状态要求》等。

（2）WBS，如《武器装备研制项目工作分解结构》《工程中工作说明的编制》《工作分解结构的编制》。

（3）技术评审，如《航天产品技术评审》《航天型号出厂评审》《转阶段评审规定》《安全性评审规定》《出厂评审编写规定》《转阶段评审结论编写规定》《研制评审项目的管理规定》《电子设备设计评审规定》《设计评审数据包编制指南》《分设计评审数据包编制指南》《关于在方案阶段开展新型号产品技术状态基线专项评审的通知》等。

（4）其他，如《卫星研制程序》《航天产品项目阶段划分与策划》《航天产品缺陷不合格故障和危险分类》《研制技术流程编写规定》《研制计划流程编写规定》等。

（四）结论

通过以上分析，ECSS 标准与相关行业标准比对后初步结论如下：

（1）就技术状态管理相互关联的"活动"（技术状态标识、技术状态控制、技术状态纪实、技术状态审核）、技术状态管理程序和要求以及技术状态管理计划等而言，基本一致。

（2）我国目前执行的技术状态管理及相关标准是配套的、具体的，可操作性强。

（3）我国目前执行的技术状态管理标准中有关"组织"（技术状态管理委员会）的形式是根据型号研制需要，具有中国特色。

（4）我国目前执行的技术状态管理标准中技术状态"更改控制"流程更具体，而且有中国特色（论证充分、各方认可、试验验证、审批完备、落实到位）。

（5）我国目前执行的技术状态管理标准中有关"输入输出"接口要求不及

ECSS 标准具体详细。

（6）我国目前执行的技术状态管理标准中有关“软件要求”不如 ECSS 标准规定得具体详细。

（7）我国目前执行的技术状态管理标准中没有明确规定在轨运行技术状态的管理要求。

第三节　卫星研制工程技术标准比对分析

一、接地标准比对分析

（一）标准介绍

1. 国外标准概况

（1）美国标准概况

美国发布的与接地相关的标准主要有以下几项，主要的内容和相关规定如下：

1）MIL-STD-1541（USAF）（1973 年版）《航天系统的电磁兼容性要求》，4.7.3 中关于航天器接地和绝缘的规定如下：

航天器的主电源系统：主电源系统应在确定为单点接地的接地点处接地到结构上。主电源配电系统的正负导线应该与结构绝缘，在单接地点断开时，各系统之间的电绝缘电阻至少应为 1MΩ，结构不应用作载流导体。

2）MIL-STD-1541A（USAF）（1987 年版）《航天系统的电磁兼容性要求》，5.2 中关于航天器接地和绝缘的规定如下：

电源分系统的参考点：电源分系统在每个分段中的回线或中线都应该接地到地网上，以便控制飞行器的电路与金属部件间的电位差，一次电源电路应在接近于源端处接地，二次电源的接地位置应选择在共模噪声对信号电路影响最小的位置。

3）NASA-HDBK-4001（1998 年版）《无人航天器电气接地体系结构手册》的 4.2.4 中关于一次电源母线正端对结构短路故障而引起一些任务失败的论述后，指出：“强烈建议：通过一些合适的阻抗将电源回线与结构底板隔离，这个阻抗应该足够高，以限制故障情况下的电流；而且又足够低，以提供稳定的参考电位。”

（2）欧洲标准概况

欧洲没有专门的接地设计方面的标准。ECSS-E-20A［1999年版（第一版）］中关于一次电源接地的规定：一次电源应该接地到航天器结构上，接地点位于星形地的中心，接地的连接应能承受最坏情况下的故障电流。

ECSS-E-ST-20C［2008年版（第三版）］中的5.8关于配电和保护的规定是：一次电源应该接地到航天器结构上，接地点位于星形地的中心，接地的连接应能承受最坏情况下的故障电流。另外新版标准中突出了供电保护的要求力度，例如“双绝缘”要求和“限流”配电要求。

欧洲协会航天标准ECSS-E-ST-20C《电子与电气》，从系统电磁兼容性和故障隔离与防护角度，在第五章及第六章的相关条款中，对航天器的接地进行了规定。ECSS-E-ST-20C要求：一次电源应该接地到航天器结构上，接地点位于星形地的中心，接地的连接应能承受最坏情况下的故障电流。

ECSS标准总的指导思想是杜绝母线短路失效，即使发生短路也不能影响任务的基本功能。2005年10月9日发射的Venus航天器接地基本上贯彻执行了ECSS标准，其中一次电源接地、配电和信号接口概况如下：

1）所有一次电源母线在PCU单点接地；电源分配器PDU专为每个用户的二次电源提供一路带开关和过流保护的电源母线。

2）一次电源与二次电源隔离。

3）二次电源接地到被供电设备的机箱上。

4）每个设备的机箱单点接地到航天器结构上。

5）所有回流通过各自的专用回线返回（回线策略）。

6）任何电流不能有意地通过航天器结构。

7）航天器结构作为低阻抗等电位地平面。一次母线回线单点接地系统通过单点接地防止了低频干扰，每个设备的二次电源以结构地为参考点，使得分布电容引起的高频干扰最小化。

2. 国内相关标准概况

我国的航天器于20世纪80年代末至90年代初，开始借鉴美军标形成自己的规范，各类航天器对二次电源接地要求基本相同，原则和NASA-HDBK-4001及EAS相同。首先和一次电源隔离，DC/DC变换器的初级、次级应该隔离；DC/DC变换器的内部电路应对其设备壳体隔离，隔离阻抗应不小于1MΩ；低频系统的电源变换器回线单点接地到分系统配电器内的本地接地点；高频系统，其电源变换器回线在负载设备处接地。这些原则和措施，均在我国企业级接地标准中有所体现。

（二）比对分析过程及结论

将我国执行标准与 NASA 标准进行逐条比对，得出如下结论：

（1）我国接地标准是在目前各航天器型号建造规范及实际工程应用经验基础上形成的，具有一定的通用性；编写要素及要求是以满足卫星正常状态下的结构等要求为基本出发点，体现了 NASA-HDBK-4001 的基本要求和主要思想，同时反映了我国航天器研制的具体做法。没有特别强调系统接地拓扑的选择及对于故障状态下的故障隔离设计及实施、验证方面的内容；NASA-HDBK-4001《无人航天器电气接地体系结构》对这两部分做了比较详细的介绍和分析，可以作为实际工程设计及实施的补充和参考。

（2）一个合理接地体系结构的主要目的是使电磁干扰最小化，并且使航天器的不同电子组件间，或分系统间避免产生不希望的相互作用。为实现此目的，无论是 NASA-HDBK-4001 还是我国接地标准都表明了避免“地回路电流”产生（即将结构作为一次母线的回流路径）。我国接地标准中的“低频设备接地要求”，主要强调了低频设备内部一次母线回线、信号回线与结构的隔离，目的是使每个供电接口和信号接口电路的返回电流 100% 地通过其专用的回线，最大程度地减少和避免引入噪声和干扰。在我国接地标准中规定了一次电源和二次电源的隔离，综合目的就是保证整星一次母线的单点接地。

二、验证标准比对分析

（一）标准介绍

1. 国外标准概况

对于宇航产品的研制，验证是重要过程和活动之一，ECSS 标准将空间系统工程分为集成与控制，要求工程，分析、设计和技术状态以及验证五大活动，ECSS-E-ST-10-02C “验证”是 ECSS “系统工程”的支撑性标准之一。ECSS-E-ST-10-02C 从技术内容上以原则性的验证通用要求和方法为主，不涉及验证活动的具体要求，是通过制定其他标准来规范具体验证活动的要求，如 ECSS-E-ST-10-03C “试验要求”则是规定了试验验证活动的具体要求。ECSS-E-ST-10-02C 主要规定了以下内容：

（1）验证过程，包括验证目标、验证过程的逻辑性、验证方法、检验层次、验证阶段；

（2）验证策略，包括要求分类，验证方法、层次和策略的选择，模型样机的选择，试验验证方法，分析验证方法，设计评审验证方法，检验验证方法，再次飞行验证方法；

（3）验证实施，包括验证责任、验证计划、验证工具、验证的实施与控制、验证文件。

2. 国内相关标准概况

我国没有关于空间系统验证的顶层标准，关于验证工作的相关要求分布于各相关标准中。其中国军标《运载器、上面级和航天器试验要求》主要是规定了环境试验验证方面的具体要求。

（二）比对分析过程及结论

1. 验证方法

ECSS-E-ST-10-02C 中规定的验证方法如下：

（1）试验：使用专用设备、仪器和其他模拟技术测试不同模拟环境下的产品性能和功能来验证要求，必要时还包括特性演示。

（2）分析：应用认可的技术做出理论与实践的评价，从而完成验证。分析技术包括系统分析、统计分析、定性设计分析、建模和计算模拟。此外还包括相似性（类比）分析。

（3）设计评审：验证记录有效性或设计文档，或经批准的设计报告、技术说明、工程图样等清楚无误地表明已经满足要求。

（4）检查：通过对产品物理特性的目测来进行验证。

《运载器、上面级和航天器试验要求》中规定的验证方法有：分析；检验；相似性；试验；演示；仿真。

两个标准规定的验证方法基本相同，都包括试验、分析、检查（验）、演示、相似性。

2. 验证级别

ECSS-E-ST-10-02C 规定的典型验证级别有：设备级；分系统级；系统级，如运载器、卫星等；全系统级，如航天器和地面系统、载人航天基本系统。

《运载器、上面级和航天器试验要求》规定的验证级别有：组件级；分系统级；系统级。

两个标准规定的前三个验证级别相同，对于全系统级，在《运载器、上面级和航天器试验要求》中没有提出要求。

3. 验证阶段 / 试验类别

ECSS-E-ST-10-02C 规定的典型的验证阶段有：鉴定；验收；发射准备；在轨运行；着陆后检查。

《运载器、上面级和航天器试验要求》规定的试验类别有：研制试验；鉴定试验；验收试验；准鉴定试验；出厂前、发射前合格认证试验。

两个标准前三个验证阶段 / 试验类别相同。

4. 验证要求

ECSS-E-ST-10-02C 规定了空间系统产品验证的通用要求和方法，包括验证目的、方法、级别、阶段、策略、责任、计划、工具、实施与控制、文件等，不涉及具体验证活动的要求。ECSS-E-ST-10-02C 的目的是能够用于不同层次的不同产品（即从单机设备到全系统），并在空间项目的各个阶段，适用于客户和产品供应商。

《运载器、上面级和航天器试验要求》是为运载器、上面级和航天器制定一项贯穿于整个研制过程的、经济有效的试验计划提供依据和指导，目的是通过该试验计划规定的鉴定试验和验收试验使它们的设计和制造质量得到有效保证，从而保证成功地完成预定飞行任务，满足合同规定的性能和寿命要求。《运载器、上面级和航天器试验要求》规定的试验主要内容是环境试验验证的具体要求，同时也规定了与环境试验密切相关的其他试验要求，如功能试验和测试、模态试验，还包括发射场的合格认证试验等。《运载器、上面级和航天器试验要求》主要规定的试验类型是鉴定试验和验收试验，对试验目的、试验项目、试验要求等进行了详细规定。

5. 验证文件

ECSS 的验证活动，包括验证过程及其实施情况等，是通过一系列具体的验证文件进行记录的。ECSS 的验证文件有：验证矩阵；试验要求规范；装配、组装与验证（AIV）计划；验证控制文件（该文件列出所有需要验证的要求，有时其可代替验证矩阵）；试验规范；试验程序；试验报告；分析报告；设计评审报告；检验报告；验证报告；其他文件［包括能够提供必要的追溯性和事件记录，如测试配置单（TCL）、最终项目数据包、产品日志（包括工作项目和工作项目误差）、不合格报告（NCR）、偏差申请（RFW）、使用手册、模拟计划、验证工具文件等］。

我国关于验证过程的相关文件基本涵盖了上述文件类型。

6. 结论

通过比对研究，我国的验证方法、验证级别、验证阶段 / 试验类别、验证文件等与 ECSS 标准基本一致。虽然我国尚未找到有关于验证方面的顶层标准与 ECSS-E-ST-10-02C 完全对应，但是目前我国执行的相关标准更具体、更具操作性，能够覆盖 ECSS-E-ST-10-02C 的内容。

三、试验标准比对分析

（一）标准介绍

1. 国外标准概况

美国军用标准 MIL-STD-1540A《航天器试验要求》是航天器试验方面具有国际影响的标准。自 1974 年初次颁布以来，于 1982 年和 1994 年先后又颁布了 B 版和 C 版（自 C 版开始适用于上面级和运载器）。与 B 版相比，C 版内容又得到很大的充实，是很有参考价值的一份航天器研制用标准。

MIL-STD-1540C 规定了运载器、上面级、航天器及其分系统和组件的地面环境试验与结构试验要求。这些试验要求应用于特定的型号，目的是要确保能有高置信度来成功地实现航天任务。MIL-STD-1540C 不适用于采购航天系统的地面设备及相关的计算机软件（其试验要求在 MIL-STD-1833《航天器地面保障设备及相关联的计算机软件试验要求》中规定；DOD-STD-2167《国防系统软件研制》和 DOD-STD-2168《国防系统软件质量大纲》也涉及了计算机软件）。航天元器件及材料的试验要求在相应的详细规范中，而不包括在 MIL-STD-1540C 中。

2. 国内相关标准概况

MIL-STD-1540C 对应的我国标准是《运载器、上面级和航天器试验要求》。《运载器、上面级和航天器试验要求》第一版的制定是以美军标 MIL-STD-1540A（1974 年颁布）为主要参考文件。《运载器、上面级和航天器试验要求》第二版是以参考 MIL-STD-1540C 为主，同时参考了 1540B、1540E 的草案和其他国外标准，如欧洲 ECSS-E-10-03A《空间工程：试验》和 NASA GSFC 中心的 GEVS-SE《STS（空间运输系统）和 ELV（一次使用运载器）有效载荷、分系统和组件通用环境验证规范》编制的。

《运载器、上面级和航天器试验要求》是指导空间系统制定各研制阶段试验计划和正确实施各项试验的顶层标准。

（二）比对分析过程及结论

由于 MIL-STD-1540C 与《运载器、上面级和航天器试验要求》的章节编排基本一致，以 MIL-STD-1540C 所规定内容的先后顺序进行比对研究，可以更方便开展对标工作。

第 4 章“一般要求”，重点比对两个标准关于试验允许偏差的规定、《运载器、上面级和航天器试验要求》中增加的“组件热真空试验的原则”以及对于再试验的规定；而对于试验大纲、文件编写、试验记录、评审等有关规定，由于国情的不同、管理方式的不同，使这部分内容有所差别，这些内容不作为分析比对的重点。

第 5 章“研制试验”，两个标准都指出对于不同的型号，其研制试验要求是不同的，两个标准给出的都是进行研制试验的指导性原则。两个标准比对分析的要素是：试验目的、元器件、材料及工艺的研制试验、部件研制试验、组件研制试验、分系统研制试验、飞行器研制试验、磁试验、气动力和气动热研制试验等。

第 6 章“鉴定试验”，重点比对分析了两个标准关于鉴定试验量级和时间、热循环和热真空试验的温度范围、热循环和热真空试验的循环次数、飞行器鉴定试验基线、分系统鉴定试验基线、组件鉴定试验基线的规定。

第 7 章“验收试验”，重点比对分析了两个标准关于验收试验量级和持续时间、飞行器验收试验基线、组件验收试验基线的规定。

第 8 章、第 9 章，主要比对分析两个标准关于“试验替代策略”“发射前合格认证和在轨试验”的有关规定。

通过对国内外标准的逐条分析，可得出以下结论：

《运载器、上面级和航天器试验要求》中的内容能够覆盖 MIL-STD-1540C 中的内容，与 MIL-STD-1540C 相比，在试验原理、试验项目、试验要求等方面基本处于同一个水平，而且更切合我国的实际。《运载器、上面级和航天器试验要求》结合了我国航天研制的经验，并借鉴了 MIL-STD-1540B、MIL-STD-1540E 的有关规定，同时还参考了 ECSS 标准、NASA 标准的有关规定。至于试验条件，在热试验方面《运载器、上面级和航天器试验要求》接近美军标 MIL-STD-1540B 或 ECSS 的试验标准，其他的与 1540C 相近。需要指出的是，条件严还是宽，取决于多种因素，试验条件严或宽不是判定标准水平高低的准则。

两个标准的主要差异如下：

（1）力学试验部分：主要差别是关于声和振动试验量级的规定，MIL-STD-1540C 中规定为 6dB、3min，《运载器、上面级和航天器试验要求》中规定为 4dB、

2min；因为 MIL-STD-1540C 考虑了有些航天设备需要重复使用，要求产品多次验收，我们没有重复使用的问题，并且欧洲的标准也规定为 4dB、2min，《运载器、上面级和航天器试验要求》的规定与欧洲一致。

（2）热试验部分：主要差别是关于组件验收试验及鉴定试验的温度范围的规定，MIL-STD-1540C 中规定为 105℃～125℃，《运载器、上面级和航天器试验要求》中规定为 85℃～105℃；MIL-STD-1540C 的规定过于严格，目前 MIL-STD-1540E 已将温度范围改为 85℃～105℃，并且《运载器、上面级和航天器试验要求》的规定与欧洲标准的规定是一致的。对于热循环鉴定试验的循环次数的规定不同，MIL-STD-1540C 规定为 78.5 次，《运载器、上面级和航天器试验要求》规定为 40.5 次，MIL-STD-1540C 取的是 4 倍疲劳余量，过于严格，《运载器、上面级和航天器试验要求》的规定比欧洲标准规定要严格，比 MIL-STD-1540E 的规定也严格，MIL-STD-1540E 规定为 27 次，《运载器、上面级和航天器试验要求》的规定是比较合适的。

（3）与 MIL-STD-1540C 相比，《运载器、上面级和航天器试验要求》增加了一些内容：

1）增加了相似性鉴定、热真空试验准则，这些内容是 MIL-HDBK-340A 第二卷中的内容，在 MIL-STD-1540E 中也增加了这些内容；

2）增加了正弦振动试验、磁试验的有关规定。

（4）与 MIL-STD-1540C 相比，《运载器、上面级和航天器试验要求》的有些规定更为严格：

1）对于试验条件允许偏差的规定，MIL-STD-1540C 中规定温度偏差为 ±3℃，《运载器、上面级和航天器试验要求》中规定为高温 0℃～+4℃，低温 -4℃～0℃，《运载器、上面级和航天器试验要求》的规定参照了 ECSS-10-02A 的有关内容；

2）MIL-STD-1540C 中规定对于不超过 180kg 的飞行器，可用随机振动试验代替声试验，《运载器、上面级和航天器试验要求》的规定为不超过 450kg，《运载器、上面级和航天器试验要求》采用的是 NASA 标准的要求；

3）对于装有试验件的试验容器内真空压力的规定，MIL-STD-1540C 为 1.3×10^{-2}Pa，《运载器、上面级和航天器试验要求》是不应超过 6.65×10^{-3}Pa，《运载器、上面级和航天器试验要求》的规定更为严格。

（5）与 MIL-STD-1540C 相比，《运载器、上面级和航天器试验要求》中未涉及的内容是整星级的热循环试验，因为我国不做此项试验。

（6）与 MIL-STD-1540C 相比，《运载器、上面级和航天器试验要求》中的有些内容更为先进：《运载器、上面级和航天器试验要求》中“一般要求”的有关内容中引用了行业标准《导弹武器系统、运载器和航天器环境工程大纲》，把环境工程的观点贯彻应用在试验过程中，突出了环境工程的内容，在 MIL-STD-1540C 中没有体现相关要求。

四、控制工程标准比对分析

（一）标准介绍

1. 国外标准概况

国外相对系统的控制类标准是欧洲的 ECSS 标准，具体情况如下：

（1）ECSS-E-00 定义了工程领域和系统工程过程，工程功能作为工程领域的维度之一，也作为控制工程类标准的基本结构原则；

（2）ECSS-E-10 第 1 部分“系统工程”定义了航天系统工程的要求，由于控制工程的显著系统特征，ECSS-E-10 第 1 部分和控制工程部分具有较高级别的交互；

（3）ECSS-M-30，规定了关于不同项目阶段的工程功能次序；

（4）ECSS-M-40，规定了项目阶段、评审、产品状态、相关文件和配置状态之间的关系；

（5）ECSS Q 系列标准规定了适用于航天项目产品保证的要求，系统工程产品保证要求适用于控制工程。

ECSS-E-60A 针对的是航天项目的控制系统。应用于航天系统的所有环节，包括空间部分、地面部分和发射服务部分。涵盖了航天控制工程的所有方面，包括需求定义、分析、设计、生产、验证与确认、运输、运行和维持。定义了空间控制工程过程的范围，及其与管理和产品保证的接口，并解释了这些接口如何应用于控制工程的各工作过程。2013 年 ECSS-E-60A 被 ECSS-E-ST-60-30C《卫星姿态和轨道控制系统（AOCS）要求》代替，但 ECSS-E-ST-60-30C 规定了用于空间应用的项目需求文档中姿态和轨道控制系统要求的基线，编写目的是作为所有编写项目需求文档的输入，内容较 ECSS-E-60A 窄很多，只是将 ECSS-E-60A 中关于需求的部分进行了细化。因此，ECSS-E-60A 是目前能查到的描述控制工程最全面的标准版本，本次对标还是以 ECSS-E-60A 为基准进行。

ECSS-E-60A 包括五章和六个附录，前三章介绍标准的概述、引用文件和术语；第四章介绍通用控制系统的结构组成、控制工程的阶段划分，简单列出各阶段的工作内容，并给出 ECSS-E-60A 的组织结构和与其他标准的关系；第五章逐个详细论述了各阶段的工作内容，并详细规定了对任务和预期输出的要求，是航天系统控制工程的核心标准化要求。附录 A 给出了控制工程过程中要产生的关键文件清单。附录 B 至附录 F 分别描述了控制工程过程中产生的关键文件的格式和内容。

2. 国内相关标准概况

ECSS-E-60A 是涵盖空间控制工程研究过程各个方面的标准，经与我国所执行标准比对研究发现，我国执行的标准中，没有一个与之完全对应的标准，但是 ECSS-E-60A 规定的内容有些可以在我国执行的不同标准中找到，即综合我国执行的标准内容可以覆盖 ECSS-E-60A 涉及的内容。

我国部件级标准涉及测量部件、执行机构、控制器等三类关键部件的设计准则、精度标定、试验验证等方面。

（二）比对分析过程及结论

通过比对可以看出，我国控制系统的标准较多，内容涵盖控制系统设计规范、可靠性、接口、设计、测试、试验等，以及各部件级设备的设计准则、精度标定、试验验证等，涉及的范围较为全面。国外控制系统的标准主要集中在系统级别，产品级别的标准基本没有。比对分析如下：

（1）系统级标准分析：ECSS-E-60A 是横向划分不同设计阶段和设计方法，使得制定的标准适用于所有类型的航天器。规定的内容既是对研制技术内容的界定，也是对管理内容的定义。涉及背景研制到装备整个过程，规定按子阶段划分细致，按此开展工作全面，不容易造成漏项；工作内容提炼全面，适用性广；输入输出关系明确，条理性强。我国没有一项标准能在系统级层面涵盖所有类型航天器控制分系统研制各子阶段的所有输入输出等内容，但《卫星控制系统研制程序》定义了一个项目从立项到首发星飞行试验的过程，并对每个阶段的具体工作进行了描述，且国内的系统级控制分系统设计、分析、验证标准，目前大多以不同类型的卫星为对象，规定某类卫星整个研制周期的具体要求，标准的可操作性更强。

（2）部件级标准分析：我国控制分系统部件级标准涉及测量部件、执行机构、控制器等三类关键部件的多角度标准，例如：敏感器标准详细分为太阳敏感器、地球敏感器、星敏感器等，太阳敏感器还细分为数字式和模拟式，且各类敏感器按照其设计、调试以及试验研制的研制过程，标准再分为产品规范、精度标定与测试等，标准内容详细，针对性很强。国外基本没有部件级相关的标准，其原因可能是控制分系统为关键的分系统，即使有相关的国外标准，也不对外公布，另外产品级标准一般为供应商内部所控制。

五、无损数据压缩标准比对分析

（一）标准介绍

1. 国外标准概况

（1）CCSDS 标准概况

随着空间科学的飞速发展，需要从空间传输到地面站的数据量越来越大，在某些应用场合中，原始数据量甚至超出了空间链路带宽的承受能力，在产生海量数据的空间应用中，为了降低缓冲和存储容量需求，节省传输占用的信道带宽，必须对原始数据进行高效压缩。在某些应用场合，数据蕴含的信息十分珍贵，因此应尽可能采用无损压缩或近似无损压缩算法。基于这种需求，CCSDS 推出了数据无损压缩的推荐标准 CCSDS 121.0-B-1《无损数据压缩》。CCSDS 认为该标准的好处至少体现在 3 个方面：

1）降低传输信道带宽；

2）降低缓存以及存储要求；

3）在给定的速率下缩短数据传输时间。

经过多年的发展，CCSDS 121.0-B-1 也经历了一次更新。CCSDS 121.0-B-1（第一版）于 1997 年 5 月发布，CCSDS 121.0-B-2（第二版）于 2012 年 5 月发布。现行的 CCSDS 121.0-B-2 是该标准的第二版，相比于第一版，主要修改内容如下：

①自适应熵编码器部分，块大小 J 的取值由原来的 8 或 16 样本 / 块，修改为 8、16、32 或 64 样本 / 块；

②预处理器部分中参考样本间隔 r 的最大取值由原来的 256 个 CDS 改为 4096 个 CDS；

③“选择的码选项的标识符号表”由原来的一种基本的码选项集改为有基本的码选项集和受限的码选项集两种；

④压缩标识包部分中的源配置一节，补充了扩展参数子域；

⑤“源配置域”中补充了扩展参数子域；

⑥增加了当两种或多种编码选项同时对一个样本块有相同的压缩性能时，如何

进行编码选项的选择；

⑦增加了对当前样本块编码选项的选择中，编码比特个数应该包括所附加的 ID 标识符比特个数。

（2）国外其他标准概况

除了 CCSDS 无损数据压缩标准之外，国际上还制定了很多其他的压缩标准。如 JPEG（Joint Photographic Experts Group）组织制定的针对静止图像压缩的 JPEG、JPEG 2000 及 JPEG-LS 标准，MPEG（Moving Picture Expert Group）组织制定的针对活动图像压缩的 MPEG-1、MPEG-2、MPEG-4 等标准，以及 ITU 制定的视频编码标准 H.26X 系列。CCSDS 在对包括上述在内的一些算法进行了广泛的研究并比较了各自针对一组测试图像所表现出的压缩性能后，选择了 Rice 算法作为指导各成员国在开发空间数据系统时所应遵循的推荐标准，与其他的压缩算法相比，CCSDS 推荐的无损数据压缩标准具有以下不同。适用于许多空间任务，它的压缩比也许比不上某些其他的压缩方法，但其算法简单，压缩算法能适应信源数据统计特性的变化，压缩性能较好，在宇航高速系统中容易实现，该压缩算法不仅适用于图像数据的压缩，还适用于非图像数据压缩，例如遥测数据、科学仪器（如干涉仪、高度计和频谱仪）数据等。表 2-6 给出了 CCSDS 无损数据压缩算法在国外卫星上的应用情况。

表 2-6 国外卫星上无损数据压缩的应用

卫星	发射时间 / 年	研制机构（国家）	压缩算法	运行平台	应用
MTI	2000	DOE（美国）	CCSDS 无损数据压缩	ASIC-USES	地球观测
EO-1	2000	NASA（美国）	CCSDS 无损数据压缩	ASIC-USES	地球观测
Mars Odyssey	2001	NASA（美国）	CCSDS 无损数据压缩	ASIC-USES	火星探测
PICARD	2010	CNES（法国）	CCSDS 无损数据压缩	DSP	太阳探测

2. 国内相关标准概况

无损数据压缩可应用于广义的数字化数据，无论是图像的还是非图像的，其要求降低数据量，而不允许在数据压缩 / 解压缩过程中引入失真。在航天器数据系统中，除了常见的光学遥感图像数据外，还有大量的遥测数据、遥控数据、导航星间链路的上注路由表、上注程序等，这些数据冗余度大，且必须进行无损压缩。除此之外，其他类型有效载荷数据，如雷达、辐射计、散射计等，无损数据压缩技术对这些类型数据均有较强的适应性。

目前，国外卫星已成功将无损数据压缩技术应用于地球探测、火星探测、太阳探测等科学探测载荷的数据压缩中，尽管从公开报道的资料中看到的星上应用仅限于科学探测载荷数据，但无损数据压缩技术对数据的广泛应用性必将带来在卫星研制领域的广泛应用。国内也针对该技术对电子侦察信号数据的压缩进行了研究和探索，但目前还没有在在轨卫星上投入应用。在标准领域，除了中国空间技术研究院采标 CCSDS 121.0-B-2 制定了一项标准外，未查到其他相关标准。

（二）比对分析过程及结论

将国内执行标准与 CCSDS 标准进行逐条比对，得出如下结论：

国内无损压缩标准是在总结航天器型号研制经验和吸取 CCSDS 121.0-B-2 相关技术内容的基础上制定的，其核心技术内容（如框架结构、编译码方法等）与 CCSDS 121.0-B-2 完全一致，在章节结构上进行了以下调整：

（1）将 CCSDS 121.0-B-2 中的第 4 章内容调整到第 3 章内容的前面进行说明，使之更符合压缩编码的处理流程；

（2）删除 CCSDS 121.0-B-2 中的附录 A 和附录 C；

（3）对 CCSDS 121.0-B-2 附录 B 的内容进行部分调整；

（4）新增附录 A 作为无损数据压缩编码的一个处理示例。

我国标准符合空间数据系统的发展趋势，与国际接轨。此外，本标准以航天应用为背景，在算法的性能和复杂度之间均衡，因此更适用于航天应用领域。

六、基于 XML 的卫星遥测信息交换标准比对分析

（一）标准介绍

1. 国外标准概况

随着计算机技术的发展，越来越多的工具和技术被运用于航天器的设计和研制，但航天器、有效载荷、任务实施地面系统和仿真系统等描述遥测、遥控数据的方式和格式却千差万别；不同的航天器应用子系统、地面任务操作系统都使用自己特有的数据接口定义。由于遥测、遥控数据的定义在航天器的生命周期内是一个不断完善的过程，这种重复且格式不一致的测控数据定义将导致大量的数据转换、人工核对、软件更动，不但提高系统开发维护费用，耗费任务准备时间，增加任务风险，还成为空间任务准备及实施阶段，不同组织或系统间进行遥测、遥控数据交换的障碍。

为了解决这一问题，CCSDS 开展了基于 XML 的遥测遥控信息交换标准的研究，并于 2007 年发布 CCSDS 660.0-B-1《XML 遥测和指挥交换（XTCE）》。XTCE 作为一种公共标准语言，用于定义描述遥测和遥控信息的 XML 文件。通过使用 XML Schema（XML 架构）定义通用的 XML 标签标注信息，引入更多的机器理解和自动处理，加强航天任务不同组织和系统间的互操作性。XTCE Schema 为飞行器的整体到单个部件提供了一个面向对象的分层数据库描述结构，可以降低疏忽、歧义带来的风险，减少系统间数据转换，使任务准备更快捷、更可靠、更节省，极大地降低工程风险和研发维护成本。目前已经在美国等主流航天大国得到了工程应用，如：ESA 开发的 SCOS-2000 通用任务管理系统，改为基于 XTCE 的数据交换方式后，具有更好的可配置性；NASA JWST（詹姆斯 - 韦伯太空望远镜）使用 XTCE 替换原有数据库，大大提高了地面系统各单元的独立性和兼容性。

2. 国内相关标准概况

自 2011 年开始，为了解决基于文件交换遥测设计信息效率低、易出错、对设计更改的响应不及时等问题，中国空间技术研究院相关单位设计、开发了相应的软件工具，取得了一定的成果，例如：

（1）设计、开发了“测控信息流协同设计工具”，通过自定义的 EXCEL 文件模板实现了遥测设计数据的结构化采集，通过开发数据转换适配器，实现了从设计信息到测试数据库配置信息的自动化传递。

（2）设计、开发了“ ××× 系统”，通过自定义的 EXCEL 文件模板实现了通信卫星遥测、遥控设计数据的结构化采集与传递。

（3）设计、开发了“ ××× 软件”，通过自定义的 XML 文件格式来完成遥测信息的定义与传递。

（二）比对分析过程及结论

我国基于 XML 的航天器分包遥测信息交换标准是在总结国内航天器各型号研制经验的基础上制定的，其借鉴了 CCSDS 660.0-B-1 基于 XML 来进行遥测遥控信息交换的核心思想，但在标准化对象和设计方法上存在一定差异：

（1）在范围上，CCSDS 660.0-B-1 同时针对遥控指令和遥测参数，而我国基于 XML 的航天器分包遥测信息交换标准仅针对遥测参数。

（2）CCSDS 660.0-B-1 对于空间系统的定义比较复杂，使用了面向对象的设计理念，采用头记录、遥测元数据、遥控元数据、服务集四个相对独立的模块来描述一个空间系统，并使用UML类图对空间系统内部各模块之间的关系进行了说明，对于头记录、遥测元数据、遥控元数据、服务集4个模块，也使用描述UML类图对其内部关系进行了说明。CCSDS 660.0-B-1关于遥测元数据的定义比较复杂，它将遥测元数据看作是对遥测数据的分组，其中包含了一个参数类型集、一个参数集、一个容器集、一个消息集、一个数据流集、一个算法集，每个集合对应不同类型的遥测参数。而国内基于XML的航天器分包遥测信息交换标准关于遥测信息元数据的定义相对简单，将其作为一个整体进行描述，把数据帧作为元素，没有按遥测数据类型进行区分。

（3）CCSDS 660.0-B-1在附录A中给出了一个用XTCE描述的航天器遥控信息的完整实例，内容非常详实。而我国基于XML的航天器分包遥测信息交换标准没有这部分内容。

（4）CCSDS 660.0-B-1在附录B中一方面对XML中用到的Set（无序集合）、List（有序链表）等基本概念进行了解释说明，另一方面对XML中元素的命名规则进行了说明。我国基于XML的航天器分包遥测信息交换标准仅对XML元素的命名规则进行了说明。

我国基于XML的航天器分包遥测信息交换标准顺应了空间数据系统的发展趋势，与国际接轨。该标准参考了CCSDS 660.0-B-1，同样采用XML语言来进行信息描述，与国际水平接轨。

七、电源分系统接口标准比对分析

（一）标准介绍

1. 国外标准概况

（1）ECSS-E-ST-20C《空间工程：电子与电气》

电源接口是电源分系统设计、制造的重要部分，关系到航天器的成败。ECSS标准体系框架是按专业进行的划分，电源、电磁兼容、射频、光学系统几个专业的标准，都划分到了ECSS中的E-20电子与电气系列中。

欧洲各国宇航企业几十年来逐步形成了较为统一的配电体系架构，使用LCL配电技术得到了广泛的共识。为了进一步统一配电接口，开发具有良好继承性和任务适应性的配电产品，从而提高配电产品质量和可靠性，最早在2009年欧空局的空间技术工程中心（ESTEC）组织起草了一份技术备忘录。此后，欧空局成立了专门的工作小组开展标准的讨论和起草工作，并在此过程中进一步研究解决了配电稳定性相关的一些问题。2014 年年底，ECSS 发布了标准和指南的初稿，经过 2015 年的公开审查和评审后，在 2016 年 4 月发布正式稿。

与标准对应的指南 ECSS-E-HB-20-20A 作为标准的补充，其阅读对象主要是负责对 LCL 配电设备提出要求并验收的电源系统工程师，以及负责设计和验证 LCL 配电设备的电力电子工程师。对于系统工程师，指南介绍了 LCL 中电路级的细节问题和 LCL 设计要求对系统的影响。对于 LCL 设备的设计人员，指南给出了标准中设计要求的原理分析和理解。将指南与标准配合起来使用，有助于工程设计人员清晰地理解相关的要求。在指南中，更加详细地介绍了 LCL 内部各部分的工作原理和设计特性，以及当前业界所能实现的主流性能水平。

指南专门用一个章节解释 LCL 的关键要求和重要问题，讨论了 LCL 在正常运行条件下和故障条件下的关键特性以及一些与 RLCL 相关的要求。在这部分内容中，指南以概述、提出的可选设计、验证的章节结构逐个解释了相关标准要求的关键点，给出了如何通过设计实现标准要求的指导和验证方法。指南最后给出了多个附录，包括 LCL 的框图、时序图、瞬态稳定性验证方法、禁止 RLCL 重复触发的可靠方法等内容，以及 3 篇与 LCL 稳定性相关的论文。

从 ECSS 的标准和指南来看，欧洲已经实现了非常规范的 LCL 产品设计、研制和验证体系，标准规定的功能和性能非常全面，并且指南给出的设计指导非常有针对性。对于 LCL 配电的稳定性问题，欧洲已经积累了丰富的分析和测试经验，提供了把握配电通路瞬态表现的理论指导。未来，ECSS 还将把这份标准和指南扩展到其他类型的配电接口，以便更加全面地覆盖航天器研制的现实情况。

（2）ECSS-E-HB-20-20A《电源的电气设计和接口要求指南》

ECSS-E-HB-20-20A《电源的电气设计和接口要求指南》规定了 LCL/RLCL 配电的总体架构，功能，可重复触发闭锁限流器的情况，加热器闭锁限流器的情况，参考电源母线指标、性能，技术发展水平，关键要求和重要问题等。总的来说，是对 ECSS-E-ST-20-20C 中的 LCL 电源接口功能、性能要求的相关解释，能够确保更好的质量、性能稳定、产品研制独立于特定任务目标。

2. 国内相关标准概况

我国电源分系统级标准主要是分系统设计、分系统规范、过流保护等标准。

（1）行业标准《太阳电池阵 - 蓄电池组电源系统设计规范》

该标准包括系统设计、可靠性设计、热设计、接口设计、太阳电池阵设计、蓄电池组设计、电源控制设备、蓄电池组管理等要求。

（2）行业标准《卫星电源系统接口要求》

该标准对太阳电池阵－蓄电池组以及银锌蓄电池电源系统的电接口、机械接口、热接口、与地面设备接口要求进行了规定。

（3）企业标准《航天器电源分系统可靠性安全性设计指南》

该标准的编制参考了 AIAA S-122-2007《无人航天器电源系统》、ECSSS-E-ST-20C 中的有关技术内容。该标准从可靠性、安全性设计角度对电源分系统设计提出了要求。

（4）企业标准《航天器总体电路设计要求》

该标准规定了航天器总体电路设计的一般要求、安全性、可靠性、电磁兼容性以及配电器和火工装置控制器、电缆网的设计要求，适用于航天器总体电路设计和各分系统设备供电与信号传输接口设计。

（5）企业标准《航天器电源分系统接口要求》

该标准规定了航天器电源分系统与其他分系统的电接口、机械接口和热接口要求。

（6）企业标准《航天器设备过流保护设计要求》

该标准规定了用电设备的过流保护方式和过流保护设计要求，包括熔断器过流保护设计、限流电阻过流保护设计、限流式和截流式过流保护电路设计、低压差线性稳压器保护电路设计。

（二）比对分析过程及结论

ECSS-E-ST-20-20C 电源的电气设计和接口要求主要规定了应用闭锁限流器（LCL）的电源电气设计和验证要求，包括范围、引用标准、术语、原则和要求等章节，核心的章节是第五章的要求，分为 4 个部分，分别是电源的功能要求、负载的功能要求，电源的性能要求和负载的性能要求。

电源的功能要求中主要规定了 LCL 的电流等级和 LCL 各组成部分的功能，也包括 LCL 在重复性过载、并联使用等情况下的功能要求。负载的功能要求中主要规定了负载设备在开通和 LCL 开关失效情况下的表现，负载测试条件和负载输入欠压保护的要求，相对比较简略。电源的性能要求则规定了 LCL 的各项性能指标，包括启动 / 关断、欠压保护、开通等行为下的电压电流阈值和时间要求，压降要求和稳定性要求，电流遥测精度要求，重复触发的电流斜率和时间要求等。负载的性能要求则规定了负载的反向电流、电感电容特性、稳定性和启动浪涌等性能指标。与一般标准不同的是，该标准在“要求”章条之后提供了一个资料性附录，该附录将“要求”章条中的每一条要求进行了索引，将“要求”的章条索引与要求文本、适用条件和验证方法等关联起来，方便查阅。

目前，我国没有关于 LCL 的标准，企业标准《航天器设备过流保护设计要求》中对于航天器的过流保护提出了规定。主要包括：熔断器保护方式（主要方式）、限流电阻保护方式、可恢复过流保护线路设计方式、低压差线性稳压器过流保护方式等。国内航天器配电设备主要还是采取直通式配电或者带熔断器保护的配电技术。

八、卫星数据系统时间码格式标准比对分析

（一）标准介绍

1. 国外标准概况

（1）CCSDS 标准概况

空间数据系统咨询委员会（CCSDS）成立于 1982 年，致力于解决空间数据系统开发与操作过程中的共性问题，通过采用通用功能取代任务专用设计，来降低开发费用；促进空间机构之间的互操作和互支持，通过共享设施来降低操作费用。CCSDS 已经建立了比较完整的标准体系，涉及空间段及地面段的信息传输、信息接口、信息安全、信息交换，信息处理等。虽然 CCSDS 出版物被称为建议书，不具有强制性，但在实际工程中得到了广泛认可，目前国际上已超过 750 个航天任务宣称应用了 CCSDS 建议。

在 CCSDS 标准体系中，CCSDS 301.0-B-4《时间码格式》属于系统工程域。系统工程域负责空间任务的通信、操作以及交互支持的总体结构设计，是协调 CCSDS 各专业领域的“总体”。

CCSDS 301.0-B-4 是经 CCSDS 批准的正式技术建议书，该建议书建立了一个通用的框架，并为时间码数据格式提供了一个通用基础。它对各空间组织的空间数据系统之间进行时间信息交换时所用不分段时间码、日分段时间码、日历分段时间码和 ASCII 日历分段时间码的 4 种时间码格式进行了规定，具体应用中需选择何种时间码格式，以及稳定度、精度等与时间相关的技术性能，不做具体规定。该标准于 1987 年 1 月发布第一版，经历 3 次修订，目前为第四版。

（2）欧洲标准概况

欧洲没有专门的时间码格式方面的标准。根据空间工程通信指南（ECSS-E-HB-50A）介绍，将逐步淘汰将 CCSDS 标准改造为 ECSS 标准的做法，通过采纳通告的方式对 CCSDS 建议进行直接引用，但在采纳通告中可能会规定裁剪内容（例如去掉某些选项）。此外，根据 ECSS-E-HB-50A，目前除了 ECSS 标准以外，在空间链路以及空间网络领域，还采用以下标准：

1）CCSDS 120.0-B　无损数据压缩

2）CCSDS 122.0-B　图像数据压缩

3）CCSDS 133.0-B　空间包协议

4）CCSDS 133.1-B　封装业务

5）CCSDS 135.0-B　空间链路指标

6）CCSDS 211.0-B　邻近空间链路协议——数据链路层

7）CCSDS 211.1-B　邻近空间链路协议——物理层

8）CCSDS 211.2-B　空间链路协议——编码与同步子层

9）CCSDS 301.0-B　时间码格式

10）CCSDS 320.0-B　CCSDS 全球航天器识别字段：代码分配控制程序

11）CCSDS 727.0-B　CCSDS 文件传输协议（CFDP）

12）CCSDS 732.0-B　AOS 空间数据链路协议

13）RFC 791　互联网协议

14）RFC 1883　互联网协议第 6 版（IPv6）规范

（3）NASA 标准概况

未检索到与时间码格式直接相关的 NASA 标准。在 NASA 过程要求文档“NASA 项目的技术标准”（NRP 7120.10）中规定，在选取技术标准时，在其他因素相同的情况下，应按照以下优先级依次降低的顺序选取技术标准：

1）国内、国际自愿协调一致标准；

2）NASA 技术标准，或其他政府机构的技术标准。

而 CCSDS 属于国际自愿协调一致标准。

此外，在 NASA 的标准化网站中有专门关于 CCSDS 标准的说明：CCSDS 标准是国际认可的标准，可以降低 NASA 当前以及未来任务的操作成本与风险，提高互操作与创新性。CCSDS 标准对于国际接口而言是基本要求，并且对于 NASA 的内部组织以及承包商之间的接口也有同样益处。NASA 通过在 CCSDS 中起到主导作用来确保 CCSDS 标准能够用于 NASA 内部组织与承包商之间的接口。根据以上信息得出，NASA 需要时直接采用 CCSDS 相关标准。

2. 国内相关标准概况

我国卫星时间码格式的国军标《航天器数据系统时间码格式》发布于 1997 年，等效采用了 CCSDS 301.0–B–2，对不分段时间码（CUC）和日分段时间码（CDS）进行了局部改进。

目前，该国军标正在修订过程中，已完成报批稿，主要有以下变化：

（1）增加了航天器数据系统、P 域、T 域、ASCII 码、闰秒、国际原子时等术语；

（2）增加了时间码结构中位序号规定、时间码安全、自定义时间码格式等内容；

（3）更改了时间码格式、时间标度、历元时间、协调世界时、世界时、原子时等术语；

（4）更改了时间码 P 域、不分段时间码格式、日分段时间码格式、ASCII 日历分段时间码格式等内容；

（5）增加了时间码设计指南以及自定义时间码格式示例。

该标准规定了航天器数据系统的时间码结构及安全要求、时间码具体格式等要求，适用于航天器数据系统的时间码格式设计。

（二）比对分析结论

通过国内外标准的比对分析得出如下结论：新修订的《时间码格式》与 CCSDS 301.0–B–4 中的相应规定是一致的。

第四节　国内外航天领域标准比对分析总体评价

任何一项标准都是在某一范围内与相关联的标准置于一个协调的体系之下，不可能是孤立存在的，因此在开展国内外航天领域标准比对之前，首先对国内外相关的标准体系进行了整体的比对，这也为后续具体开展外标分析，分析国内外标准之间差异产生的原因提供依据和基础。在标准体系方面，重点以 ECSS 标准体系为比对对象，该体系规划性强，结构完整，在卫星国际合作项目研制过程中也是国际客户的首选。通过对国内外标准体系建设的目的、框架构成、标准项目组成等内容的比对分析，可知两个标准体系框架和范围均覆盖了航天器全生命周期的各个阶段的所有活动。总体上，我国的航天器标准体系与欧洲 ECSS 标准体系是一致的，能够与国际接轨。

在国内外标准体系整体比对的基础上，进一步选取了在卫星国际合作中外方较为关注的产品保证、项目管理和技术标准项目进行比对。通过比对分析，总体上认为，国内外标准由于其编制起草的组织或部门关于空间项目研制管理模式不同、标准属性与定位不同，在标准名称、具体要求提出的角度，标准技术内容的颗粒度等方面存在一定差异，但是，在标准核心技术内容方面，我国在卫星研制过程中执行的标准基本能够覆盖外标中所规定的主要技术要求，并且操作性、针对性更强。随着我国航天技术的发展，我国各级航天领域的标准水平也快速提升，我国各类航天标准体系的建设愈加科学、完善，标准技术内容紧跟国际先进，一些优势技术标准也不断转化成国际标准，向世界彰显了中国航天的软实力，这为支撑中国航天标准"走出去"战略奠定了坚实的基础。

第二篇

航空篇·直升机

“逐梦蓝天、任意翱翔”是人类不懈追求的梦想。勤劳智慧的中华民族很早就开始探索飞行，发明了竹蜻蜓等飞行器具，为人类实现航空梦做出了重要贡献。直升机具有能够向任意方向飞行、可低空悬停和垂直起降等特性，使得其在军民用领域均有不可替代的作用。民用直升机在国民经济建设和社会公共事务中承担着重要角色，城市安保巡逻、应急搜索救援、海上石油开采、地球物理探测、高压线缆铺设、油气管路巡检、大型机械吊挂运输、空中观光旅游等诸多领域都能看到直升机的身影。21世纪以来，我国直升机产业发展迅速，在中外合作研制和中国装备与技术“走出去”方面也取得了成效，在此过程中直升机产业对于标准的需求也不断发生着变化。

开展中外标准比对分析，是推进中国标准“走出去”的前提和基础。通过标准比对找出我国标准的优势与不足，将优势标准推荐给外方认可和使用，在支撑中外合作项目顺利进展的同时，也可以提升我国标准的国际影响力。另外，还可以根据具体的项目背景需求，对我国标准有关条款进行修订，使其更加适用于中外合作项目，提升我国标准在“一带一路”相关项目中的应用效果。本篇重点选取通用基础、直升机旋翼系统、噪声控制等典型专业技术领域的中外标准，结合不同专业技术领域现有标准的特点，分别从专业技术领域标准整体情况、典型标准框架和主要技术条款、关键标准对应条款内容等不同维度进行比对。

第三章　国内外航空领域标准现状

标准是民用航空器研制、生产和使用的重要基础，也是与国际航空先进技术接轨的重要保证。面对日益加强的国际化合作发展趋势，民用直升机各研制相关方都遵循协调一致的跨国界标准。对国内外航空领域标准的整体发展情况进行分析，开展国内外相关标准的比对分析研究，是保证我国标准对国际合作项目适用性的前提和基础。

第一节　中国航空领域标准

一、国家标准

（一）标准化技术委员会

目前，航空领域已经建立的全国标准化技术委员会，主要有全国航空器标准化技术委员会（SAC/TC 435）和全国航空电子过程管理标准化技术委员会（SAC/TC 427）。其中，全国航空器标准化技术委员会对口国际标准化组织航空与航天器技术委员会（ISO/TC 20），主要负责民用飞机、民用直升机和其他民用飞行器综合，总体，结构，动力装置，燃油系统，液压系统，气动系统，飞行控制，电气系统，航电系统，生命保障系统，环境控制系统，客舱设备，货运系统，产品支援，基础，零部件，工装工艺和材料等专业技术领域的国家标准制修订工作；全国航空电子过程管理标准化技术委员会对口 IEC/TC 107，主要负责航空电子系统和设备过程管理有关标准化工作，并对国际标准或国外标准进行转化。

（二）国家标准类别划分及航空相关标准

根据 2018 年 1 月 1 日起施行的《中华人民共和国标准化法》，我国标准按照级别分为国家标准、行业标准、地方标准、团体标准和企业标准；我国标准按照属性主要分为强制性标准和推荐性标准。其中，强制性标准必须执行；国家鼓励采用推荐性标准，行业标准、地方标准一般为推荐性标准。

我国国家标准使用的是中国标准分类法（CCS），共 24 大类，用除 I 和 O 之外的英文字母表示，每大类细分为若干小类。除按中国标准分类法赋予分类号外，还按国际标准分类法（ICS）赋予国际标准分类号。航空相关标准除来自 V 大类“航空、航天”之外，还有大量标准来自 A 大类“综合”（标准化、质量管理、计量、包装运输标准等）、H 大类“冶金”（金属材料标准等）、J 大类“机械”（通用零部件、工艺、工装标准等）、L 大类“电子元器件与信息技术”（电子元器件标准等）、Z 大类“环境保护”等。我国航空方面的专用标准主要集中于国军标、航空行业标准及民航行业标准，属于航空装备专用的国家标准较少。

二、国家军用标准

国军标的主要发展方向是满足全系统和装备全寿命管理的需求，更加注重全面、合理和规范地反映出军队使用部门的需求，以及如何验证这些需求是否得到满足。

（一）标准类别划分

依据《军用标准文件编制工作导则》，国军标文件主要分为三大类：军用标准、军用规范和指导性技术文件。其中，军用标准主要是为满足军事需求，对军事技术和技术管理中的过程、概念、程序和方法等规定统一要求，通常包括术语标准、试验方法标准、接口标准、设计准则标准、品种控制标准、安全标准、信息分类与代码标准、工程专业标准、项目管理标准、操作规程标准；军用规范主要是为支持装备订购，规定订购对象应符合的要求及其符合性判据等内容，按照标准涉及对象范围或所包含的完整性程度因素，分为通用规范、相关详细规范和详细规范；指导性技术文件主要是为军事技术和技术管理等活动提供有关资料或指南。

（二）航空相关标准

我国军用标准化工作经历了几十年的发展，已经具备了较强的综合实力，建立了一套相对完整的标准体系。航空领域有关的国军标，已经由以保障产品研制生产国内技术实现为主的自我完善和开放式发展阶段，过渡到了以满足装备全寿命周期标准化需求为主的创新发展阶段。

在现有国军标的类别划分体系下，航空相关标准主要包含在“通用基础标准”（标准化、管理、专业工程、包装运输标准等）、“飞机系统标准”（固定翼有人机和无人机平台标准及其地面和机场设备标准、直升机与飞机共用标准等）、“电子系统标准”（通信、导航、无线电管理标准等）、“直升机系统标准”（有人驾驶和无人驾驶直升机及其地面和机场设备标准）等专业类别中。经过长期积淀，航空方面的标准已形成了一整套相对完整的体系，可以较好地支撑飞机和直升机等航空装备全寿命周期工作的开展。民机研制过程中也可以参照借鉴国家军用标准的有关项目和内容，为民用飞机、直升机和发动机等民用航空装备主要专业系统及其配套产品的研制提供标准依据。

三、航空行业标准

航空行业标准化对象是各类航空产品及其所采用的管理、设计、制造、试验等技术，涉及飞机、直升机、航空发动机、机载设备、航空材料 / 制品、通用零部件 / 元器件、工装设备等科研、生产、使用、销售服务等全过程。

（一）航空行业标准化发展历程

航空行业标准化工作与我国航空事业的发展息息相关，起步于 20 世纪 50 年代的航空行业标准，在发展过程中有起有落、有快有慢。起初主要是以服务军用飞机研制为背景，经过 21 世纪初的两次清理整顿，以及民机专项标准研究工作开展，不仅对以前制定的不适用于新技术的民用航空行业标准进行了更新换版，还针对民机特点开展了大量的标准制修订工作，覆盖航空器平台、航空器设备及系统、动力装置、飞行试验、客户服务、通用基础等专业技术领域，形成了一批民机专用的航空行业标准，以适应我国民机产业发展的需求。2012 年—2020 年，我国民用领域的航空行业标准发布数量分布概况，如图 3-1 所示。

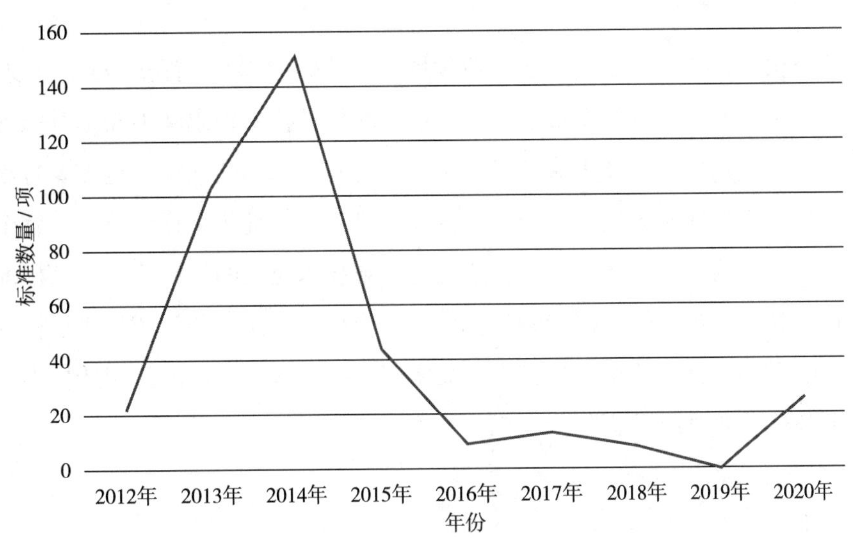

图 3-1　2012 年—2020 年我国民用领域的航空行业标准发布数量分布概况

（二）航空行业标准类别划分

航空行业标准的类别代号，分别为 HB（标准）、HB/Z（指导性技术文件）、HBJ（工程建设标准）。另外，还有曾经在 1990 年前后研究建立的 200 余项 HBm 及 Q/HBm（非航空民品标准），已于 2009 年废止。

在专业划分方面，航空行业标准以航空产品的系统划分方式为主要依据，可分为总体与气动标准、结构与强度标准、旋翼系统标准、传动系统标准、动力系统标准、航空电子系统标准、飞行控制系统标准、航空电气系统标准、燃油系统标准、货运系统标准、环境控制系统标准、防护救生系统标准、液压系统标准、飞行试验标准、通用基础标准、制造标准、信息化技术应用标准、通用零部件与元器件标准、航空材料标准等。

在标准内容和对象属性方面，可将支撑适航性要求的民机研制与使用标准分为要求类标准和指南类标准等类别。其中，要求类标准，是指为落实适航性要求、民机产业发展要求和民机项目研制要求而制定的标准，包括满足适航条例的安全性和环保性要求的定义要求标准，规范民机产业发展的行业管理标准，以及满足民机项目研制的经济性和舒适性要求的民机产品技术标准规范。指南类标准是用于规范指导民机产品进行设计、试验、制造和运营等活动的标准，包括设计要求、设计程序、设计指南等设计标准，试验要求、试验规程、试验方法等试验标准，工艺方法、工装设计要求等制造标准，以及规范客户服务、运营支援的运营标准。

四、航空企业标准

航空有关单位均建立了适应于企业发展实际的标准体系，涵盖设计、试验、生产制造、服务保障、修理等全过程、全领域，在促进技术积累和不断提升等方面发挥了重要作用。面对航空技术快速发展和全球化程度的不断加深，也需要打破各企业传统标准体系的建立方法，综合借鉴国际先进企业标准化工作经验，以整个研制生产和服务体系为主线，整体规划和建立适应新技术应用的标准体系。该标准体系不再局限于技术标准、管理标准和工作标准 3 个维度，而是分为产品实现标准、运营管理标准和岗位标准等维度，其中产品实现标准包含设计标准、制造标准、试验标准、服务标准和通用标准。

第二节　国外航空领域标准

在航空领域有影响力的国外标准主要包括国际标准化组织（ISO）、国际电工委员会（IEC）、国际电信联盟（ITU）和国际民用航空组织（ICAO）等国际组织认可的标准，以及国际自动机工程师学会（SAE）、美国材料与试验协会（ASTM）和航空无线电通信公司（ARINC）等协会标准，还有俄罗斯国家标准或有关区域的标准等。

一、国际标准

（一）国际标准化组织（ISO）

国际标准化组织（ISO）的宗旨是：在世界范围内促进标准化工作的发展，以利于国际物资交流和互助，并扩大知识、科学、技术和经济方面的合作。主要任务是：制定国际标准，协调世界范围内的标准化工作，与其他国际性组织合作研究有关标准化问题。

ISO 的组织机构包括：ISO 全体大会、主要官员、成员团体、通信成员、捐助成员、政策发展委员会、合格评定委员会（CASCO）、消费者政策委员会（COPOLCO）、发展中国家事务委员会（DEVCO）、特别咨询小组、技术管理局、技术委员会 TC、理事会、中央秘书处等。ISO 的主要官员有：ISO 主席；ISO 副主席（政策），ISO 副主席（技术）；ISO 司库；ISO 秘书长，ISO 秘书长负责主持 ISO 的日常工作，所有主要官员由理事会任命，享有终身任期。

近年来，ISO 与 IEC 和 ITU 加强合作，相互协调，三大组织联合形成了全世界范围标准化工作的核心。ISO 与 IEC 共同制定了《ISO/IEC 技术工作导则》，该导则规定了从机构设置到人员任命以及职责的一系列细节，把 ISO 的技术工作从国际到国家，再到技术委员会（TC）、分委员会（SC），最后到工作组（WG），连成一个有机的整体，从而保证了这个国际化庞大机构的有效运转。

ISO/TC 20 主要承担航空与航天器有关标准化工作，涵盖了 TC 20/SC 1 航空航天电气要求、TC 20/SC 4 航天航空紧固件系统、TC 20/SC 6 标准大气、TC 20/SC 8 航空航天名词术语、TC 20/SC 9 航空货运及地面设备、TC 20/SC 10 航空航天液压系统及其组件、TC 20/SC 15 机体轴承、TC 20/SC 16 无人机系统、TC 20/SC 17 机场基础设施、TC 20/SC 18 材料等分技术委员会。航空领域应用较为广泛的主要标准有 ISO 1151 *Flight dynamics—Concepts，quantities and symbols* 系列等。

（二）国际电工委员会（IEC）

国际电工委员会（IEC）是非政府性国际组织，联合国社会经济理事会的甲级咨询机构。IEC 成立于 1906 年，是世界上成立最早的专门国际标准化机构。IEC 现有成员团体包括了世界上绝大多数工业发达国家及一部分发展中国家。这些国家拥有世界人口的 80%，生产和消费全世界电能的 95%，制造和使用的电气、电子产品占全世界产量的 90%。凡要求参加 IEC 的国家，应先在其国内成立国家电工委员会，并承认其章程和议事规则。被接纳为 IEC 成员后，该电工委员会就成为其国家委员会，代表本国参加 IEC 的各项活动。

IEC 的宗旨是促进电气、电子工程领域中标准化及有关问题的国际合作，增进国际间的相互了解。IEC 的组织机构主要由理事会、执行委员会、认证管理委员会、专门委员会和若干技术委员会组成。理事会是最高权力机关，由 IEC 主席、副主席、前任主席和秘书长组成（后两者无表决权）。IEC 下设技术委员会（TC）、分技术委员会（SC）和工作组（WG）。每一个技术委员会负责一个专业的技术标准编制工作，其工作范围由执行委员会指定。

IEC/TC 107 航空电子过程管理技术委员会成立于 2001 年，主要进行商用、民用和军用航空电子系统及设备过程管理标准的开发。IEC/TC 107 目前有 9 个 P 成员国，包括中国、法国、美国、英国、巴西、墨西哥、日本、德国和以色列，另有韩国等 13 个 O 成员国。航空领域应用较为广泛的主要标准有 IEC/TS 62396 *Process management for avionics—Atmospheric radiation effects* 系列。

（三）国际电信联盟（ITU）

国际电信联盟（ITU），是联合国主管信息通信技术事务的专门机构，由电信标准化部门（ITU-T）、无线电通信部门（ITU-R）和电信发展部门（ITU-D）三大核心部门组成。ITU 每年召开一次理事会，每四年召开一次全权代表大会、世界电信标准大会和世界电信发展大会。

电信标准化部门（ITU-T）主要有 10 个研究组：SG2 负责业务提供和电信管理的运营问题；SG3 负责包括相关电信经济和政策问题在内的资费及结算原则；SG5 负责环境和气候变化；SG9 负责电视和声音传输及综合宽带有线网络；SG11 负责信令要求、协议和测试规范；SG12 负责性能、服务质量（QoS）和体验质量

（QoE）；SG13 负责包括移动和下一代网络（NGN）在内的未来网络；SG15 负责光传输网络及接入网基础设施；SG16 负责多媒体编码、系统和应用；SG17 负责安全。2017 年，ITU 颁布了通过卫星通信方式对航空器进行追踪的技术规范。

（四）国际民用航空组织（ICAO）

国际民用航空组织（ICAO）的前身是根据 1919 年《巴黎公约》成立的空中航行国际委员会，是联合国为促进全世界民用航空安全、有序发展而于 1944 年成立的。总部设在加拿大蒙特利尔，主要制定国际空运标准和条例。

ICAO 是国际法主体，主体资格由成员国通过《芝加哥公约》赋予。ICAO 的宗旨和目的在于发展国际航行的原则和技术，促进国际航空运输的规划和发展，以便实现以下目标：确保全世界国际民用航空安全和有效发展；鼓励为和平用途的航空器设计和操作技术；鼓励发展国际民用航空应用的航路、机场和航行设施；满足世界人民对安全、正常、有效和经济的航空运输的需要；防止因不合理竞争而造成经济上的浪费；保证缔约国的权利充分受到尊重，每一缔约国均有经营国际空运企业的公平机会；避免缔约国之间的差别待遇；促进国际航行的飞行安全；普遍促进国际民用航空在各方面的发展。

ICAO 由大会、理事会和秘书处三级框架组成。大会是其最高权力机构，由全体成员国组成。理事会是向大会负责的常设机构，由大会选出的 33 个缔约国组成。秘书处是其常设机构，由秘书长负责保证 ICAO 各项工作的顺利进行。在理事会设立的委员会中，空中航行国际委员会在 ICAO 标准制定过程中具有重要地位，主要原因在于《国际民用航空公约》的 19 个附件中有 17 个技术性的附件均由空中航行国际委员会负责。该委员会下设 16 个技术专家组，包括机场设计和运行专家组、事故调查组、适航组、空中运行组、通信组、危险品组、飞行运行组等。

ICAO 标准体系架构主要分为四级：第一级为标准和建议措施（SARPs）；第二级为空中航行服务程序（PANs）；第三级为地区补充程序（SUPPs）；第四级为其他几种格式的指导材料、手册和公告。

《国际民用航空公约》19 个附件中约有 12000 多项标准和建议措施、6 个空中航行服务程序和大量的指导材料。标准和建议措施的制修订过程主要分为：提案阶段、制定阶段、审议阶段、通过和出版阶段。2018 年 3 月 7 日，ICAO 理事会审议通过了附件 6《航空器的运行》第Ⅲ部分《国际运行－直升机》第 22 次修订，该附件将直升机分为了 1、2、3 级性能。

二、欧美协会标准

（一）国际自动机工程师学会（SAE）

国际自动机工程师学会（SAE）在全球拥有145000名会员，主要是来自航空航天、汽车和商用车辆领域的工程师和相关技术专家。其核心竞争力是终身学习和自愿开发一致性标准。该学会每年都推出大量标准资料、技术报告、工具书籍和特别出版物，通过庞大的数据库为全球有关人员传递最新科技动态。

SAE标准在全球比较有影响力，在航空领域应用的标准有许多来自A-10航空器氧气设备委员会、A-20航空器照明技术委员会、A-21航空器噪声测量与航空噪声排放建模技术委员会、A-4航空仪表技术委员会、A-5航空航天起落架技术委员会、AC-9航空器环境系统技术委员会、S-7运输类飞机驾驶舱操纵品质标准技术委员会、S-9客舱安全设施技术委员会等飞行器系统委员会。另外，AGE-2航空货运和航空器地面设备委员会、G-12航空器地面除冰指导委员会等机场和地面运行和设备分部；A-6航空航天助力、控制与流体动力系统，AE-5航空航天燃油、滑油及惰化系统，G-3航空管接头、软管及管路装配技术委员会等航空航天机械和流体系统分部，以及航空航天材料分部、电子电气系统分部、可靠性维修性和概率统计方法系统委员会、总项目部、推进系统委员会等有关标准在航空领域也被广泛应用。

（二）美国材料与试验协会（ASTM）

美国材料与试验协会（ASTM）是美国非营利性标准学术团体之一，现有3300多个会员，其中2200多个主要委员会会员担任相应的技术专家工作。ASTM下设2004个技术分委员会，参加标准制定工作的单位超过了10万个。主要任务是制定材料、产品、系统和服务等领域的特性和性能标准、试验方法和程序标准，促进有关知识的发展和推广，使其更加安全。

ASTM下设技术委员会、分委员会、工作组。标准制定由技术委员会负责，由工业界、行业协会、专业学会、政府机构、社会团体、大学或个人等提出需求。ASTM标准的类别主要分为：钢铁制品，非铁金属制品，金属的试验及分析方法，建设，石油制品，润滑剂及石油化学燃料，涂料、涂覆装饰及香料，织物，塑料，橡胶、电气绝缘及电子学，水及环境（大气作业环境、排水、废弃物分析等），原子能、太阳能及地热能，医疗器械，一般试验方法及计量，一般制品，特殊化学制品及面向一般消费者的制品。

ASTM 标准主要有五种类型：定义（术语）标准，为某一知识领域提供共同语言；分类标准，涉及物品和概念的分类；技术指标标准，对材料、产品、系统或服务的特性规定界限；推荐实践标准，为从事某一指定的作业建议采用的步骤；检验方法标准，规定从事某项测量工作的方法。

ASTM 标准编号规则：标准代号 + 字母分类代码 + 标准序号 + 制定年份 + 标准英文名称。标准序号后带字母 M 的为米制单位标准，不带字母 M 的为英制单位标准；制定年份后面括号中的年代为标准复审的时间；a、b、c……表示修订版次；字母分类代码为 A 黑色金属、B 有色金属、C 水泥 / 陶瓷 / 混凝土与砖石材料、D 其他材料（石油产品、燃料、塑料等）、E 杂类（金属化学分析、耐火试验、无损试验、统计方法等）、F 特殊用途材料（电子材料、防震材料、外科用材料等）、G 材料的腐蚀 / 变质与降级 ASTM 标准的资料类型等。

（三）航空无线电通信公司（ARINC）

航空无线电通信公司（ARINC），成立于 1929 年 12 月 2 日。由当时的四家航空公司共同投资组建，被当时的联邦无线电管理委员会 FRC（联邦通信管理委员会）授权负责“独立于政府之外唯一协调管理和认证航空公司的无线电通信工作”。

在航空领域影响力较大的标准，有 ARINC 429 和 ARINC 629。其中，ARINC 429 数字式信息传输系统（DITS）标准，规定了航空电子设计及有关系统间的数字信息传输要求，在 Boeing-737、Boeing-757、Boeing-767、A310 等机型上广泛应用。ARINC 629 总线是波音公司为满足民机需求而开发的新型总线数字式自主终端存取通信（DATAC）系统，成功应用于 Boeing-777 商用飞机电传飞控和飞行信息系统。

三、俄罗斯标准

（一）俄罗斯标准化法规

自苏联于 1925 年 5 月发布实施第一个国家标准，到 1993 年 6 月俄罗斯发布实施《标准化法》，在这将近 70 年中，各级标准一直是强制执行的，被称为“技术上的法律”，标准封面上注有“违反标准，依法必究”等字样。20 世纪 90 年代以来，俄罗斯为适应社会转型和经济接轨的需要，使俄罗斯标准化管理体制逐步由计划经济管理模式向市场经营管理模式转变，俄罗斯先后出台了一系列标准化法规。1993 年 6 月 10 日由叶利钦签署的第 5154-1 号总统令通过，发布了俄罗斯《标准化法》，该《标准化法》的颁布标志着俄罗斯的标准化工作正式步入法制化轨道。该《标准化法》分为五章十六条，包括总则、标准化规范文件及其应用、对遵守国家标准要求的国家检验和监督、违反本法规定的责任、国家标准化工作及国家检验监督的经费，促进国家标准的使用。该《标准化法》的发布和实施，为俄罗斯由强制性标准向自愿性标准体系的过渡、实现与国际惯例接轨做出了积极贡献。

2002 年俄罗斯加入 WTO，并根据 WTO 技术贸易壁垒（TBT）协定制定了《技术调节法》（第 184-Φ 3 号令）。在《技术调节法》的“过渡条款”中规定，将对现行的技术立法工作进行改革，制定出台相应的技术法规，以取代现行标准及其他规范性文件中的强制性要求。《技术调节法》正式生效实施的同时，该《标准化法》失效，标志着俄罗斯开始对标准体系进行根本性改革，逐渐与国际接轨。

《技术调节法》由十章四十八条组成，包括总则、技术法规、标准化、合格评定、认证机构和实验室认可、遵守技术法规要求的国家检验（监督）、违反技术法规要求的信息和产品召回、技术法规和标准化文件信息、技术调节工作经费、最后条款和过渡条款。随着《技术调节法》的颁布及生效，俄罗斯技术法规和标准体系发生重大变化，之前的标准分为国家标准、行业标准、企业标准和协会标准，此后的标准只包括俄罗斯联邦全国标准和组织标准两类，标准分类发生了变化；取消了行业标准。2003 年 7 月 1 日之前由俄罗斯国家标准委批准的国家标准和跨国标准均更名为俄罗斯联邦全国标准（以下简称全国标准），全国标准仍保留原国家标准代号 ГОСТ Р 和原跨国标准代号 ГОСТ。

《技术调节法》的目的是建立两个体系，即技术法规体系和自愿性标准体系。制定技术法规的主要目的是：保护人的生命或健康、自然人或法人的财产、国家或地方的财产；保护环境、动植物生命或健康；防止欺诈行为。为了消除技术性贸易壁垒，并使本国商品易于出口，该法律规定技术法规首先应建立在国际和国家标准的基础之上，确定最低和必须的要求，并且不对具体细节做详细规定。

2012 年 9 月 24 日，时任俄罗斯总理梅德韦杰夫签发第 1762-Р 号政府令批准通过《俄罗斯联邦全国标准化体系发展构想》，要求联邦执行权力机构在技术调节和标准化领域的工作中予以考虑实施，提出了 2020 年前俄联邦全国标准化体系发展的整体构想，以及发展目标、任务和方向。该文件涵盖了 2020 年前俄联邦全国标准化体系发展的整体构想，以及发展目标、任务和方向，其内容共五部分，包括引言，全国标准化体系的现状，发展全国标准化体系的战略目标、任务和原则，全国标准化体系发展方向和构想的实现措施。其中引言部分强调了标准化的作用和目的，明确了全国标准化体系。第四部分是重点，强调了全国标准化体系的发展及其法律基础的完善，确定了标准化优先发展方向，规定了优先发展经济领域的全国标准制定程序，完善跨国标准化活动范围，发展国防产品、特种装备技术和特种设施标准化以及原子能标准化，加强商业在标准化工作中的作用，俄联邦积极参与国际标准化和地方标准化组织活动，发展创新产品标准化工作等。

2015 年 6 月 19 日俄罗斯国家杜马通过、2015 年 6 月 24 日俄罗斯联邦委员会正式通过，并确定在 2016 年 7 月 1 日正式实施《俄罗斯联邦标准化联邦法》，明确了该法的主要内容、主要任务及国家法规对标准化的保障，打破贸易标准化壁垒。该联邦法调节标准化领域内的各种关系，其中包括在制定（实施）、批准、变更（校正）、删除、发表和使用本联邦法第 14 条中规定的标准化文件时所产生的各种关系。同时阐明了标准化目的：促进俄罗斯联邦的社会经济发展；促进俄罗斯联邦作为平等伙伴与世界经济和国际标准化体系的一体化；提升国家居民生活质量；保障国防和国家安全；工业技术更新；提高产品质量、工程质量和服务质量，提升俄罗斯制造产品的竞争能力。明确规定了俄罗斯将采取以下措施来达到以上目的：引进先进技术，实现并保持俄罗斯联邦在高科技（创新）经济部门的技术领先地位；提高生命安全和健康水平，保护环境，保护动植物和其他自然资源、法人和自然人财产、国家和市政财产，以及促进紧急情况下居民生命保障体系的发展；优化并规范产品目录，保障其兼容性和互换性，缩短其制造和生产周期，缩减其运行和有效利用成本；在商品供货、施工、服务（其中包括商品采购、施工及提供保障国家和市政需求的服务）时采用标准化文件；保证测量的统一性和测量结果的可比性；警告误导产品消费者的行为；确保资源的合理利用；消除技术性贸易壁垒，建立国际标准、区域标准、区域条例汇编、国外标准和国外条例汇编的应用条件。

《俄罗斯联邦标准化联邦法》规定了实施标准化领域国家政策编制与标准化领域规范法规调整的联邦权力执行机关的具体工作职责和权利，主要职责包括：制定标准化领域的俄罗斯联邦国家政策，向俄罗斯联邦政府提交需要俄罗斯联邦政府决议的相应建议书等。该法还明确了符合现行联邦法的标准化文件，主要包括：国家标准化体系文件；全俄分类表；组织标准，包括技术规程；条例汇编；规定现行联邦法第 6 条所涉及的标准化对象强制要求的标准化文件。并界定了各标准化文件的制定、管理、修改、变更、废除的参与者，规定了需要采用的相关程序都应按照相应的法律规定执行。此外，通过对标准化领域的活动经费保障进行立法，实现了政府财政支持与标准化经费市场化运作的有机结合，而且分类明确，指明了哪些情况下由联邦预算拨款出资，哪些情况下由法人（其中包括国有公司、其他非营利组织）资产和自然人资产出资。

（二）俄罗斯国家标准发展概况

俄罗斯国家标准发展的主要历程可以划分为两个阶段，第一个阶段是苏联解体前的 ГОСТ 标准，第二个阶段是苏联解体后的 ГОСТ 标准。ГОСТ 标准是几代标准化工作者数十年工作的结晶，是经济建设和国防建设重要的技术基础，只有随着国家管理体制的变化对标准化管理制度进行改革，才能充分发挥标准化的作用使其满足新发展形势的需求。1992 年 3 月，独联体 12 国政府首脑在莫斯科就标准化问题召开了会议，对有关问题达成了共识；3 月 13 日签订了《在标准化、计量和认证领域进行政策协调的协议》，决定在标准化、计量和认证领域开展国际合作。主要内容包括：成立独联体国家间标准化、计量和认证委员会（以下简称独联体国家间标准化委员会），执行对 ГОСТ 标准的管理职能。委员会下设常设技术秘书处，负责处理日常工作。苏联的全部现行标准技术文件，改为独联体国家间标准，标准代号仍采用 ГОСТ，制定新的独联体国家间标准，并对 ГОСТ 标准进行维护更新，以适应国家向市场经济过渡的需要。

俄罗斯国家标准化的发展思路是与标准化国际惯例接轨，强化国际标准化工作。首先建立起适应市场经济体制的标准化工作运行机制，主要办法是通过法律、法规，强制性推行少量标准，同时通过推荐国家标准，引导自愿采用，从而达到宏观调控市场的目的。标准体系发生了变化，大量采用国际标准，提高企业标准水平。大幅调整标准化工作机构，以适应新的运行机制。标准的编写方法、内容和表述形式与国际惯例相一致。俄罗斯标准化改革伊始，就制定了一份重要的标准 ГОСТ 1.0−92《国家间标准化体系　基本规定》，该标准规定了独联体国家间标准化的目的、基本原则、工作组织、标准的基本类型、标准制定采用更改与废止的各项规则等。有关规定与国际标准化组织所规定的标准化目的、原则和工作方向保持一致。凡经过俄罗斯国家标准委审查的国际标准、区域性标准，如果其不违背俄标准化方面的有关法律和法规，并且与俄标准化体系中的有关规定相符，即可直接作为俄罗斯标准。

俄罗斯国家标准采用国际标准分类法（ICS），共 40 大类，分别用 01 到 97 的相应数字表示，每大类细分为若干小类。据不完全统计，俄罗斯现行有效的国家标准超过了 25000 项。

（三）俄罗斯航空行业标准发展概况

虽然俄罗斯已经取消了行业标准，但在之前的航空工业发展历程中，航空行业标准发挥了不可替代的作用。俄罗斯航空行业标准编号采用分段流水编号：1～499 ——一般技术标准和组织方法标准；500～2499 ——技术条件、技术要求、验收规划和试验方法等；2500～3499 ——通用技术和组织方法标准；3500～9999 ——类型和主要参数；10000～39999 ——参数结构和尺寸；40000～89999——工艺标准；90000～——材料标准。

航空标准代号除 OCT1 外，还有下列代号：OCT1 ★——军民通用航空标准；OCT B1——军用航空标准；OCT1 B——特种航空标准；OCT1 BД——特种航空军用标准；OCT B 1 BД——军用航空标准特种军用补充标准。

俄罗斯航空行业标准按照属性，主要划分为 11 种类型：一般技术标准和组织方法标准；技术条件、技术要求、验收规则和试验方法规则、标号、包装、运输和储存规则、使用和维修规则标准、监测方法与设备及测量仪表标准等；通用技术和组织方法标准；参量、类型和主要参数标准；结构和尺寸标准；指导性技术资料；说明与方法指南；说明书；通用工艺要求；限制使用清单；推荐性文件。

四、非洲标准

（一）非洲标准化组织

非洲标准化组织原名非洲地区标准化组织（ARSO），是由非洲统一组织（OAU）和联合国非洲经济理事会（UNECA）于 1977 年在加纳首都阿克拉宣布成立的非洲政府间标准机构。1977 年的 1 月 10 日—1月17 日，在联合国非洲经济理事会和非洲统一组织的主持下，非洲各国政府在加纳首都阿克拉参与了首次 ARSO 会议，审议了 ARSO 第一部章程，制定了 ARSO 的任务即通过标准化、计量和合格评定程序加速非洲经济一体化，由 17 个非洲国家代表在以下 7 个组织出席会议的情况下签署：非洲经济理事会（ECA）、国际标准化组织（ISO）、国际电工理事会（IEC）、联合国工业发展组织（UNIDO）、阿拉伯标准化和计量组织（ARSM）、国际法制计量组织（OIML）和非洲铁路联盟（UAR）。

ARSO的组织架构主要包括大会、理事会及中央秘书处。大会是ARSO的最高权力机关，由成员机构提名的代表按照议事规则正式召开会议，通常一年至少召开一次。理事会由主席和12个成员机构的代表组成，负责管理ARSO的政策及活动，并将ARSO的活动传达给成员机构（每年）及大会（每会期）。主席负责主持大会及理事会，在大会上递交理事会的提议及决定。副主席和财务主管由理事会选举产生。中央秘书处由秘书长、ARSO员工及国家标准机构的成员组成，负责处理理事会和大会指定的任务，包括ARSO所有计划和活动的日常运行管理、调度和推进工作，以及与各会员国、区域经济共同体、非洲联盟、国际标准机构及合作伙伴、捐助者、政府部门等所有ARSO的利益相关方进行联络通信工作。

（二）非洲标准发展概况

ARSO通过制定统一标准，在推进非洲产业化、扩大非洲内部贸易和促进非洲国家经济一体化方面起着重要作用。为实现非洲地区标准体系的统一，ARSO将关于产品和服务的协调标准推广给非洲国家和地区使用，以完成拉各斯行动计划（Lagos plan of action）关于非洲经济发展、非洲经济共同体签订的条约及非洲联盟各项文件的要求。

ARSO根据非洲标准协调模型（ASHAM）将区域标准协调为非洲标准。制定了ASHAM协调程序手册（ASHAM-SHPM）并由ARSO技术管理委员会（TMC）负责区域标准的协调工作。根据ASHAM协调程序手册，标准协调程序分6个阶段，分别为预备阶段、提案阶段、准备阶段、委员会阶段、询问阶段和批准阶段。已发布的国际标准（ISO/IEC）向非洲标准转化，可直接从对应THC/SC负责的询问阶段开始。

ARSO建立了13个技术协调理事会（THCs），以通过执行ASHAM作为实现ARSO战略框架目标的基础，推进非洲特定领域下标准的统一。包括：ARSO/THC 01基本和通用标准、ARSO/THC 02农业和食品、ARSO/THC 03建筑及土木工程、ARSO/THC 04机械工程及冶金、ARSO/THC 05化学与化学工程、ARSO/THC 06电子工程、ARSO/THC 07纺织品和皮革、ARSO/THC 08交通和通信、ARSO/THC 09环境管理体系、ARSO/THC 10能源和自然资源、ARSO/THC 11质量管理体系、ARSO/THC 12服务、ARSO/THC 13非洲传统医药。目前，非洲尚无专门针对航空行业的标准。

第四章　航空领域标准比对分析

直升机装备在航空领域占有重要地位，本章选取了我国与部分国家和区域关于直升机研制生产合作的基础标准作为主要比对分析对象。飞机和直升机等航空装备全寿命周期过程中涉及成千上万项国内外标准，在航空装备中外合作研制或海外生产销售与应用等国际合作项目中，不仅需要总体与气动、结构与强度、航电系统、机电系统等航空专业技术领域的标准指导装备设计和试验工作开展，还需要通用基础、材料、标准件、信息化技术应用、项目管理、质量管理和供应商管理等通用类标准作为依据。对于直升机装备来说，还会涉及旋翼系统和传动系统等体现直升机特征的标准。另外，无论是飞机还是直升机，往往需要针对具体项目需求特点编制型号项目专用标准，以体现具体型号的性能指标要求。在中外合作项目研制初期关注重点除了总体性能指标以外，就是研制过程中需要采用的基础标准，以满足整机和有关分系统及产品的设计需求。对于中外合作项目来说，项目应用的大量技术制图、零组件标印等标准均由我国标准转化。本章在进行中外标准比对时，标准的来源主要是我国标准、俄罗斯标准、国际标准和欧美标准，以及针对中外合作项目而编制的标准。除了选取通用基础标准进行比对分析之外，同时选取能够代表直升机特点的旋翼系统标准进行比对，给出适用性结论及有关建议。另外，由于直升机旋翼、尾桨、主减速器、中间减速器和尾减速器等动部件较多，噪声设计和测量等技术也比较复杂，且直升机噪声控制技术水平的提升急需标准指导，因此，本章还选取了噪声控制有关标准进行比对。

第一节　航空领域中外标准整体情况比对分析

一、国内航空领域相关标准

结合民用飞机和直升机研制过程中对有关标准的采用情况，和近几年新制定标准的情况，对可能与直升机有关的标准项目进行了初步筛选。国内标准涵盖了总体与气动、结构与强度、旋翼系统、传动系统、动力系统、航空电子系统、飞行控制系统、航空电气系统、燃油系统、货运系统、环境控制系统、防护救生系统、液压系统、飞行试验、通用基础、制造、信息化技术应用、通用零部件与元器件、航空材料、项目管理、质量管理、内部装饰、客户服务、计量、软件工程化和专业工程等专业技术领域。国内航空领域有关标准专业分布的情况如图 4-1 所示。

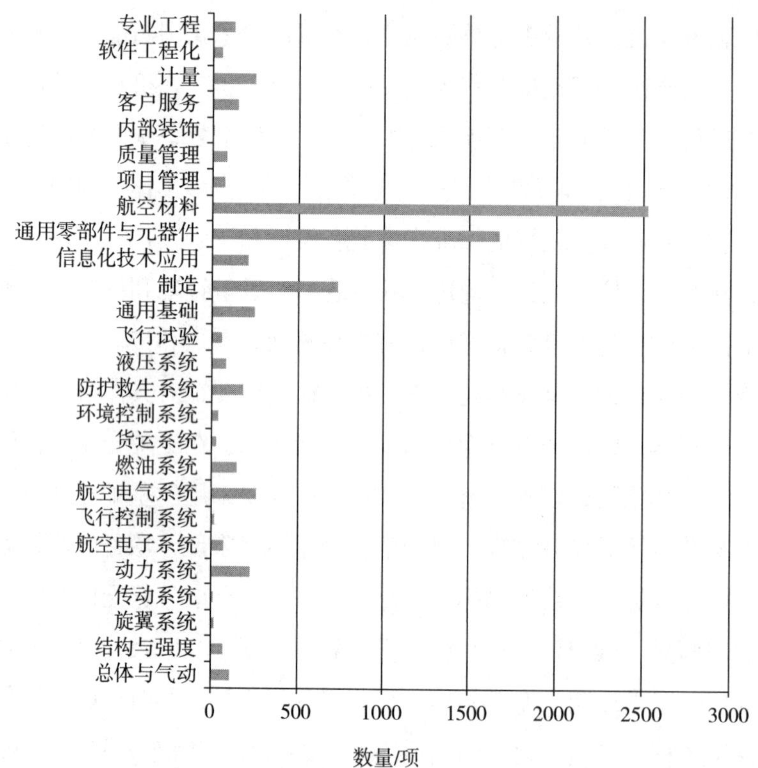

图 4-1 国内航空领域有关标准专业分布

二、国外航空领域相关标准

按照上述总体与气动、结构与强度、旋翼系统、传动系统、动力系统、航空电子系统、飞行控制系统、航空电气系统等专业技术领域，对俄罗斯有关标准进行分类和筛选。俄罗斯航空领域有关标准专业分布的情况如图 4-2 所示。

三、航空领域中外标准整体情况比对分析

针对国内航空领域标准和俄罗斯相关标准，按照专业进行整体情况比对，见图 4-3。

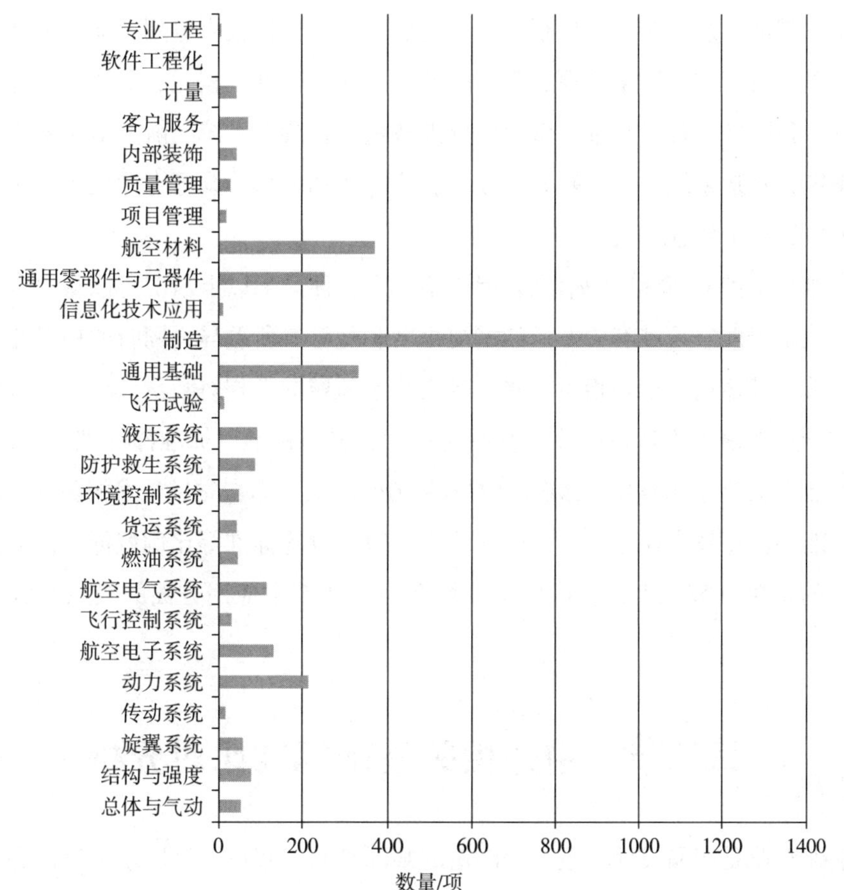

图 4-2　俄罗斯航空领域有关标准专业分布

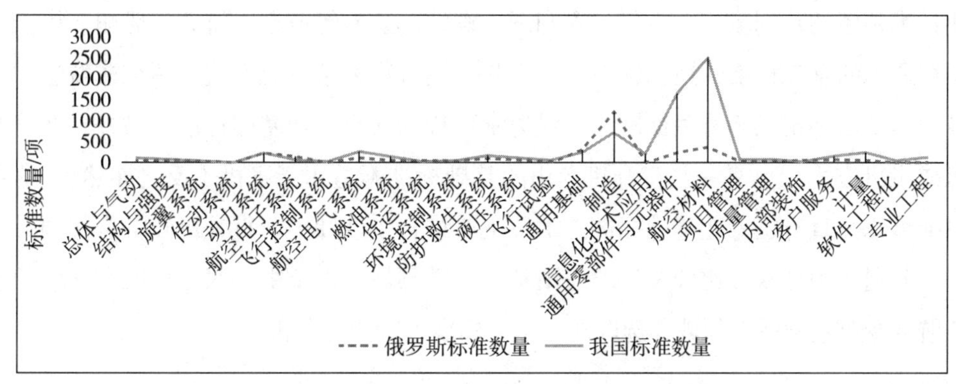

图 4-3　中俄各专业系统标准项目分布情况比对

从图 4-3 可以看出，我国航空领域的材料标准和通用零部件标准占比较大，俄罗斯航空领域的制造标准占比较大；在结构强度、传动系统、动力系统、环境控制系统、液压系统等专业技术领域，中俄标准数量基本相当；在总体与气动、航空电气系统、燃油系统、防护救生系统、飞行试验、信息化技术应用、通用零部件、航空材料、项目管理、质量管理、客户服务、计量、软件工程化、专业工程等专业技术领域，我国标准数量超过了俄罗斯标准数量；在旋翼系统、航空电子系统、飞行控制系统、货运系统、通用基础专业、制造专业和内部装饰等专业技术领域，俄罗斯标准项目数量超过了我国。

虽然对于俄罗斯标准的信息掌握得不一定全面，但以上情况可以从一定程度上反映中俄对于航空领域有关专业的重视程度和优势有所差异，同时通用专业领域标准的总数量及适用数量均相对较多，专用技术领域标准相对数量较少。中俄双方通用基础专业领域标准所占的比重都明显偏大，材料标准、标准件标准、计量标准、工艺标准、工装标准等共占标准总数量的 50% 以上，而与先进技术相关的标准，如软件标准、信息技术应用标准、内部装饰与服务设施标准等比例偏低。俄罗斯在制造领域的基础比较扎实，我国航空领域在信息化技术应用方面的投入和收效相对较大。

第二节　中外相关基础标准比对分析

基础专业是产品设计、生产、制造的共同基础，其技术发展水平对产品研发的效率、质量所起到的影响作用是潜移默化的，直升机和飞机等航空器在设计、试验、生产制造和运营服务等过程中需要采用大量基础专业技术领域的标准。基础专业技术领域的范围较广，不仅包含制图、螺纹、公差等航空、航天、船舶、机械等领域通用的基础标准，还包含空气动力学、飞行动力学等航空航天领域或航空领域专用的术语和定义等有关标准，这些通常可称为航空专业基础标准。另外，在直升机或飞机方面，也有一些直升机专用的基础标准不适用于飞机（反之亦然），这些标准可称为直升机专业基础标准。本节主要结合中俄和中非直升机装备合作项目需求，分别在中外双方比较关注的通用基础标准领域，以及中外双方可能有交联关系的航空专业基础标准领域，选取部分相关标准进行比对分析。

一、基础专业中外相关标准整体情况

直升机装备设计、生产和服务等过程，需要采用各专业技术领域的标准作为依据。其中，基础标准占有很大比例，可能会达到全部采用标准的 60%～85%。

（一）国际相关标准

ISO发布了大量基础专业技术领域的标准，其中包括针对航空航天领域制定的一系列标准，例如ISO 3353-1：2002《航空和航天　引导和收尾螺纹　第1部分：滚压外螺纹》、ISO 3353-2：2002《航空和航天　引导和收尾螺纹　第2部分：内螺纹》等。同时，还有ISO 12573：2010《航空器　管道公差　英制系列》等专门针对航空器制定的标准。

ISO发布的飞行动力学和空气力学领域的ISO 1151《飞行动力学　概念、量和符号》系列标准共9项，我国一直在跟踪该系列标准，且进行了转化应用。具体标准编号和名称，见表4-1。其中，ISO 1151-2：1985《飞行动力学　概念、量和符号　第2部分：航空器和大气相对于地球的运动》在发布两年之后，于1987年8月15日进行了一次补充，发布了ISO 1151-2 Add 1：1987，补充的2.5主要是与能量相关的量的规定。该系列标准属于航空专业基础范围，固定翼飞机一直在采用，但对于中外合作的直升机项目是否适用，需要对有关条款进行逐项分析。

表4-1　航空专业基础ISO 1151系列标准

序号	标准编号	标准名称
1	ISO 1151-1：1988	飞行动力学　概念、量和符号　第1部分：航空器相对于空气的运动
2	ISO 1151-2：1985/ISO 1151-2 Add 1：1987	飞行动力学　概念、量和符号　第2部分：航空器和大气相对于地球的运动
3	ISO 1151-3：1989	飞行动力学　概念、量和符号　第3部分：力、力矩及其系数的导数
4	ISO 1151-4：1994	飞行动力学　概念、量和符号　第4部分：用于飞行器稳定性和操纵性研究的概念、量和符号
5	ISO 1151-5：1987	飞行动力学　概念、量和符号　第5部分：用于测量的量
6	ISO 1151-6：1982	飞行动力学　概念、量和符号　第6部分：航空器的几何形状
7	ISO 1151-7：1985	飞行动力学　概念、量和符号　第7部分：飞行点和包线
8	ISO 1151-8：1992	飞行动力学　概念、量和符号　第8部分：用于航空器机动性研究的概念和量
9	ISO 1151-9：1993	飞行动力学　概念、量和符号　第9部分：沿航空器轨迹的大气运动模式

（二）俄罗斯相关标准

俄罗斯标准和欧美标准均对我国航空装备发展发挥了重要作用，通过多领域的合作已经吸收借鉴了大量俄罗斯标准。属于设计文件统一体系的俄罗斯标准比较完整，主要标准编号和名称见表 4-2。

表 4-2　设计文件统一体系俄罗斯标准清单

序号	标准编号	标准名称
1	ГОСТ 2.002—1972	设计文件统一体系　项目设计中使用的模型、标准样件和样板要求
2	ГОСТ 2.004—1988	设计文件统一体系　在电子计算机输出打印绘图设备上完成设计文件的总要求
3	ГОСТ 2.051—2013	设计文件统一体系　数字化文档
4	ГОСТ 2.052—2015	设计文件统一体系　几何模型一般原则
5	ГОСТ 2.053—2013	设计文件统一体系　产品电子结构一般要求
6	ГОСТ 2.054—2013	设计文件统一体系　数字化产品定义
7	ГОСТ 2.055—2014	设计文件统一体系　电子物料清单要求
8	ГОСТ 2.056—2014	设计文件统一体系　数字化零件模型
9	ГОСТ 2.057—2014	设计文件统一体系　数字化装配模型
10	ГОСТ 2.058—2016	设计文件统一体系　电子文档必备部分要求
11	ГОСТ 2.101—2016	设计文件统一体系　产品类型
12	ГОСТ 2.102—2013	设计文件统一体系　设计文件的种类和配套
13	ГОСТ 2.103—2013	设计文件统一体系　研制阶段
14	ГОСТ 2.104—2006	设计文件统一体系　基本注释
15	ГОСТ 2.105—1995	设计文件统一体系　文件正文的一般要求
16	ГОСТ 2.106—1996	设计文件统一体系　文本文件
17	ГОСТ 2.109—1973	设计文件统一体制　对图样的基本要求
18	ГОСТ 2.111—2013	设计文件统一体系　控制
19	ГОСТ 2.113—1975	设计文件统一体系　成组和基础设计文件
20	ГОСТ 2.114—1995	设计文件统一体系　技术条件
21	ГОСТ 2.116—1984	设计文件统一体系　产品技术级别和质量卡
22	ГОСТ 2.118—2013	设计文件统一体系　技术方案
23	ГОСТ 2.119—2013	设计文件统一体系　初步设计
24	ГОСТ 2.120—2013	设计文件统一体系　详细设计

表 4-2（续）

序号	标准编号	标准名称
25	ГОСТ 2.124—2014	设计文件统一体系　成品控制
26	ГОСТ 2.301—1968	设计文件统一体系　图幅
27	ГОСТ 2.302—1968	设计文件统一体系　比例
28	ГОСТ 2.303—1968	设计文件统一体系　图线
29	ГОСТ 2.304—1981	设计文件统一体系　制图字体
30	ГОСТ 2.305—2008	设计文件统一体系　图片外观、剖面
31	ГОСТ 2.306—1968	设计文件统一体系　材料的图示符号及其在图样上的表示规则
32	ГОСТ 2.307—2011	设计文件统一体系　尺寸和极限偏差
33	ГОСТ 2.308—2011	设计文件统一体系　图的极限形式和曲面的表示
34	ГОСТ 2.309—1973	设计文件统一体系　表面粗糙的标注
35	ГОСТ 2.310—1968	设计文件统一体系　表面涂镀、热处理和其他处理方法的图样标注
36	ГОСТ 2.311—1968	设计文件统一体系　螺纹画法
37	ГОСТ 2.312—1972	设计文件统一体系　焊缝的规定画法和代号标注
38	ГОСТ 2.313—1982	设计文件统一体系　固定连接的图样画法和符号标注
39	ГОСТ 2.314—1968	设计文件统一体系　产品标志和印记在图样上的表示
40	ГОСТ 2.315—1968	设计文件统一体系　紧固件的简化画法和规定符号
41	ГОСТ 2.316—2008	设计文件统一体系　标识、技术资料和图形、表的排列规则
42	ГОСТ 2.317—2011	设计文件统一体系　三向（投影）图
43	ГОСТ 2.318—1981	设计文件统一体系　孔尺寸的简化画法
44	ГОСТ 2.320—1982	设计文件统一体系　锥体尺寸、公差与配合的标注
45	ГОСТ 2.321—1984	设计文件统一体系　字母代号
46	ГОСТ 2.503—2013	设计文件统一体系　更改标记规则
47	ГОСТ 2.511—2011	设计文件统一体系　电子文件规则
48	ГОСТ 2.512—2011	设计文件统一体系　数据打包和传递一般原则

从俄罗斯通用基础专业领域的国家标准整体情况来看，标准项目成体系发展，标准成套性较强，分类明确，内容具体。其中，设计文件统一体系有关标准，对技术制图、图样管理及设计文件的编制和管理要求等进行了一系列规定，不仅规定了图样画法和文件编制与管理的要求，而且规定了电子文件的通用规则、数据打包和传递的通用规则等，用来指导和规范俄罗斯工业部门进行设计文件的编制和管理。

（三）非洲相关标准

由于非洲国家的航空工业基础比较薄弱，尚未建立起完备的标准体系，对通用基础领域的标准比较急需，中外合作过程中主要依据项目专用标准开展研制生产工作。

通过调研分析得知，中外合作过程中，标准需求首先体现在工程技术语言、技术产品文件、几何精度控制要求等通用基础专业技术领域，以期在我国协助下建立直升机有关产品设计和生产的基本能力。因此，我国直升机研制单位针对中外合作项目特点和需求编制了《机械制图》《电气制图》《形状和位置公差　未注公差值》《一般公差》《一般表面粗糙度》《零部件的互换性和替换性》《零组件标印》《无人直升机制图规范》《图样文件管理规定》等通用基础专业技术领域的专用标准。

（四）我国相关标准

经过多年发展，我国已形成了比较完整的基础专业标准体系。从标准级别来看，我国通用基础专业的标准在国家标准、行业标准、国家军用标准、航空工业集团标准等不同层级中均有所体现。从子专业技术领域来看，涵盖工程技术语言标准、技术产品文件标准、几何精度控制要求标准和结构要素标准等。

工程技术语言标准主要包含术语符号和标记标牌标准。其中，术语符号标准主要包括通用及专业的术语标准、图形符号标准、技术量代号标准；标记标牌标准主要包括公共信息标志标准、标记方法标准、标牌标准等。

技术产品文件标准主要包含制图标准、产品图样管理标准、文件编制及管理标准等。制图标准是开展技术协作和交流的通用技术语言，涵盖机械制图、电气制图、船舶制图等工程技术领域；产品图样管理标准包含图样编号、图样绘制要求、更改及发放要求等；文件编制及管理标准主要包括设计文件的成套性要求、文件内容编制要求、文件更改管理要求等。

几何精度控制要求标准主要包含产品几何技术规范标准、公差分配及尺寸链分配等标准。其中，产品几何技术规范标准主要包括极限与配合标准、几何公差标准、表面特征标准，是面向产品开发全过程而构建的控制产品几何特性的一套标准，已成为航空产品设计、制造和合格评定最重要的基础。

结构要素标准，涵盖联接结构要素、传动结构要素、典型件结构要素等有关标准。其中，联接结构要素标准主要包括螺纹及螺纹联接、焊接结构要素、铆接结构要素、键及键连接要素、法兰盘结构要素、管路件结构要素等标准；传动结构要素主要包括齿轮要素、链要素等标准；典型件结构要素标准主要包括机加件结构要素、钣金件结构要素、铸件结构要素、锻件结构要素、复合材料结构要素、其他典型零件结构要素等标准。直升机等航空装备领域采用的结构要素有关标准主要来自国家标准。

我国航空领域中外合作项目有关的主要通用基础标准清单，如表 4-3 所示。

表 4-3　通用基础专业我国标准清单

序号	标准编号	标准名称	子专业	备注
1	HB 5936—2011	零组件标印	工程技术语言	
2	HB 8268—2002	航空产品用无损检测图形符号	工程技术语言	
3	HB 8396—2013	民用飞机内外部应急标识	工程技术语言	
4	GB/T 324—2008	焊缝符号表示法	技术产品文件	ISO 2553：1992，MOD
5	GB/T 14689—2008	技术制图　图纸幅面和格式	技术产品文件	ISO 5455：1979，IDT
6	GB/T 4457.2—2003	机械制图　图样画法　指引线和基准线基本规定	技术产品文件	ISO 128-22：1999，IDT
7	GB/T 4457.4—2002	机械制图　图样画法　图线	技术产品文件	ISO 128-24：1999，MOD
8	GB/T 4457.5—2013	机械制图　剖面区域的表示法	技术产品文件	
9	GB/T 4458.1—2002	机械制图　图样画法　视图	技术产品文件	ISO 128-34：2001，MOD
10	GB/T 4458.2—2003	机械制图　装配图中零、部件序号及其编排方法	技术产品文件	
11	GB/T 4458.3—2013	机械制图　轴测图	技术产品文件	
12	GB/T 4458.4—2003	机械制图　尺寸注法	技术产品文件	ISO 129，NEQ
13	GB/T 4458.5—2003	机械制图　尺寸公差与配合注法	技术产品文件	
14	GB/T 4458.6—2002	机械制图　图样画法　剖视图和断面图	技术产品文件	ISO 128-44：2001，MOD

表 4-3（续）

序号	标准编号	标准名称	子专业	备注
15	GB/T 4459.1—1995	机械制图　螺纹及螺纹紧固件表示法	技术产品文件	ISO 6410：1993，IDT
16	GB/T 4459.2—2003	机械制图　齿轮表示法	技术产品文件	
17	GB/T 4459.3—2000	机械制图　花键表示法	技术产品文件	ISO 6413：1988，IDT
18	GB/T 4459.4—2003	机械制图　弹簧表示法	技术产品文件	
19	GB/T 12212—2012	技术制图　焊缝符号的尺寸、比例及简化表示法	技术产品文件	
20	GB/T 14690—1993	技术制图　比例	技术产品文件	ISO 5455：1979，EQV
21	GB/T 14691—1993	技术制图　字体	技术产品文件	ISO 3098-1：1974，EQV、ISO 3098-2：1984，EQV
22	GB/T 16675.1—2012	技术制图　简化表示法　第 1 部分：图样画法	技术产品文件	
23	GB/T 16675.2—2012	技术制图　简化表示法　第 2 部分：尺寸注法	技术产品文件	
24	GB/T 17451—1998	技术制图　图样画法　视图	技术产品文件	ISO/DIS 11947-1：1995，IDT
25	GB/T 17453—2005	技术制图　图样画法　剖面区域的表示法	技术产品文件	ISO 128-50：2001，IDT
26	HB 5859.1—1996	飞机制图　基本规定	技术产品文件	
27	HB 5859.2—1992	复合材料构件制图规定	技术产品文件	
28	HB 5859.3—1996	飞机制图　零件图画法	技术产品文件	
29	HB 5859.4—1996	飞机制图　第 4 部分：装配图画法	技术产品文件	
30	HB 6189—1989	飞机图样　简化规定	技术产品文件	

表 4-3（续）

序号	标准编号	标准名称	子专业	备注
31	HB 5800—1999	一般公差	几何精度控制	
32	HB 6103—2004	铸件尺寸公差和机械加工余量	几何精度控制	
33	HB 7225—1995	飞机整体壁板、框、肋、梁公差和表面质量要求	几何精度控制	
34	HB 7741—2004	复合材料件一般公差	几何精度控制	
35	HB 7779—2005	形状和位置公差　检测方法的一般要求	几何精度控制	
36	HB 7786—2005	零件化学铣切精度和表面粗糙度的一般要求	几何精度控制	
37	GB/T 12360—2005	产品几何量技术规范（GPS）　圆锥配合	几何精度控制	
38	GB/T 1803—2003	极限与配合　尺寸至 18mm 孔、轴公差带	几何精度控制	
39	GB/T 1958—2017	产品几何技术规范（GPS）几何公差　检测与验证	几何精度控制	
40	GB/T 3177—2009	产品几何技术规范（GPS）　光滑工件尺寸的检验	几何精度控制	
41	GB/T 4380—2004	圆度误差的评定　两点、三点法	几何精度控制	
42	GB/T 5371—2004	极限与配合　过盈配合的计算和选用	几何精度控制	
43	GB/T 5847—2004	尺寸链　计算方法	几何精度控制	
44	GB/T 7220—2004	产品几何量技术规范（GPS）　表面结构　轮廓法　表面粗糙度　术语　参数测量	几何精度控制	
45	GB/T 7234—2004	产品几何量技术规范（GPS）　圆度测量　术语、定义及参数	几何精度控制	

表 4-3（续）

序号	标准编号	标准名称	子专业	备注
46	GB/T 7235—2004	产品几何量技术规范（GPS） 评定圆度误差的方法　半径变化量测量	几何精度控制	
47	GB/T 1184—1996	形状和位置公差　未注公差值	几何精度控制	
48	GB/T 1800.1—2020	产品几何技术规范（GPS） 线性尺寸公差 ISO 代号体系　第 1 部分：公差、偏差和配合的基础	几何精度控制	ISO 286-1：2010，MOD
49	GB/T 18779.2—2004	产品几何量技术规范（GPS） 工件与测量设备的测量检验　第 2 部分：GPS 测量、测量设备校准和产品验证中的测量不确定度评定指南	几何精度控制	ISO/TS 14253-2：1999，IDT

我国在航空产品研制过程中应用比较广泛的制图标准主要有 GB/T 4458《机械制图》系列标准和 HB 5859《飞机制图》系列标准等。另外，在飞机和直升机领域，还有大量的专业基础标准，例如 GB/T 14410《飞行力学　概念、量和符号》系列标准和 GB/T 16638《空气动力学　概念、量和符号》系列标准，以及专门针对直升机的标准 GJB 3209《直升机术语》等。

二、通用基础中外相关标准内容比对分析

（一）工程技术语言中外标准内容比对分析

1. 零组件标印标准

（1）零组件标印标准比对分析

HB 5936—2011《零组件标印》包含范围、规范性引用文件、术语和定义、标印的分类与内容、标印要求与方法、标印方法与位置选择原则、标印方法在图样上标注、标印更改等，共八章内容。

HB 5936—2011 和中外合作项目中编制的《零组件标印》标准主要章节比对情况，见表 4-4。中外标准均规定了零组件标印的内容、方法和位置的选择等要求，适用于航空产品零组件的标印。

表 4-4 中外零组件标印标准比对

比对分析维度	中外合作项目标准《零组件标印》	HB 5936—2011《零组件标印》	比对情况说明
主题内容和适用范围	1 范围 本标准规定了零组件标印的内容、方法和位置的选择等要求。 本标准适用于航空产品零组件的标印	1 范围 本标准规定了零组件标印的内容、方法和位置的选择等要求。 本标准适用于航空产品零组件的标印	完全一致
引用文件	—	2 规范性引用文件	中外合作项目标准中没有规范性引用文件章节
术语和定义	2 术语和定义 2.1 永久性标印 2.2 整体法 2.3 金属压印法 2.4 雕刻法 2.5 漆印法 2.6 油墨法 2.7 印刷法 2.8 吹砂法 2.9 点解法 2.10 热印法 2.11 激光标印法 2.12 半永久性标印 2.13 转印法 2.14 橡皮标印法 2.15 临时性标印	3 术语和定义 3.1 永久性标印 3.2 整体法 3.3 金属压印法 3.4 雕刻法 3.5 振动法 3.6 吹砂法 3.7 点解法 3.8 热印法 3.9 丝网法 3.10 漆印法 3.11 油墨法 3.12 腐蚀法 3.13 印刷法 3.14 瓷釉法 3.15 激光标印法 3.16 半永久性标印 3.17 转印法 3.18 橡皮标印法 3.19 临时性标印	HB 5936—2011 的第 3 章规定了 19 条术语和定义，其中 15 条在中非合作项目标准中进行了应用。 另外，振动法、丝网法、腐蚀法、瓷釉法 4 条术语和定义中非项目未采用
标印的分类与内容	3 标印的分类与内容 3.1 标印分类 3.2 标印的内容	4 标印的分类与内容 4.1 标印分类 4.2 标印的内容	完全一致
标印要求与方法	4 标印要求	5 标印要求与方法 5.1 标印要求 5.2 标印方法	中外合作项目标准的标印要求，未包含“标印字符尺寸、字体”等内容，也未规定标印方法

表 4-4（续）

比对分析维度	中外合作项目标准《零组件标印》	HB 5936—2011《零组件标印》	比对情况说明
标印方法与位置选择原则	5 标印方法与位置选择原则 5.1 标印方法选择原则 5.2 标印位置选择原则	6 标印方法与位置选择原则 6.1 标印方法选择原则 6.2 标印位置选择原则	完全一致
标印方法在图样上标注	—	7 标印方法在图样上标注	中外合作项目标准未规定标印方法在图样上标注的有关内容
标印更改	6 标印更改 6.1 更改方式 6.2 更改要求	8 标印更改 8.1 更改方式 8.2 更改要求	完全一致
规范性附录和资料性附录	—	附录 A 数字与字母应用字体 附录 B 小应力字符型式 附录 C 零组件标印方法的选择 附录 D 图样标注形式 附录 E 标印间隔尺寸	中外合作项目标准未规定具体的标注字体、字符和方法、样式等内容

直升机研发周期长、涉及零组件数量多、结构相似件也多，需进行大量的零组件试验，需要解决零组件装配、分解及周转和试验过程中的有效识别问题。HB 5936—2011 规定了标印的位置、类别、内容、方法代号、标注等要求，设计单位需要根据零组件使用环境情况选择适宜的标印方法，根据结构特点选择合适的标印位置。标印内容和属性可以为实施二维条码标印奠定基础，如配置扫描识别设备和软件、创建产品信息数据库、进行全生命周期零组件管理（图号、数量、版本、批次、更改、超差、重量、库存、装机等信息）等一系列后续服务提供条件。

中外合作项目研制过程中编制的零组件标印标准对直升机零组件标印的内容、方法和位置的选择进行了约束。标准主要条款在中外合作项目研制过程中得到了试用和验证，验证了标准的适用性和有关图样或产品对标准的符合性。

（2）中外零组件标印标准比对分析

国外有关零组件标印的标准为 ГОСТ 2.314—1968《统一设计文件体系　产品标志和印记在图样上的表示》。ГОСТ 2.314—1968 规定了所有工业部门的产品标志和印记在图样上的表示规则，主要包括以下方面的内容：

1）标印方法：包含冲击法、雕刻法、腐蚀法、漆墨法、浇筑法或压制法，针对各种标印方法均规定了对应的俄文字母代号。标印方法只有在必要时，才在图样上标出。

2）标志和印记注法要求：在图样的技术要求中注明，并以“打标志”或“做印记”字样开头。在产品图上用圆点表明标志或印记的位置，并用引出线将圆点与位于图外的标志或印记的符号相连。

3）附录中规定的标印内容及代号，主要包括：商标、企业制造厂名称；产品指标；符合基本设计文件的产品代号；出厂的产品号；材料牌号；冶炼炉号、冶炼批号；技术资料；选择类别；安装需要的信息符号；制造数据；产品价格。针对各种不同的标印内容，规定了对应的俄文字母代号来表示。

HB 5936—2011 与 ГОСТ 2.314—1968 有关内容比对情况，参见表 4-5。

表 4-5　中外零组件标印标准比对

比对分析维度	ГОСТ 2.314—1968《统一设计文件体系　产品标志和印记在图样上的表示》	HB 5936—2011《零组件标印》	比对情况说明
标印方法	包含冲击法、雕刻法、腐蚀法、漆墨法、浇筑法或压制法，针对各种标印方法均规定了对应的俄文字母代号。 标印方法只有在必要时，才在图样上标出	包含永久性标印、整体法、金属压印法、雕刻法、振动法、吹砂法、点解法、热印法、丝网法、漆印法、油墨法、腐蚀法、印刷法、瓷釉法、激光标印法、半永久性标印、转印法、橡皮标印法、临时性标印 19 种。在图样上的标记及方法，通常根据工作条件要求，按照标准执行。标印方法代号采用阿拉伯数字	我国标准中规定的标印方法比较齐全。中外标准中对于字母代号的规定不同
标志和印记注法要求	在图样的技术要求中注明，并以下列字样开头：“打标志”或“做印记”。在产品图上用圆点表明标志或印记的位置，并用引出线将圆点与位于图外的标志或印记的符号相连	标印方法在图样上的标注型式由标准编号和标印方法代号两部分组成，中间用短横杠隔开	中外标准对标志和印记的注法提出了不同要求

表 4-5（续）

比对分析维度	ГОСТ 2.314—1968《统一设计文件体系　产品标志和印记在图样上的表示》	HB 5936—2011《零组件标印》	比对情况说明
标印内容及代号	附录中规定的标印内容及代号，主要包括：商标、企业制造厂名称；产品指标；符合基本设计文件的产品代号；出厂的产品号；材料牌号；冶炼炉号、冶炼批号；技术资料；选择类别；安装需要的信息符号；制造数据；产品价格。 针对各种不同的标印内容，规定了对应的俄文字母代号来表示	4.2 对标印内容进行了规定，主要包括：零组件图号、批次号、顺序号、炉批号、检验印、制造厂标志、产品型号、毛料供应商厂代号、选配号、系列号、成组号、位置号、分组号、材料代号或材料简化代号、特征数符号、制造日期等。 用资料性附录的方式给出了具体的标印方法和标注形式	中外标准对标印内容及代号均提出了具体要求，内容有许多相同点，但国外还要求有制造数据和产品价格等

通过比对发现 HB 5936—2011 中规定的标印方法包括整体、振动、冲击、静压、滚压、雕刻、吹砂、电解等，多于国外标准中的规定。另外，我国对于每一种标印方法均用对应的阿拉伯数字表示，在国际通用性方面优于国外标准中规定的俄文字母代号。

2. 航空器应急标识标准

在航空器应急标识方面，我国制定的有关标准主要有 HB 8396—2013《民用飞机内外部应急标识》等；北大西洋公约组织（NATO）制定了 STANAG 3230《航空器的应急标识》；未见到其他关于航空器应急标识的标准。

STANAG 3230 主要包括目标、批准与实施、协议、国家指令 / 手册和文件、航空器应急标识协议细节、协议的实施等内容。其中，协议技术细节包括总则、应急照明、不需要破坏打开的应急出口、强行破坏点和切开口、救生艇（筏）和漂浮装置的释放、座舱盖或舱盖操作器件、救火口盖、爆炸作动装置等。应急设施相关的标识要求，主要包含标识文字、形状、颜色、尺寸等。

HB 8396—2013 主要规定了民用飞机为满足适航要求的内外部应急标识，其技术要素主要包括：文字表达、图样表达、图样和文字的最小尺寸、标识及其背景的颜色定位标识的设置、指示标识的设置、警告标识的设置、应急出口、应急撤离路线、操纵器件、门、安全设备、警告标识等。

STANAG 3230 除了规定应急标识要求，还规定了协议的批准和实施要求，未包含图样表达、指示标识的设置、应急撤离路线等技术要素。

综合比对发现，STANAG 3230 对航空器应急标识进行了原则性的通用规定，而 HB 8396—2013 主要针对民用飞机内外部应急标识的具体表达方式及设置要求等进行了规定。两项标准中涵盖的技术要素有部分共同点，如标识文字和形状、应急出口等。在中外直升机合作项目中，可综合剪裁 STANAG 3230 和 HB 8396—2013 的有关规定，既做到顶层依据和原则明确合理，又有利于具体标识的设计和实施，为实现民用直升机内外部应急标识的规范性、先进性和实用性提供有效指导。

（二）技术产品文件中外标准内容比对分析

1. 基础设计文件编制要求标准

（1）技术制图比例

在技术制图比例方面，我国标准 GB/T 14690—1993《技术制图　比例》等效采用了 ISO 5455：1979《技术制图　比例》；国外标准为 ГОСТ 2.302—1968《设计文件统一体系　比例》。

GB/T 14690—1993 对于放大缩小比例进行了优先级别划分。对于放大比例，给出了 2∶1、5∶1（及其整数倍比例）等优先选择比例，也给出了 2.5∶1、4∶1 以及其整数倍的第二选择比例；对于缩小比例，给出了 1∶2、1∶5、1∶10 等优先选择比例，也给出了 1∶1.5 等第二选择比例；规定了比例标注中的比例符号为“∶”，应标注在标题栏内，此处中外要求相同；允许在铅垂与水平方向标注两种不同比例。

ГОСТ 2.302—1968 给出了图形的 16 种放大比例和 9 种缩小比例选择，对各级放大、缩小比例未做优先级别划分；规定绘图比例应标注在标题栏内，比例符号为“∶”；未说明是否允许在铅锤与水平方向标注不同的比例。

通过比对发现，两项标准适用对象相同，技术要素差异不大，双方标准具有较好的通用性。

（2）技术制图图线和字体

在技术制图图线方面，我国标准为 GB/T 4457.4—2002《机械制图　图样画法　图线》，国外标准为 ГОСТ 2.303—1968《设计文件统一体系　图线》。其中，GB/T 4457.4—2002 修改采用了 ISO 128-24：1999，给出了细实线、粗实线、波浪线、双折线、细虚线、粗虚线、细点划线、粗点划线、细双点划线等 10 种线型宽度、线型组别及一般应用的规定。ГОСТ 2.303—1968 同样包含对细实线、粗实线等 9 种线型的一般应用和线型宽度的规定。

通过比对发现，中外技术制图图线标准适用对象一致，技术要求差异不大。

ГОСТ 2.304—1981《设计文件统一体系　字体》与 GB/T 14691—1993《技术制

图　字体》均根据自身国家文字特点进行了规定。我国标准中的字母和数字部分，等效采用了国际标准 ISO 3098-1：1974《技术制图　字体　第 1 部分：常用字母》和 ISO 3098-2：1984《技术制图　字体　第 2 部分：希腊字母》；汉字部分根据我国文字特点做了规定。两项标准适用对象相同，但技术内容差异大。

（3）技术制图视图

在技术制图视图方面，我国标准为 GB/T 17451—1998《技术制图　图样画法　视图》，该标准修改采用了 ISO/DIS 11947-1：1995《技术制图　视图、断面图和剖视图　第 1 部分：视图》；国外标准为 ГОСТ 2.305—2008《图形　视图、剖面图、斜视图》。

ГОСТ 2.305—2008 规定了各工业领域和建筑领域的制图规定。其中，基本视图中对后视图的规定有两种：第一种是将后视图配置在左视图的右方，第二种是允许将后视图配置在右视图的左方。向视图规定仅需在视图上方标注一个大写的俄文字母；辅助视图（即我国的斜视图）规定当辅助视图配置与相应图形符合投影关系时，视图上表示投影方向的箭头和字母标记可不标出；旋转符号的尺寸与比例由一直径最小为 5mm 的圆和大开角箭头组成。

GB/T 17451—1998 基本视图中对后视图的规定为：后视图配置在左视图的右方。规定了两种向视图：一种是在向视图的上方标注“X”（X 代表大写拉丁字母），在相应视图的附近用箭头指明投射方向（俄标未规定用箭头指明方向），并标注相同的字母；另一种是在视图下方标注图名，标注图名的各视图的位置，应根据需要和可能，按相应的规则布置。我国标准规定斜视图通常按向视图的配置形式配置并标注；规定用半圆表示旋转符号的尺寸和比例：$h=R$。

通过比对发现：①国外标准规定了两种后视图允许方向，我国标准仅规定后视图配置在左视图的右方，两标准要求不同；②针对向视图的规定，两项标准标注字母存在差异，国外标准规定标注大写俄文字母，我国标准规定标注大写拉丁字母“X”，并规定箭头指明投射方向；③国外标准规定的辅助视图（斜视图）在特定情况可不标注，我国通常按向视图的配置形式配置并标注；④我国标准规定的半圆表示旋转符号的尺寸和比例与 ISO/DIS 11947 一致，与国外标准规定不一致。

（4）材料的图示符号

在材料的图示符号方面，我国标准有 GB/T 17453—2005《技术制图　图样画法　剖面区域的表示法》、GB/T 4457.5—2013《机械制图　剖面区域的表示法》和

HB 5859.1—1996《飞机制图 基本规定》等；国外标准为 ГОСТ 2.306—1968《设计文件统一体系 材料的图示符号及其在图样上的表示规则》。

ГОСТ 2.306—1968 规定了多种材料剖面符号，包括金属、非金属、液体、木材、玻璃、混凝土、天然土壤等的剖面符号；规定了材料剖面符号画法，包括剖面线应画成间隔相等、方向相同，且一般与剖面区域的主要轮廓或对称线成 45° 的平行线；当剖面区域较大时，可以只沿轮廓周边画出剖面符号等。

GB/T 17453—2005 等同采用了 ISO 128-50：2001。GB/T 4457.5—2013 是对 GB/T 17453—2005 的细化补充。GB/T 4457.5—2013 与 HB 5859.1—1996 中规定的部分材料（金属、非金属、木材、液体等）剖面符号与国外标准相同，但针对混凝土的剖面符号不同，且国外标准中未对航空常用的层板、线圈绕组元件等材料的剖面符号做规定；GB/T 17453—2005 及 GB/T 4457.5—2013 中剖面符号基本画法与国外标准中的要求基本相同。与国外标准不同的是，细小剖面在用涂黑代替剖面线时，相邻的剖面间应留出不小于 0.7mm 的空隙，国外标准为不小于 0.8mm 的空隙。

2. 图样画法中外相关标准内容比对分析

（1）图样画法基本要求

我国制定了一系列规定图样画法的标准，其中 GB/T 4458.1—2002《机械制图 图样画法 视图》与 ГОСТ 2.109—1973《设计文件统一体制 对图样的基本要求》有关内容相对应。通过比对分析发现，GB/T 4458.1 和 ГОСТ 2.109 均对 ISO 128-34：2001《技术制图 画法的一般原则 第 34 部分：机械工程制图的视图》的内容进行了转化。中外关于图样画法的标准技术内容差异不大，具有通用性，中外合作项目主要应用我国标准。

（2）螺纹画法

我国规定螺纹画法的标准为 GB/T 4459.1—1995《机械制图 螺纹及螺纹紧固件表示法》；国外标准为 ГОСТ 2.311—1968《设计文件统一体系 螺纹画法》，中非合作项目制图规范标准中也规定了该方面内容。

ГОСТ 2.311—1968 中对螺纹的画法要求与 GB/T 4459.1—1995 中“第 3 章 螺纹的表示法”中的要求基本相同。中外合作项目制图规范标准规定了螺纹及螺纹连接件的表示法，标准内容比 ГОСТ 2.311—1968 中的要求更加细化。

（3）焊缝的画法和代号标注

我国焊缝画法、代号和标准相关标准有 GB/T 324—2008《焊缝符号表示法》、

GB/T 12212—2012《技术制图　焊缝符号的尺寸、比例及简化表示法》等；国外标准为ГОСТ 2.312—1972《设计文件统一体系　焊缝的规定画法和代号标注》。ГОСТ 2.312—1972 列出了不同焊缝的标注符号、焊缝符号的标注位置，以及焊缝符号的简化表示法。

GB/T 324—2008 修改采用了 ISO 2553：1992《焊缝符号表达的有关要求》，列出了不同焊缝的基本符号、基本符号的组合及补充符号。我国标准中给出的部分焊缝符号与国外标准要求不同，且焊缝符号比国外标准规定更细。焊缝符号的标注位置规定，与国外标准中的要求基本相同。我国标准对焊缝尺寸的标注方法做了规定，ГОСТ 2.312—1972 中未对此部分内容进行规定。

GB/T 12212—2012 中对焊缝符号的简化表示法进行了规定，但相关简化表示符号与ГОСТ 2.312—1972 中的规定不同。

（4）固定连接的图样画法

在固定连接的图样画法方面，我国标准为 HB 6189—1989《飞机图样　简化规定》，国外标准为ГОСТ 2.313—1982《设计文件统一体系　固定连接的图样画法和符号标注》。

ГОСТ 2.313—1982 规定了所有工业和建筑部门由铆接、焊接、胶接、缝合和金属扒钉固接形成的连接在图样上的画法和标注。ГОСТ 2.313—1982 规定的部分内容不太适用于或很少应用于飞机或直升机设计，如缝合和金属扒钉。

HB 6189—1989 包含了螺纹紧固件、管路安装等的画法，更适用于飞机和直升机等有关航空产品。ГОСТ 2.313—1982 与 HB 6189—1989 差异较大。

（三）几何精度控制要求中外标准内容比对分析

1. 一般公差标准

国外一般公差标准有ГОСТ 24643—1981《表面形状和位置公差　公差数值》，在其航空行业领域常用 OCT1 00022—1980《图样上未注的 0.1mm～100000mm 的尺寸极限偏差及表面形状和位置偏差》，该标准对于形位公差值的要求比ГОСТ 24643—1981 更严格。我国一般公差标准有 GB/T 1184—2008《形状和位置公差　未注公差值》和 HB 5800—1999《一般公差》，与国外标准部分对应。

ГОСТ 24643—1981 主要规定了机器和仪器零件表面的直线度、平面度、圆柱度、圆度、纵剖面轮廓度、平行度、垂直度、圆跳动等基本形位公差数值。该标准把形位公差分为 16 个精度等级，国外标准最大公称尺寸分段至 1600～2500。OCT1

00022—1980 规定了未注尺寸公差及形位公差数值。

GB/T 1184—1996 附录 B 中的内容对应 ГОСТ 24643—1981。GB/T 1184 等效采用了国际标准 ISO 2768-2，其附录 B 中给出了 12 个精度等级，最大公称尺寸分段至 400-500，国标公称尺寸分段间隔小于国外标准，我国标准给出的公差值也与俄罗斯标准不同。

HB 5800—1999 对应 OCT1 00022-80，两项标准内容比较相近。HB 5800—1999 中对于孔、轴的定义按 GB/T 1800.1《公差　偏差与配合的基础》执行而非采用俄罗斯标准中定义，由此两项标准在两国的实际应用具有差异性。GB/T 1800.1—2020《产品几何技术规范（GPS）线性尺寸公差 ISO 代号体系　第 1 部分：公差、偏差和配合的基础》为当前最新版标准，其内容主要适用于圆柱面、两相对平行面。因此，建议在中外合作项目中，可综合分析中俄现有标准，并对照 ISO 标准的有关规定，剪裁形成项目级标准进行贯彻实施。

2. 表面形状和位置公差测量标准

表面形状和位置公差方面，我国标准有 GB/T 1958—2017《产品几何技术规范（GPS）几何公差　检测与验证》、HB 7779—2005《形状和位置公差　检测方法的一般要求》等；国外标准有 ГОСТ 28187—1989《互换性基础标准　表面形状和位置公差　对测量方法的一般要求》。在项目研究过程中，主要对上述三项中俄标准关于表面形状和位置公差的测量方法的规定进行比对分析。

GB/T 1958—2017 给出了形位公差测量一般规定、形状误差及其评定、位置误差及其评定、基准的建立和体现以及仲裁等内容，附录中给出了检测方案、最小区域与定向最小区域判别法内容。国外标准 ГОСТ 28187—1989 对平面、圆柱面、球面等不同被测面形状给出了不同侧面形状和尺寸要求，与我国标准 HB 7779—2005 中的要求基本相同。对测量部位、位置、方向以及排除粗糙度影响及评定方法等要求与我国标准 HB 7779—2005 要求基本相同。国外标准对形位公差检测原则、检测条件、评定方法及检测方案未做具体规定。

通过比对分析得知，在表面形状和位置公差方面，GB/T 1958—2017、HB 7779—2005 与 ГОСТ 28187—1989 的适用对象及技术要素基本相同。但我国标准详细规定了各项检测内容与要求，且每一项都给出了示例，比国外标准更加清楚和全面。因此，在中外直升机装备合作研制过程中，表面形状和位置公差测量方法推荐优先采用我国标准。

3. 零部件互换性和替换性标准

HB 6892—1993《航空飞行器零部件的互换性和替换性》包括主题内容与适用范围、引用标准、术语、要求、质量保证规定、交付准备 6 章。该标准主要规定了航空飞行器的零件、部件、组件、单元体、装置和机载设备尺寸上的互换性和替换性要求，适用于航空飞行器的研制（含改进、改型）和批量生产。

互换性是指按控制手段生产的互换产品的一种特性。安装时，只需要使用通常的安装和连接方法而达到互换。且互换产品应易于安装、拆卸和更换，对要安装的产品及其相邻产品或结构除设计规定的调整外，不需修配和补加工。替换性是指按照控制手段生产的替换产品的一种特性。安装时，除使用通常的安装和连接方法外，还需要对产品进行修配和补加工，如钻孔、铰孔、扩孔、切割、挫修和敲修等。可见满足 HB 6892—1993 规定的要求对于航空飞行器的安装、使用等具有重要意义，有利于节约生产制造和维护维修成本。并且，标准内容中不仅规定了飞机的有关要求，还专门针对直升机提出了旋翼桨叶和尾桨叶、旋翼轴等一系列需要满足互换性要求的零部件或组件。也针对无人驾驶飞行器等提出了产品的互换性和替换性要求。

通过以往贯彻实施该标准的经验，并结合中外项目有关情况，可以判定该标准的通用性条款内容和旋翼飞行器专用条款的内容，基本是适用的。具体条款的修改情况，参见 HB 6892—1993 与中外合作项目专用标准条款内容的比对分析。

在中外合作项目中，大量采用了 HB 6892—1993 的技术内容。在项目专用标准中不仅纳入了互换性和替换性、互换替换项目清册、互换替换产品、工程图样、限制、责任、首件产品等方面的要求，而且增加了功能互换与实体互换、技术标注与属性填写两方面的要求。两项标准在质量保证规定和交付准备方面存在差异，中外合作项目标准中作出有关规定，明确了设计目标和设置设计准则等要求，提出了控制要求和互换性核对等两方面的设置控制方法。

在中外合作项目中，对 HB 6892—1993 的内容进行了修改，有关情况如下：

（1）HB 6892 规定互换要求一栏可采用“ABCD”符号说明，替换状态一栏应填写“锉修、钻孔余量”等技术要求，且给出了目录样式。中外合作项目标准在图样上只需标注互换性和替代性代号，并提出编制互换件和替换件目录的要求。

（2）HB 6892—1993 直接列出了直升机的互换和替换产品。中外合作项目标准给出了互换性的设计准则，具体产品的互换性设计要求由技术员进行确定。

（3）HB 6892—1993 主要从管理控制和质量保证的角度对互换件和替换件提出

要求。中外合作项目标准除了提出互换性和替换性常规控制方法，还给出了互换性核对表，核对互换性要求是否满足设计要求，未提出制造保证的相关要求。

通过分析 HB 6892—1993 对中外合作直升机项目的适用性，以及实际贯彻执行情况得知，中外合作项目标准对直升机研制过程的互换性和替换性要求进行了约束。标准主要条款在直升机中外合作项目研制过程中得到了试用验证，与无人直升机实际研制情况进行了对照，验证了标准的适用性和型号对标准的符合性。保证了互换性和替换性设计贯穿对外合作项目的设计、制造、使用和维护等各个环节，并向海外生产和国内同类型号发展等领域进行了延伸。

在设计方面，通过标准和型号规范从顶层强化互换性和替换性要求，广泛采用具有互换性的标准件、通用件，使设计工作进一步简化，有效缩短了有关型号的研制周期，为对外合作项目的产品及生产线整体交付奠定了坚实基础，为国外生产创造了有利条件，为国内型号的系列化发展和改进改型研制提供了大量的工程实践经验和实用资源。

在制造方面，由于贯彻了零部件的互换性设计要求，为后续的分散加工、集中装配提供了便利。一方面，可直接输出各类互换单元和标准件，用于总装；另一方面，通用件形成一定规模后，有利于使用现代化的工艺装备，可为外方提供流水线和自动线等先进的生产方式。

在使用、维修方面，当零部件突然损坏或按计划定期更换时，可在最短时间内用备件加以替换，从而提高整机利用率，延长其使用寿命，进一步保证产品质量，提高用户满意度。

三、航空专业基础中外相关标准内容比对分析

（一）飞行动力学概念、量和符号中外标准整体情况比对分析

ISO 1151《飞行动力学　概念、量和符号》系列标准，主要规定了航空器相对于空气运动变量的术语和符号，航空器和大气相对于地球运动变量的术语和符号，力、力矩及其系数和导数的术语和符号，用于飞行器稳定性和控制研究的概念、量和符号；飞行测量中使用的术语和符号，用于描述航空器几何形状的最基本的术语和符号；飞行点和包线的术语和符号，用于航空器机动性研究的概念和量，沿航空器轨迹的大气运动模式的术语和符号。ISO 1151 系列的标准号见图 4-4。

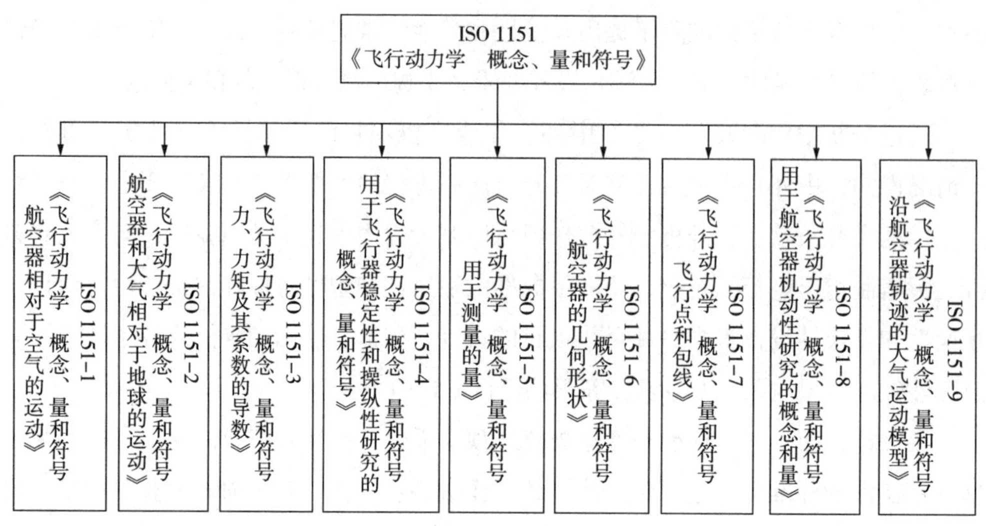

图 4-4　ISO 1151 系列标准

我国相关的标准主要是 GB/T 14410《飞行力学　概念、量和符号》系列和 GB/T 16638《空气动力学　概念、量和符号》系列，见图 4-5 和图 4-6。GB/T 14410 参考 ISO 1151 对飞行力学使用的常用术语和符号进行了规定，GB/T 16638 对我国多年使用的空气动力学常用术语进行了规定，并尽可能与国际上大多数国家的使用习惯保持一致。

ISO 1151 与 GB/T 14410 和 GB/T 16638 等中外飞行动力学专业技术标准各分册的关联性示意图见图 4-7。从图中可以看出，我国标准与 ISO 1151 系列标准的设置方式有所差异，不是一一对应关系。

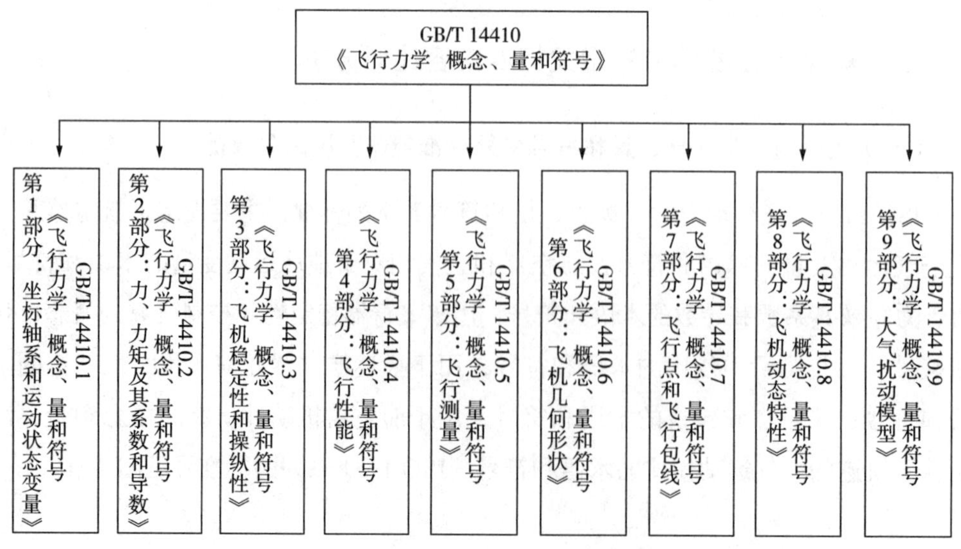

图 4-5　我国 GB/T 14410 系列标准

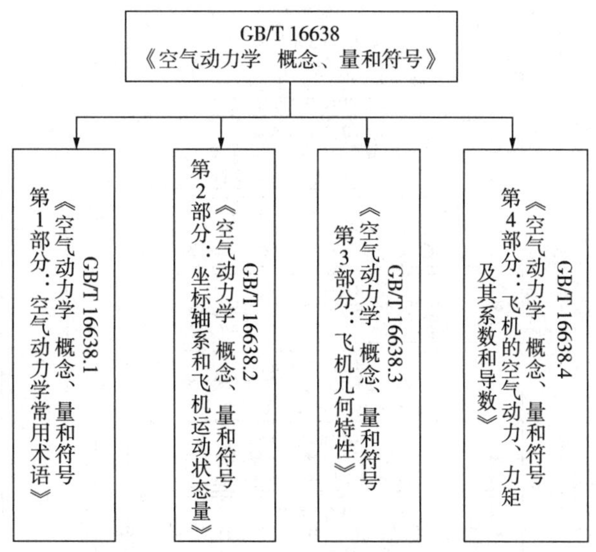

图 4-6 我国 GB/T 16638 系列标准

（二）飞行动力学概念、量和符号中外相关标准比对分析

1. 坐标轴系和运动状态变量中外标准比对分析

ISO 1151-1《飞行动力学 概念、量和符号 第 1 部分：航空器相对于空气的运动》和 ISO 1151-2《飞行动力学 概念、量和符号 第 2 部分：航空器和大气相对于地球的运动》主要规定了航空器的坐标轴系和运动状态变量，包括地面坐标轴系、机体坐标轴系、气流坐标轴系、航迹坐标轴系，以及侧滑角、迎角、偏航角、俯仰角等基础概念、量和符号。从表 4-6 可以看出，我国航空器坐标轴系和运动状态变量标准与 ISO 标准整体框架有一定的对应性，但具体标准项目、标准框架和条款等方面有一定的差异。

GB/T 14410.1《飞行力学 概念、量和符号 第 1 部分：坐标轴系和运动状态变量》综合转化了 ISO 1151-1 和 ISO 1151-2 的有关内容，增加了航迹坐标轴系相对于机体坐标轴系的角度、座舱操纵装置及其位移等有关规定，以及轴系转换矩阵，综合考虑了大地的球形和自转时补充的坐标轴系和角度。GB/T 16638.2《空气动力学 概念、量和符号 第 2 部分：坐标轴系和飞机运动状态量》从空气动力学角度对有关坐标轴系进行了规定，与 ISO 1151 有关规定相对应。

2. 力、力矩及其系数和导数中外标准比对分析

GB/T 14410.2《飞行力学 概念、量和符号 第 2 部分：力、力矩及其系数和导数》和 GB/T 16638.4《空气动力学 概念、量和符号 第 4 部分：飞机的空气动力、力矩及其系数和导数》转化了 ISO 1151-3《飞行动力学 概念、量和符号 第

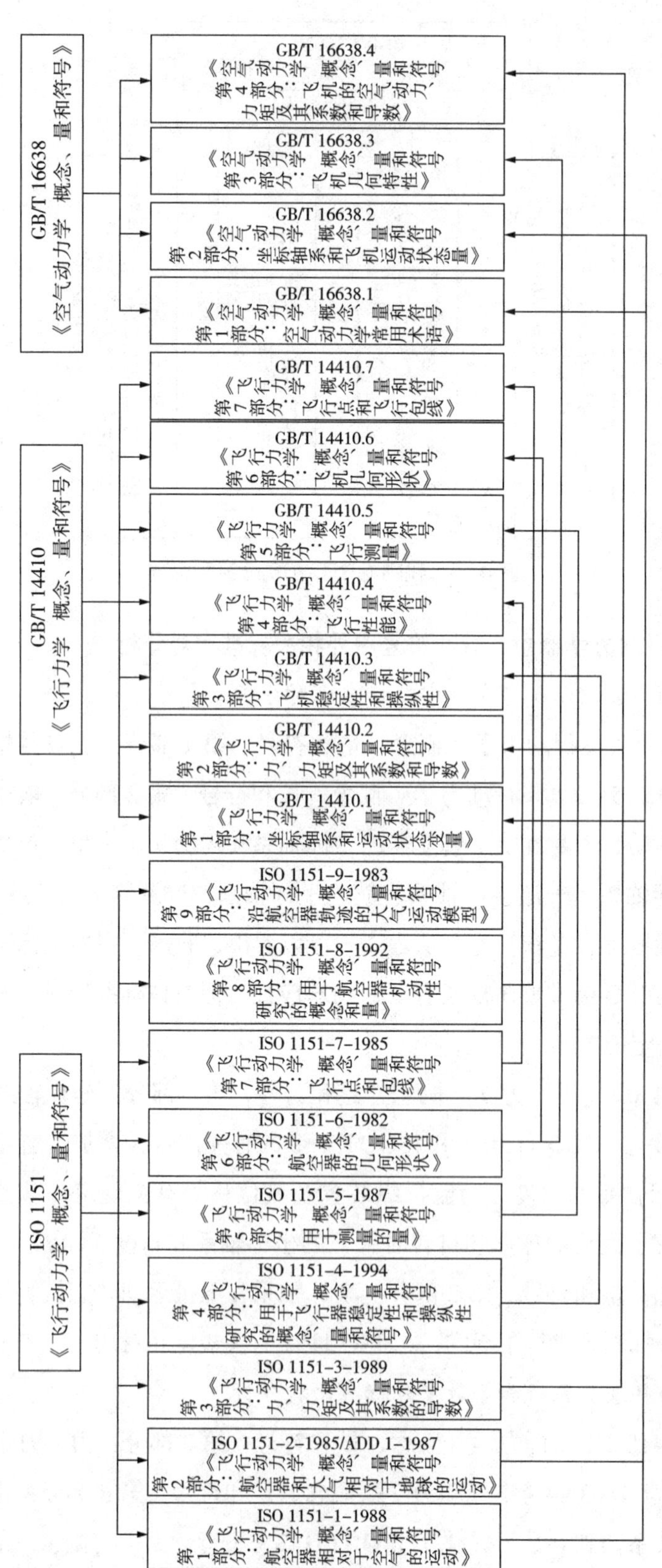

图 4-7 ISO 1151 与 GB/T 14410 和 GB/T 16638 系列标准的整体情况比对

表 4-6　坐标轴系和运动状态变量中外标准整体框架比对

序号	ISO 1151-1《飞行动力学　概念、量和符号　第1部分：航空器相对于空气的运动》	ISO 1151-2《飞行动力学　概念、量和符号　第2部分：航空器和大气相对于地球的运动》	GB/T 14410.1《飞行力学　概念、量和符号　第1部分：坐标轴系和运动状态变量》	GB/T 16638.2《空气动力学　概念、量和符号　第2部分：坐标轴系和飞机运动状态量》
1	Foreword 前言	Foreword 前言	前　言	前　言
2	1.0　Introduction 引言	2.0　Introduction 引言	1　范围	1　范围
3	—	—	2　规范性引用文件	2　规范性引用文件
4	—	—	3　术语、定义和符号	3　术语、定义和符号
5	1.1　Axis systems 坐标轴系	2.1　Axis systems 坐标轴系	3.1　坐标轴系	3.1　坐标轴系
6	—	2.2　Velocities 速度	—	—
7	1.2　Angles 角度	2.3　angles 角度	3.2　角度	3.2　坐标轴系之间的角度
8	—	—	—	3.3　坐标轴系之间的关系——坐标变换矩阵
9	1.3　Velocities and angular Velocities 速度和角速度	2.4　Wind direction angles 风向角	3.3　速度和角速度	3.4　速度和角速度
10	—	—	3.4　基本参数	—
11	—	—	3.5　无量纲参数	—
12	—	—	3.6　操纵器及其偏角	3.5　操纵面偏转角
13	—	—	3.7　座舱操纵装置及其位移	—
14	1.4　Aircraft inertia，reference quantities and reduced parameters 飞行器惯性、参考量和简化参数	—	—	—

表 4-6（续）

序号	ISO 1151-1《飞行动力学　概念、量和符号　第 1 部分：航空器相对于空气的运动》	ISO 1151-2《飞行动力学　概念、量和符号　第 2 部分：航空器和大气相对于地球的运动》	GB/T 14410.1《飞行力学　概念、量和符号　第 1 部分：坐标轴系和运动状态变量》	GB/T 16638.2《空气动力学　概念、量和符号　第 2 部分：坐标轴系和飞机运动状态量》
15	1.5　Forces，moment，coefficients and load factors 力、力矩、系数和载荷因数	—	—	—
16	1.6　Thrust，resultant moment of propulsive forces，airframe aerodynamic force，airframe aerodynamic moment，and their components 推力、机身及其部件气动力、气动力矩和推进力矩的合力	—	—	—
17	1.7　Coefficients of the components of the thrust，of the resultant moment of propulsive forces，of the airframe aerodynamic force and of the airframe aerodynamic moment 推力部件系数，推进力合力矩系数，机身气动力和机身气动力矩系数	—	—	—
18	1.8　Forces and moments involved in the control of the aircraft 飞行器控制力和力矩	—	—	—
19	1.9　Forces and moments acting on the motivators 激发力和力矩	—	—	—
20	1.10　Quantities related to energy 与能量相关的量	2.5　Quantities related to energy 与能量相关的量	—	—

3 部分：力、力矩及其系数和导数》有关内容。与 ISO 1151–3 相比，GB/T 14410.2 和 GB/T 16638.4 主要增加了无量纲迎角、侧滑角和空速对时间的导数、升降舵气动铰链力矩、副翼气动铰链力矩等规定。力、力矩及其系数和导数中外标准整体框架的比对情况见表 4–7。

表 4–7 力、力矩及其系数和导数中外标准整体框架比对

序号	ISO 1151–3《飞行动力学 概念、量和符号 第 3 部分：力、力矩及其系数和导数》	GB/T 14410.2《飞行力学 概念、量和符号 第 2 部分：力、力矩及其系数和导数》	GB/T 16638.4《空气动力学 概念、量和符号 第 4 部分：飞机的空气动力、力矩及其系数和导数》
1	Foreword 前言	前 言	前 言
2	3.0 Introduction 引言	1 范围	1 范围
3	—	2 规范性引用文件	2 规范性引用文件
4	3.1 Functions and independent variables 函数和自变量	3 术语、定义和符号	3 术语、定义和符号
5	—	3.1 迎角、侧滑角和空速对时间的导数的无量纲形式	3.1 空气动力、力矩及其系数
6	—	3.2 合力、合力矩及分量	3.1.1 空气动力合力、合力矩
7	—	3.3 推力、推力的合力矩、机体气动力、机体气动力矩及其系数	—
8	—	—	3.1.3 机体坐标轴系的空气动力、力矩及其系数
9	—	—	3.1.4 半机体坐标轴系的空气动力、力矩及其系数
10	—	3.4 作用在操纵器上的力和力矩	3.1.5 作用在操纵面上的力、力矩及其系数
11	—	3.5 力和力矩分量的无量纲因数对无量纲量的导数（第一组导数）	—
12	—	3.6 力和力矩分量的无量纲因数对操纵器偏度的导数	—

表 4-7（续）

序号	ISO 1151-3《飞行动力学　概念、量和符号　第3部分：力、力矩及其系数和导数》	GB/T 14410.2《飞行力学　概念、量和符号　第2部分：力、力矩及其系数和导数》	GB/T 16638.4《空气动力学　概念、量和符号　第4部分：飞机的空气动力、力矩及其系数和导数》
13	—	3.7　力和力矩分量的有量纲动力学导数（第二组导数）	
14	—	—	3.2　空气动力导数
15	—	—	3.2.1　空气动力静导数
16	—	—	3.2.2　空气动力动导数
17	—	—	3.2.3　空气动力操纵导数
18	—	3.8　铰链力矩系数的导数	3.2.4　铰链力矩导数
19	—	3.9　过载（载荷因数）	—
20	3.2　Direct Derivatives 直接导数	3.10　直接导数	—
21	3.3　Specific Derivatives 比导数	3.11　比导数	—
22	3.4　Normalized Derivatives 归一化（无量纲）导数	3.12　无量纲导数	—
23	3.5　Coefficient derivatives 系数导数	3.13　系数导数	—

3. 用于飞行器稳定性和操纵性研究的概念、量和符号中外标准比对分析

GB/T 14410.3《飞行力学　概念、量和符号　第 3 部分：飞机稳定性和操纵性》转化了 ISO 1151-4《飞行动力学　概念、量和符号　第 4 部分：用于飞行器稳定性和操纵性研究的概念、量和符号》的有关规定。中外标准的主要差异是 ISO 1151-4 的 4.2.1、4.2.3 合并纳入 GB/T 14410.3 的 3.1；ISO 1151-4 的 4.2.2 对应 GB/T 14410.3 的 3.3.6 和 3.3.7；ISO 1151-4 的 4.2.4、4.3 分别对应于 GB/T 14410.3 的 3.4 和 3.6；GB/T 14410.3 增加了机动点、中性点、机动裕度、握杆 / 松杆时静稳定裕度等概念。用于飞行器稳定性和操纵性研究的概念、量和符号中外标准整体框架的比对情况，见表 4-8。

表 4-8　用于飞行器稳定性和操纵性研究的概念、量和符号中外标准整体框架比对

序号	ISO 1151-4《飞行动力学　概念、量和符号　第 4 部分：用于飞行器稳定性和操纵性研究的概念、量和符号》	GB/T 14410.3《飞行力学　概念、量和符号　第 3 部分：飞机稳定性和操纵性》
1	Foreword 前言	前言
2	4.0　Introduction 引言	1　范围
3	—	2　规范性引用文件
4	—	3　术语、定义和符号
5	4.1　Controls 控制	3.5　操纵装置
6	4.1.1　Pitch control 桨距控制	3.5.1　俯仰操纵装置 3.5.2　俯仰操纵装置位移 3.5.3　俯仰操纵力 3.5.4　俯仰配平操纵装置
7	4.1.2　Roll control 滚转控制	3.5.5　滚转操纵装置 3.5.6　滚转操纵装置位移 3.5.7　滚转操纵力 3.5.8　滚转配平操纵装置
8	4.1.3　Yaw control 偏航控制	3.5.9　偏航操纵装置 3.5.10　偏航操纵装置位移 3.5.11　偏航操纵力 3.5.12　偏航配平操纵装置
9	4.1.4　Lift control 升力控制	3.5.13　总桨距操纵装置 3.5.14　总桨距操纵装置位移
10	4.2　Stability parameters 稳定性参数	—
11	4.2.1　Aerodynamic centers 气动力中心	3.1　气动力中心和压力中心
12	—	3.2　机动点和中性点
13	4.2.2　Static margins 静稳定裕度	3.3　机动裕度和静稳定裕度
14	4.2.3　Centre pressure 压力中心	3.1.6　压力中心
15	4.2.4　Stabilities 稳定性	3.4　稳定性
16	4.3　Quantities used for the evaluation of aircraft behaviour 用于航空器特性评价的量	3.6　飞机特性评价使用的量

4. 飞行测量中外标准比对分析

GB/T 14410.5《飞行力学　概念、量和符号　第 5 部分：飞行测量》转化了 ISO 1151-5《飞行动力学　概念、量和符号　第 5 部分：用于测量的量》的有关规定。GB/T 14410.5 增加了“输入空速管动压”有关内容，并补充了符号的单位。飞行测量中外标准整体框架的比对情况见表 4-9。

表 4-9　飞行测量中外标准整体框架比对

序号	ISO 1151-5《飞行动力学　概念、量和符号　第 5 部分：用于测量的量》	GB/T 14410.5《飞行力学　概念、量和符号　第 5 部分：飞行测量》
1	Foreword 前言	前　言
2	5.0　Introduction 引言	1　范围
3	—	2　规范性引用文件
4	—	3　术语、定义和符号
5	5.1　Fundamental characteristics of the atmosphere 大气基本特征	3.1　大气基本特征
6	5.2　Geometric and geopotential altitudes 几何高度与重力势高度	3.2　几何高度与重力势高度
7	5.3　Equivalent altitudes related to a standard atmosphere 与标准大气有关的当量高度	3.3　与标准大气有关的当量高度
8	5.4　Physical quantities related to motion of the aircraft in the atmosphere 与在大气中飞机运动有关的物理量	3.4　与在大气中飞机运动有关的物理量
9	5.5　Measurement of quantities related to motion of the aircraft in the atmosphere 与在大气中飞机运动有关量的测量	3.5　与在大气中飞机运动有关量的测量
10	5.6　Speeds and indicated Mach number 速度和指示马赫数	3.6　速度与马赫数
11	5.7　on-board accelerometer indications 机载加速度表指示	3.7　机载加速度表指示

5. 航空器几何形状中外标准比对分析

GB/T 14410.6《飞行力学　概念、量和符号　第 6 部分：飞机几何形状》和 GB/T 16638.3《空气动力学　概念、量和符号　第 3 部分：飞机几何特性》综合转化了 ISO 1151-6《飞行动力学　概念、量和符号　第 6 部分：航空器几何形状》的有关规定。中外标准的主要差异是我国标准增加了飞机结构轴系、水平尾翼尾臂、垂直尾翼尾臂等内容。航空器几何形状中外标准整体框架的比对情况，见表 4-10。

表 4-10　航空器几何形状中外标准整体框架比对

序号	ISO 1151-6《飞行动力学　概念、量和符号　第 6 部分：航空器几何形状》	GB/T 14410.6《飞行力学　概念、量和符号　第 6 部分：飞机几何形状》	GB/T 16638.3《空气动力学　概念、量和符号　第 3 部分：飞机几何特性》
1	Foreword 前言	前言	前言
2	6.0　Introduction 引言	1　范围	1　范围

表 4-10（续）

序号	ISO 1151-6《飞行动力学　概念、量和符号　第 6 部分：航空器几何形状》	GB/T 14410.6《飞行力学　概念、量和符号　第 6 部分：飞机几何形状》	GB/T 16638.3《空气动力学　概念、量和符号　第 3 部分：飞机几何特性》
3	—	2　规范性引用文件	2　规范性引用文件
4	—	3　术语、定义和符号	3　术语、定义和符号
5	6.1　general characteristics 一般特性	3.1　一般特性	3.1　一般特性
6	6.2　Overall dimensions of the aircraft 飞行器总尺寸	3.2　飞机的总体尺寸	3.2　飞机总体尺寸
7	6.3　Ground limit angles 地面限制角	3.3　地面限制角	—
8	6.4　fuselage 机身	3.4　机身	3.3　机身（弹体）
9	6.5　Aerodynamic surfaces-General 气动面		3.4　翼型
10	6.6　Wing 机翼	3.5　机翼	3.5　机翼
11	6.7　Empennages 水平尾翼	3.6　水平尾翼	3.6　水平尾翼
12	6.8　Figures 垂直尾翼	3.7　垂直尾翼	3.7　垂直尾翼
13	—	—	3.8　操纵面
14	—	—	3.9　下标表

6. 飞行点和飞行包线中外标准比对分析

GB/T 14410.7《飞行力学　概念、量和符号　第 7 部分：飞行点和飞行包线》修改采用 ISO 1151-7《飞行动力学　概念、量和符号　第 7 部分：飞行点和飞行包线》。飞行点和飞行包线中外标准整体框架的比对情况，见表 4-11。

表 4-11　飞行点和飞行包线中外标准整体框架比对

序号	ISO 1151-7《飞行动力学　概念、量和符号　第 7 部分：飞行点和飞行包线》	GB/T 14410.7《飞行力学　概念、量和符号　第 7 部分：飞行点和飞行包线》
1	Foreword 前言	前言
2	7.0　Introduction 引言	1　范围
3	—	2　规范性引用文件
4	—	3　术语和定义

表 4-11（续）

序号	ISO 1151-7《飞行动力学　概念、量和符号　第 7 部分：飞行点和飞行包线》	GB/T 14410.7《飞行力学　概念、量和符号　第 7 部分：飞行点和飞行包线》
5	7.1　Accomplishment of a mission 任务的实施	3.1　任务的实施
6	7.2　Control，geometric configuration and condition of systems 操纵装置、几何构型和系统状态	3.2　操纵装置、几何构型和系统状态
7	7.3　State of the aircraft 飞机状态	3.3　飞机状态
8	7.4　Environment 环境	3.4　环境
9	7.5　Flight points 飞行点	3.5　飞行点
10	7.6　Effective flight points 允许飞行点	3.6　允许飞行点
11	7.7　Flight envelopes 飞行包线	3.7　飞行包线

对于 ISO 1151-8《飞行动力学　概念、量和符号　第 8 部分：用于航空器机动性研究的概念和量》和 ISO 1151-9《飞行动力学　概念、量和符号　第 9 部分：沿航空器轨迹的大气运动模式》两个标准，虽然我国没有直接转化为国家标准，但有关概念、量和符号在行业标准或国家军用标准中有所体现或应用。除此以外，我国针对飞行性能相关术语和符号的规定，纳入了 GB/T 14410.4《飞行力学　概念、量和符号　第 4 部分：飞行性能》中。

四、基础专业中外相关标准比对分析总结

基础专业技术领域的标准是民用航空器产品设计的基础，是产品协同开发、合作交流的共同基础，对基础专业标准"走出去"具有广泛的指导意义。在航空领域，通用基础标准涵盖了工程技术语言、技术产品文件、几何精度控制要求、结构要素等子专业，是开展航空器及其相关产品设计、生产、制造的基础支撑；飞机和直升机专业基础标准也逐渐建立，为设计、试验等技术与国际接轨提供了指导。经过多年发展，我国已形成较为完整的基础专业标准体系，包括国家标准、行业标准、国家军用标准及航空行业集团标准等不同层级。通过中外标准互换互认和合作项目标准转化等，我国基础专业技术领域的标准在国际上获得了一定程度的认可，为航空产业国际合作、重大装备标准走出去夯实了基础。

通过基础专业领域国内外有关标准的比对分析可以看出，国内外在技术制图、尺寸公差方面的标准以转化应用和贯彻实施国际标准为主，在民用航空器国际交流

合作中，建议以贯彻实施国际标准为原则，部分标准条款内容的实施方案需要中外合作方加强协调、保持统一。在飞行力学和空气动力学等航空专业基础领域，虽然已有 ISO 1151 系列标准等国际标准和 GB/T 14410、GB/T 16638 等国内相关标准，但无论是国际标准还是国内标准，现有的航空领域概念、量和符号标准基本是以固定翼飞机为主要适用对象而制定的，直升机特有的旋翼坐标轴系等要求在现有标准中没有体现。因此，在直升机装备中外合作项目中，可在现有国内外标准的基础上，结合我国在直升机标准领域的技术经验积累，研究制定中外合作项目级标准，促进中外合作相关方的技术交流、数据和文件交互。当中外合作项目级标准取得一定应用经验后，可进一步推广和转化提升为联合标准或国际标准。

第三节　旋翼系统中外标准比对分析

一、旋翼系统中外研制技术发展概况

标准发展与技术发展密不可分，在进行中外标准比对分析之前，对中外旋翼系统的研制技术进行概要性分析是十分必要的。直升机的旋翼系统集多项功能于一体，最为重要的就是能为直升机提供实现垂直起降和向任意方向飞行的气动力。常规直升机的旋翼系统包括一副旋翼和一副尾桨，旋翼或尾桨均由桨叶和桨毂组成。典型旋翼桨叶通常是细长的柔性梁结构，在直升机飞行中高速旋转的旋翼桨叶处于左右不对称的非正常气流环境之中，产生比固定翼复杂得多的气动载荷、惯性载荷、交变内应力、气动－弹性耦合及各种干扰问题。桨叶通过桨毂与旋翼轴相连，而旋翼型式的划分则主要取决于桨毂的结构型式，可以分为铰接式旋翼、万向接头式旋翼、跷跷板式旋翼、无铰式旋翼，以及介于无铰式与铰接式之间的中间型式，其典型代表为星形柔性桨毂及球柔性桨毂结构型式，还有无轴承式等。而尾桨则按其结构型式可以分为两叶跷跷板式、多叶万向接头式、多叶铰接式、无轴承式以及涵道风扇式，还有无尾桨环量控制系统等型式。在传统的构造型式之外，还出现了一些新原理的旋翼构造型式，如前行桨叶概念旋翼（也称为“ABC”旋翼）、倾转旋翼和智能旋翼等，新原理旋翼的建立是基于传统旋翼结构型式的发展和演变而来的。

旋翼技术是直升机核心技术的体现，也是衡量和进行直升机代际划分的重要因素之一（见表 4-12），从表中可以清楚地看出随着旋翼技术的进步，旋翼系统的

结构特点、桨叶翼型、桨尖形状等均在不断发展，使得直升机的飞行速度、噪声水平、桨叶的疲劳寿命有了大幅度提高，当然在此过程中动力装置、航电系统、飞控系统等有关系统的技术水平也在同步提升。直升机旋翼系统从早期的全金属铰接式、金属大梁木质桨叶，到现在的无轴承旋翼、全复合材料桨叶，以及新型刚性桨叶和倾转旋翼等，旋翼技术的发展始终处于直升机技术发展的前沿，不仅推进了直升机整机性能的提升，也促进了动力装置、飞控系统和传动系统等有关技术的发展。因此，在直升机领域旋翼技术的发展始终处于特别重要的地位，新技术、新材料、新工艺的应用首先集中在旋翼系统的研制上，伴随着每一次旋翼技术的提升，直升机技术水平也进行一次升级换代。

表 4-12　旋翼技术发展对直升机代际划分的影响

主要因素	第一代	第二代	第三代	第四代
出现年代	20 世纪 30 年代末—20 世纪 50 年代中	20 世纪 50 年代初—20 世纪 60 年代	20 世纪 70 年代—20 世纪 80 年代	20 世纪 90 年代以来
结构特点	金属铰接式桨毂、金属大梁木质混合式桨叶	金属铰接式桨毂、金属桨叶	无铰式或弹性铰式桨毂、采用弹性轴承、玻璃纤维复合材料或金属桨叶	无轴承柔性复合材料桨毂、先进复合材料桨叶
桨叶寿命 /h	600	1200	3600	视情维护 / 无限寿命
桨叶翼型	对称翼型	不对称翼型	专用翼型	新一代专用翼型
桨尖形状	矩形	简单修型	尖削、矩形后掠	抛物线后掠、下反
最大旋翼升阻比	6.8	7.3	8.5	10.5
旋翼悬停效率	0.5	0.6	0.6～0.75	0.8 以上
动力装置	活塞发动机	第一代涡轴发动机	第二代涡轴发动机	第三代涡轴发动机
最大飞行速度（V_{max}）/（km/h）	200	250	300	300～350
全机振动水平（g）	0.20	0.15	0.10	0.05
噪声水平 /dB	110	100	90	80
代表机型	米 -4、S-55、Bell-47	米 -8、S-58、AH-1	BO-105、山猫、SA-365、UH-60	RAH-66、虎、S-92、EH-101

旋翼系统对直升机的机动性、操纵性、性能、振动水平、寿命、安全性等有着巨大影响，旋翼技术的重大提升和改进是直升机更新换代的典型标志，有利于提高直升机的速度和机动性、减少振动、减少疲劳应力、降低噪声、避免地面共振和空中共振。如今，直升机向更安全、更经济、更舒适、更环保，研制周期更短的趋势发展，旋翼新技术也不断涌现。根据直升机装备的发展趋势，旋翼系统技术研究和发展方向主要包括：

（1）倾转旋翼技术，倾转旋翼航空器具有高效方便的垂直起降和悬停能力，较大的飞行速度和航程，既解决了飞机起降对跑道的特殊要求，实现了空中悬停，又弥补了直升机起飞速度和航程较小的不足，融合了直升机和飞机的先进技术。

（2）智能旋翼，以形状记忆合金、压电材料等为代表的智能材料的应用，掀起了新一轮旋翼技术研究热潮，国外的研究与试验证明，采用智能材料的桨叶主动控制技术确实能够使旋翼的振动水平有显著的降低。智能旋翼是当前旋翼技术发展的趋势之一，会带来直升机技术的又一次飞跃。

我国结合工程实践过程，逐渐建立起了自主创新的旋翼技术体系，逐步提升了研制技术水平。在旋翼性能分析、气动力计算、结构载荷和动特性分析等方面积累了一定经验，通过复合材料的大量应用突破了球柔性和无轴承旋翼系统研制的难题，未来将进一步探索和实践“绿色直升机”旋翼系统技术。

二、旋翼系统中外标准整体情况及标准筛选

（一）美国直升机旋翼系统相关标准

通过中外合作项目得知，欧美直升机研制过程中除了采用美国国防部标准之外，还大量采用了国际自动机工程师学会（SAE）标准、美国材料与试验协会（ASTM）标准等。国际自动机工程师学会航空航天推进系统分部下设 15 个委员会及其有关分委会或工作组，在直升机动力装置委员会（S-12 Helicopter Powerplant Committee）中发布 2 项有关旋翼系统与动力装置兼容性的标准，见表 4-13。

表 4-13　SAE 标准中有关旋翼系统和动力装置兼容性的标准

序号	标准编号	标准名称	备注
1	SAE ARP 570A	直升机旋翼旋转方向的标识	旋翼与动力兼容
2	SAE ARP 704A	直升机发动机 - 旋翼系统兼容性	旋翼与动力兼容

（二）俄罗斯直升机旋翼系统相关标准

在直升机旋翼系统专业技术领域，俄罗斯制定了一些针对生产制造的标准，还有一些术语定义、材料和标准件的标准，对于具体设计要求的标准大部分为企业标准或项目专用标准。此处主要列出几份通用性较强的标准，见表4-14。分别规定了直升机大气飞行力学术语定义及符号、直升机旋翼和传动有关术语和定义、直升机桨叶托架托板类型和基本尺寸、飞机和直升机结冰与防冰术语和定义。

表4-14　俄罗斯与旋翼系统相关的部分术语和定义标准

序号	标准编号	标准名称	备注
1	ГОСТ 22499	直升机大气飞行力学术语定义及符号	总体和气动相关标准
2	ГОСТ 21892	直升机旋翼和传动装置术语和定义	旋翼和传动标准
3	ОСТ1 03854	直升机桨叶托架托板类型和基本尺寸	桨叶贮存标准
4	ОСТ1 02688	飞机和直升机结冰与防冰术语和定义	防除冰标准

（三）我国直升机旋翼系统相关标准

我国直升机顶层标准对旋翼系统性能提出了要求，与此同时，在总结工程实践经验的基础上，制定了一系列涉及旋翼系统设计、试验验证与生产制造有关要求的标准。从标准所规定的主题内容和适用范围来看，旋翼系统现有标准主要分为设计标准、试验标准、制造标准和服务标准。从标准级别来看，主要分为国家军用标准、航空行业标准、企业标准（集团公司标准及各研制厂所的企业标准）和型号项目专用标准。我国旋翼系统标准类别的级别分布情况见图4-8（具体设计和生产企业的标准及型号项目专用标准未计入）。

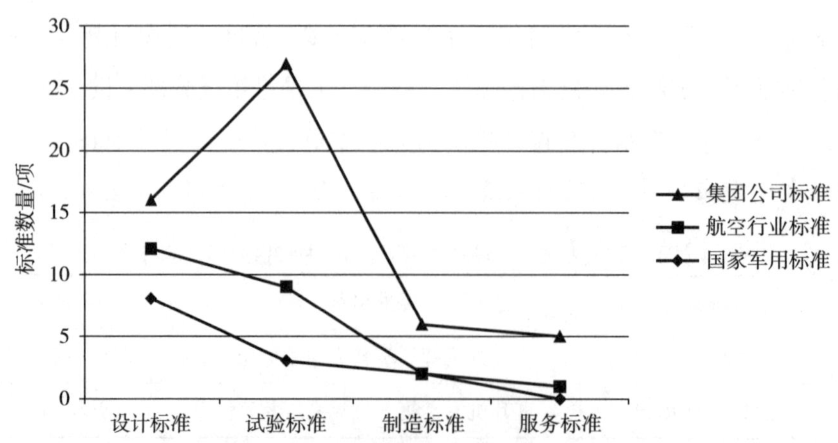

图4-8　我国旋翼系统专业技术领域标准的类别和级别分布情况示意图

（四）旋翼系统中外标准整体情况比对分析结论

在旋翼系统专业技术领域方面，中外行业级以上的旋翼系统标准数量较少，集团公司及其所属企业的标准较多。中外合作研制过程中需要有针对性地编制型号项目专用标准，以此来指导具体型号和产品性能指标的细化落实。

桨叶和桨毂是旋翼系统的重要组成部分，从旋翼系统中外标准的关联性初步判断，HB 7742—2004《直升机桨叶包装、运输和贮存要求》与OCT1 03854《直升机桨叶托架托板类型和基本尺寸》的内容有一定的关联性。另外，中外对于术语类标准的设置与定位有所差异，国外对术语类标准比较重视，各层次均有标准对有关术语的定义进行界定。本章除了选取有关直升机旋翼桨叶贮存的中外标准进行比对分析，还选取与旋翼系统术语和定义有关的中外标准进行比对分析。

三、旋翼系统中外相关标准比对分析

（一）旋翼桨叶贮存相关标准内容比对分析

从桨叶标准整体情况看来，我国标准大部分为军民通用的设计和试验标准，没有民机专用的桨叶标准，我国桨叶制造标准也比较缺乏。俄罗斯的桨叶标准规定的主要是制造和服务相关要求，且大部分标准中规定的技术不适用于民机。不是一个层次和维度的标准没有可比性。因此，主要针对HB 7742—2004《直升机桨叶包装、运输和贮存要求》中有关“桨叶存放间距”的内容与OCT1 03854《直升机桨叶托架托板类型和基本尺寸》的规定进行比对。

HB 7742—2004《直升机桨叶包装、运输和贮存要求》规定了直升机桨叶包装、运输和贮存的通用要求，适用于各类直升机旋翼桨叶和展向长度不小于1m的尾桨叶的包装、运输和贮存。主要分为包装要求、运输要求和贮存要求等。包装要求主要提出的是缓冲材料选用、箱体材料性能、包装防护等级、桨叶防护要求、包装箱防护要求、包装箱结构要求、装箱等级和装箱要求、包装标记要求，以及验证要求。运输要求包括环境和装卸等要求。贮存要求包括库房环境条件和堆码要求等。

OCT1 03854《直升机桨叶托架托板类型和基本尺寸》中规定托架托板的基本尺寸要求，见图4-9和表4-15。

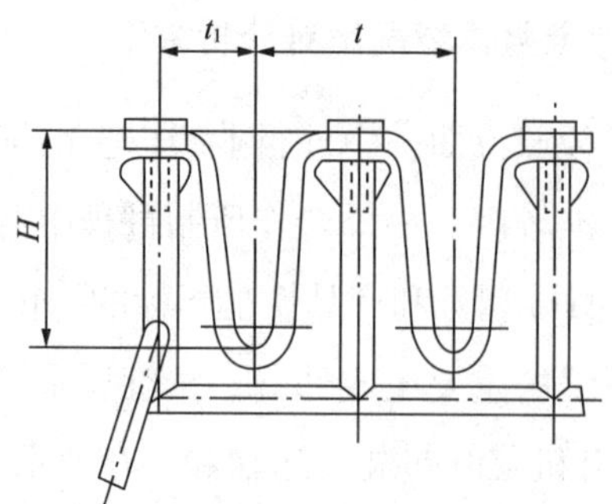

图 4-9　直升机桨叶托架托板示意图

表 4-15　直升机桨叶托架托板基本尺寸

单位：mm

类型	规格	H	t	t_1
		≤		
1	1	100	130	65
	2	170	180	90
	3	170	210	105
2	1	250	300	150
	2	350	360	180

HB 7742—2004《直升机桨叶包装、运输和贮存要求》的 3.3.4 提出："每个包装箱应包含配套齐全的内部支撑和固定结构，并且只需通过手工或常用工具就可实现桨叶在箱内的固定或移动。内部支撑之间的间隔不应超过 1m，不同位置的支撑和固定部件应标识安放位置及方向等。当一个包装箱内安放多片桨叶时，桨叶一般按上翼面朝上的水平放置方式码放，不同桨叶之间的间隙不应小于 40mm。"

HB 7742—2004 中规定不同桨叶之间的间隙不应小于 40mm，是为了保证直升机桨叶运输或贮存安全的最低间距，与 OCT1 03854《直升机桨叶托架托板类型和基本尺寸》中托架托板起到的隔离作用是类似的。OCT1 03854 中规定的 t 实际上就是两片桨叶存放时的间距，但表中给出了 t 的最大边界值，而没有规定最小值。所以 HB 7742—2004 和 OCT1 03854 中规定的指标没有办法直接比对孰高孰低。HB 7742—2004 中规定的不同桨叶之间的间隙不应小于 40mm 的要求，满足 OCT1 03854 中 t 不大于 130mm 的要求。两者不矛盾，且我国标准更加合理，既考虑了两片相邻桨叶之间的安全距离要求，又为在满足安全距离要求的前提下节省存放空间创造了有利条件。但 OCT1 03854 也有值得我国借鉴的方面，例如：

a）给出了存放直升机旋翼桨叶的托架托板结构示意图及高度和间距等基本尺寸要求，比较直观，便于使用人员掌握；

b）规定了 2 型 5 组可以选用的尺寸规格，能够适应各型直升机桨叶的存放需求；

c）规定的 2 型托架托板能够用于保存重量大于 150kg 的桨叶，对于新型直升机桨叶存放来说，可以直接参照。

HB 7742—2004 中有关桨叶贮存的条款与 OCT1 03854 的规定相比，有以下不同：

a）对于包装箱中桨叶支撑和固定结构提出的定性要求比较全面，可以作为制定型号专用标准或企业标准的输入；

b）关于桨叶存放提出的定量要求主要有内部支撑之间的间隔不应超过 1m，不同桨叶之间的间隙不应小于 40mm，可以指导中小型旋翼桨叶的存放，但对于重量和尺寸均较大的直升机旋翼桨叶来说，是否能够保证其存放、运输和取放时的方便性及安全性等，尚需进一步分析和验证。

HB 7742 与 OCT1 03854 中有关条款规定的具体比对情况，见表 4-16。

（二）旋翼系统术语相关标准比对分析

SAE ARP 570A《直升机旋翼旋转方向的标识》、ГОСТ 21892《直升机旋翼和传动装置术语和定义》等标准，均属于直升机旋翼系统专业的基础标准。由于我国没有规定直升机旋翼旋转方向标识的标准，没法与 SAE ARP 570A 的规定进行比对。我国《直升机术语》标准中包含旋翼系统有关术语和定义的内容，目前该标准的修订稿已形成。因此，本节主要将 ГОСТ 21892《直升机旋翼和传动装置术语和定义》中有关旋翼系统的内容和我国直升机术语标准修订稿中规定的有关条款进行比对分析。

我国现行直升机术语标准的 3.5 中有 49 条术语和定义，该标准的修订版 2.5 中有 58 条术语和定义。旋翼系统是直升机区别于飞机的主要组成部分，由于其能够使直升机获得产生垂直向上加速度的气动力分量，即“升力”，20 世纪直升机研制人员习惯上将旋翼和尾桨统称为“升力系统”。实际上，旋翼系统既是直升机产生前飞和上升等运动的主要动力面，又是改变直升机飞行姿态的气动力来源，目前直升机领域的技术人员已经普遍认识到了“升力系统”的叫法不准确，“旋翼系统”已经成为大家普遍认可和使用的术语。因此，在我国直升机术语标准修订过程中将“升力系统”改为了“旋翼系统”。

表 4-16　旋翼桨叶贮存有关标准内容的比对

<table>
<tr><td>比对标准</td><td colspan="2">HB 7742《直升机桨叶包装、运输和贮存要求》</td><td colspan="2">OCT1 03854《直升机桨叶托架托板类型和基本尺寸》</td><td rowspan="2">比对分析结论</td></tr>
<tr><td>比对分析维度</td><td>章条号</td><td>标准内容</td><td>章条号</td><td>标准内容</td></tr>
<tr><td rowspan="2">主体内容和适用范围</td><td rowspan="2">1　范围</td><td rowspan="2">本标准规定了直升机桨叶包装、运输和贮存的通用要求。适用于各类直升机旋翼桨叶和展向长度不小于 1m 的尾桨叶的包装、运输和贮存。展向长度小于 1m 的尾桨叶和涵道尾桨叶的包装、运输和贮存可参照使用</td><td>1</td><td>本标准适用于保存直升机旋翼桨叶的托架托板</td><td rowspan="2">两项标准的适用范围不同。
HB 7742—2004 适用范围较广，涵盖了直升机桨叶包装、运输和贮存的通用要求。
OCT1 03854 适用范围较窄，仅规定了直升机旋翼桨叶存放时采用的托架托板要求</td></tr>
<tr><td>2</td><td>本标准主要规定了两种类型的桨叶托架托板：
1 型——用于保存重量不大于 150kg 的桨叶的托架托板；
2 型——用于保存重量大于 150kg 的桨叶的托架托板</td></tr>
<tr><td>主要章节及整体内容</td><td>3　包装要求
4　运输要求
5　贮存要求</td><td>包装要求比较全面，提出了缓冲材料选用、箱体材料性能、包装防护等级、桨叶防护要求、包装箱防护要求、包装箱结构要求、装箱等级和装箱、包装标记以及验证等要求。
运输要求主要包括：应根据桨叶的相关技术要求和具体条件制定具体运输计划的要求；运输过程中应对桨叶包装箱采取的主要防护措施；启运前应检查包装箱的标记是否符合要求。还专门针对桨叶运输过程中的环境防护、通风及舱室温度等提出了要求。总重超过 70kg 的包装箱的装卸应采用叉车或吊车实行机械装卸。
贮存要求主要包括制定桨叶贮存管理技术文件的要求，以及库房应具备通风、防潮、防腐、防热、防火、防虫等防护措施；贮存桨叶的库房内空气相对湿度保持在 70% 以内，温度为 -20℃～40℃；桨叶贮存时包装箱堆码最多为 3 层，包装箱的堆码应整齐、稳固，有利于通风</td><td>3</td><td>规定了保存直升机旋翼桨叶托架托板的基本尺寸应符合的图表规定
单位：mm
<table>
<tr><td rowspan="2">类型</td><td rowspan="2">规格</td><td>H</td><td>t</td><td>t_1</td></tr>
<tr><td colspan="3">≤</td></tr>
<tr><td rowspan="3">1</td><td>1</td><td>100</td><td>130</td><td>65</td></tr>
<tr><td>2</td><td rowspan="2">170</td><td>180</td><td>90</td></tr>
<tr><td>3</td><td>210</td><td>105</td></tr>
<tr><td rowspan="2">2</td><td>1</td><td>250</td><td>300</td><td>150</td></tr>
<tr><td>2</td><td>350</td><td>360</td><td>180</td></tr>
</table></td><td>两标准的内容层次不同。
HB 7742—2004 分为“3 包装要求、4 运输要求、5 贮存要求”三章，提出了较全面的通用性技术要求。
OCT1 03854 的核心内容主要提出保存直升机旋翼桨叶托架托板的基本尺寸要求。
（下面针对中俄标准中对桨叶存放时的间距尺寸要求条款进行比对）</td></tr>
</table>

表 4-16（续）

比对标准	HB 7742《直升机桨叶包装、运输和贮存要求》			OCT1 03854《直升机桨叶托架托板类型和基本尺寸》		比对分析结论
比对分析维度	章条号		标准内容	章条号	标准内容	
主要相关条款的指标要求	3.3 包装箱结构	3.3.2 外形尺寸	包装箱外形尺寸在符合 GB/T 4892 要求的条件下，尺寸应尽量小，但应确保桨叶端头与包装箱内壁在长度方向两端间隙不应小于 200mm，宽度和高度方向不应小于 50mm	3	（标准中的具体规定见上条的图表） 从 OCT1 03854 第 3 章给出的托架托板的基本尺寸图表规定的数值可以看出，两桨叶之间的间距应满足的要求可以转化成以下文字描述： a）重量不大于 150kg 的桨叶： 1）当采用高度不大于 100mm 的托架托板时，两相邻桨叶的间距应小于或等于 130mm，与库房或包装箱的间距应小于或等于 65mm； 2）当采用高度不大于 170mm 的托架托板时，两相邻桨叶的间距应小于或等于 180mm（与库房或包装箱的间距应小于或等于 90mm）或 210mm（与库房或包装箱的间距应小于或等于 105mm）。 b）重量大于 150kg 的桨叶： 1）当采用高度不大于 250mm 的托架托板时，两相邻桨叶的间距应小于或等于 300mm，与库房或包装箱的间距应小于或等于 150mm； 2）当采用高度不大于 350mm 的托架托板时，两相邻桨叶的间距应小于或等于 360mm，与库房或包装箱的间距应小于或等于 180mm	两项标准对直升机旋翼桨叶存放间距的具体尺寸要求不同，限定边界的方式也不同。国内标准规定的是最低限值，国外标准规定的是最高限值。 从具体数值来看，HB 7742 的规定满足国外的要求。 从适用的桨叶尺寸和重量范围看，HB 7742 仅说明是长度大于 1m 的桨叶，未规定重量范围；OCT1 03854 未规定桨叶长度限制，主要从桨叶重量角度提出了规定，并且涵盖了 150kg 以上的桨叶。国外标准的规定值得我们借鉴
		3.3.4 支撑和固定结构	每个包装箱应包含配套齐全的内部支撑和固定结构，并且只需通过手工或常用工具就可实现桨叶在箱内的固定或移动。内部支撑之间的间隔不应超过 1m，不同位置的支撑和固定部件应标识安放位置及方向等。当一个包装箱内安放多片桨叶时，桨叶一般按上翼面朝上的水平放置方式码放，不同桨叶之间的间隙不应小于 40mm			

介于操纵系统和旋翼之间的自动倾斜器，其运动原理和实际结构均与旋翼密切相关，且一般由旋翼相关专业技术人员研制，因此，在我国直升机术语标准修订过程中将“系统和设备”中的自动倾斜器有关术语移到了“旋翼系统”条款中。

直升机旋翼技术的发展和新型复合材料在旋翼研制中的大量应用，带来了一些新的术语和定义。因此，在我国直升机术语标准修订版 2.5　旋翼系统中增加了对“旋翼系统、星形柔性旋翼、球柔性旋翼、半铰接式尾桨、无轴承尾桨、球柔性尾桨、桨叶挥舞上限动器、桨叶蒙皮、旋翼防 / 除冰、扭力臂、防扭臂”等 11 项术语的规定，还对“旋翼、尾桨毂、尾桨叶、倾斜式尾桨、剪刀式尾桨、挥舞铰外伸量、摆振铰外伸量”等 7 项术语的定义进行了修正；沿用其余 42 项旋翼系统专业技术领域的术语和定义。

ГОСТ 21892 规定了科学、技术和生产中所使用的直升机旋翼、尾桨和传动装置基本概念的术语和定义。标准要求其中所规定的术语和定义必须在国民经济各类文件（包括统一系统、技术经济、情报分类、百科全书和词典）、科学技术、教学和参考文献中适用时执行。必要时，所列定义在阐述形式上可以改变，但不允许超出概念范围。对每一概念，规定了一个标准术语。标准中也列出了一些标准化术语的简化形式，只能在不产生歧义的情况下使用。标准化术语用黑体字表示，简写形式没有采用黑体字表示，不允许使用的同义词用斜体字进行表示。

ГОСТ 21892 中第 1 条～第 40 条术语和定义是针对旋翼系统的。内容涵盖了直升机旋翼、直升机尾桨、铰接式旋翼、无铰式旋翼、有偏置距铰的旋翼、有共同铰的旋翼、刚性旋翼、半刚性旋翼、公共水平铰相联式旋翼、万向铰式直升机旋翼、喷气式旋翼、旋翼桨毂、桨毂壳体、桨毂支臂、水平铰、垂直铰、轴向铰等术语和定义。

ГОСТ 21892 与我国标准《直升机术语》中关于“旋翼系统术语”的条款具有一定的可比对性。另外，OCT1 02688《飞机和直升机结冰和防冰术语和定义》不属于旋翼系统范围，但其中的部分术语和定义可以参考。通过比对发现：

a）国外对于术语和定义的标准比较重视，不仅制定了大量的术语和定义标准，而且要求国民经济各类文件均要遵循，这些方面比我国要求更严格和规范；

b）我国第一版《直升机术语》标准中对于旋翼系统术语和定义的条款情况与 ГОСТ 21892 的条款数量级对等，但修订版标准专门对旋翼系统有关新技术进行了考虑，纳入了无轴承旋翼和复合材料桨叶相关的术语和定义，在体现新技术方面优于俄罗斯标准；

c）ГОСТ 21892 在术语和定义方面更加强调专业基础性，例如桨毂壳体、桨毂支臂、轴向铰壳体、轴向铰轴颈、有偏置距铰的旋翼等基本结构的术语；同时，也考虑到了刚性旋翼、半刚性旋翼等，对于我国新型直升机旋翼系统相关标准的术语和定义方面具有借鉴意义。

四、旋翼系统中外相关标准比对分析结论

对旋翼系统专业领域有关的中外标准情况进行了概要分析，选取了旋翼系统专业领域的中外标准进行了比对分析。但由于采集到的旋翼系统专用的国外标准大部分为桨叶制造有关的标准，其技术内容主要适用于金属材料桨叶，与当前复合材料旋翼桨叶的要求差异较大，因此，本节主要选择了有对应中文标准条款可以比对的OCT1 03854《直升机桨叶托架托板类型和基本尺寸》和ГОСТ 21892《直升机旋翼和传动装置术语和定义》，分别与我国的HB 7742《直升机桨叶包装、运输和贮存要求》和GJB 3209《直升机术语》的有关条款进行比对分析。通过对旋翼系统标准的比对分析，主要得出以下结论：

（1）我国基本建立了支撑直升机旋翼系统设计和试验的行业级以上标准，适用于AC 311、AC 312和AC 313等带弹性轴承的球柔性旋翼系统研制，近两年完成制修订的新标准，在一定程度上考虑了无轴承旋翼系统等新技术发展的标准需求。

（2）对于旋翼系统专业技术领域的国外标准整体情况掌握较少，仅有旋翼生产过程或使用保障过程中采用的不涉及核心部件和核心研制技术的标准，也未见欧美有关于旋翼桨叶、桨毂等主要部件研制的标准。因此，当前直升机及后续其他新型直升机旋翼系统研制的标准需求，不能依靠欧美或俄罗斯标准解决。

（3）从直升机旋翼系统顶层通用标准、桨叶标准、桨毂标准、自动倾斜器标准、其他部件和附件标准、试验与评定标准和专业基础标准等子专业维度的标准分析结果显示，我国的GJB 2877、GJB 5680、GJB 4046、GJB 4047等现有的行业级以上标准比较齐全和完整，这些标准均可推荐给新型直升机选用。

（4）OCT1 03854与HB 7742从不同角度提出了保证桨叶存放间距的参数要求，HB 7742规定不同桨叶之间的间隙不应小于40mm，这是保证直升机桨叶运输或贮存安全的最低间距。HB 7742规定的指标要求不能覆盖新型直升机桨叶制造和转运的特殊需求；OCT1 03854在其表1中给出了两片桨叶存放时的间距参数边界要求，有关指标可以涵盖新型直升机桨叶的范围。

（5）ГОСТ 21892与我国直升机术语标准修订稿中关于“旋翼系统术语”的条

款规定数量级大致相当，ГОСТ 21892 更加强调专业基础性（提出了桨毂壳体、桨毂支臂、轴向铰壳体、轴向铰轴颈、有偏置距铰的旋翼等基本结构的术语），同时 ГОСТ 21892 也考虑到了刚性旋翼、半刚性旋翼等条款。对于拟采用复合材料旋翼系统的新型直升机而言，推荐选用我国 GJB 3209，但俄罗斯 ГОСТ 21892 中的部分条款对我国旋翼系统术语定义的完备性发展具有借鉴意义，且对直升机刚性旋翼的研制也具有参考价值。

结合中外标准的比对分析，对于旋翼系统专业技术领域行业级以上标准的发展，以及直升机研制过程中选用中外标准和编制专用标准等，提出以下建议：

（1）我国已经建立了一套规定直升机旋翼系统顶层性能要求、主要部件设计要求和关键特性试验方法的标准。直升机型号研制过程中应优先选用我国标准，通过标准技术要求在型号研制中的贯彻执行，来吸纳 AC 311、AC 312、AC 313 等多型直升机的工程实践经验。

（2）借鉴 AC 352 等国内外先进直升机型号研制经验，在新型直升机旋翼系统研制方案形成过程中，紧密结合型号需求，并分析现有标准对适航规章的符合性，及时编制型号专用标准，直接指导型号要求的逐级细化，保证新型直升机研制需求的落实。

（3）联合中外技术力量，在继承成熟型号研制经验和充分考虑新型号研制需求的基础上，重点关注旋翼系统防除冰、防雷电、抗鸟撞及生产制造等有关标准需求，形成标准草案并在新型直升机旋翼系统设计、试验和生产制造过程中逐步迭代优化。

（4）借鉴 OCT1 03854 的编制思路，系统梳理我国直升机生产、使用保障和维修单位的旋翼桨叶存放设备现状，编制能够促进旋翼桨叶存放支架通用化和系列化水平提升，并能指导“超大、超重”桨叶安全、经济存放的航空行业标准。

（5）结合 ГОСТ 21892 及我国直升机术语标准修订稿中关于旋翼系统的术语和定义，统一新型直升机旋翼系统有关技术文件对于有关术语的规范性使用，避免对专业词汇的误用与误解，提高合作研制和技术交流效率。

第四节　噪声控制中外标准比对分析

一、航空器噪声控制专业中外技术发展现状

伴随着我国航空工业和民航运输业的快速发展，航空器数量增加、起降密度增

大，航空器噪声作为环境噪声的主要来源，不仅给机场附近民众的生活带来了影响，而且使得对机舱内部的噪声控制要求也逐渐提高。在“绿色航空”发展需求中，噪声控制是重要内容之一。

尽管早期的民用航空器舱内噪声比较严重，但并未引起航空器设计者及制造商的重视。随着民航业的发展，驾驶员及乘员对舒适性的要求也不断提高，民用航空器噪声逐渐成为航空器设计的一项重要指标。1966 年于伦敦召开了以“降低民用航空器噪声和干扰”为主题的国际会议，签署了对航空器进行噪声控制审定的方案。1969 年，国际民用航空组织（ICAO）在加拿大召开了主题为“机场附近航空器噪声”的会议，成立航空器噪声委员会（CAN）协助 ICAO 制定航空器噪声相关标准。1971 年，美国联邦航空规章 FAR-36 将噪声纳入适航取证的强制性规定范围。二十世纪七八十年代，有关民用航空器舱内噪声的研究逐渐增多，主要包括机身壁板结构自身及附加阻尼材料后的降噪特性、声传递理论等方面的分析与测量研究。到 20 世纪 90 年代，国内外对于噪声来源、噪声传递特性和降噪措施等多个方面进行了大量研究，大部分是通过对飞机外形和气动力设计等方面的优化实现降噪设计的目标。机场噪声来源于飞机噪声，受飞机类型和起飞降落次数影响，与机场噪声污染区域的大小和机场的所在位置、距离城市的远近、飞机的起落方式和时间安排，以及机场内跑道的布置有关。飞机噪声产生的影响包括以下三方面：使机身产生疲劳，影响飞机的使用寿命和飞行安全；影响机上设备的正常工作和旅客的舒适和安全；对机场地面工作区和机场附近的居民区造成噪声污染。

直升机通常执行低空作业任务，虽然不是像固定翼飞机那样执行固定航线的运营，但噪声产生的影响也不能忽略。由于旋翼、尾桨、发动机、减速器等动部件较多，直升机噪声控制技术难点更多，需要考虑的问题更加复杂，首先需要解决的是舱内噪声问题。通过研究发现，被动控制技术对中低频噪声的控制能力差，系统尺寸和质量较大，燃油消耗率高，且不能适应直升机旋翼转速的变化。直升机舱内噪声主动控制是近年来快速发展和应用的技术，是主动噪声控制（Active Noise Control，ANC）在直升机设计领域的应用与发展。主动噪声控制思想可追溯到 20 世纪 30 年代，当时德国工程师通过控制器和数据采集系统对声场进行跟踪并实现主动抑制和消除噪声的目的。国内外科研人员不断探索，推进了数字信号处理技术及设备在主动噪声控制方面的应用，奠定了主动噪声控制技术的基础。随着高速数字信号处理器件的快速发展，国外科学家提出了自适应滤波理论，并将其应用于有源噪声控制。20 世纪 80 年代之后，直升机舱内噪声主动控制技术已经有多种方案，主要包括：主动消声技术（Active Sound Cancellation，ASC），以扬声器为控制器，产生等幅反相的次级声场，与原直升机舱内的气动声场叠加，达到消减噪声的目的。主动结构声振控制（Active Structural Acoustic Control，ASAC），以结构作动装置为控制机构，通过控制振动达到抑制结构噪声的目的。

二、航空器噪声中外相关标准整体情况及项目筛选

（一）国际标准中有关航空器噪声的标准

1. 国际民用航空组织（ICAO）标准

ICAO 从 1971 年起采用《国际民用航空公约》附件 16 作为噪声审查标准，并于 1981 年扩大了附件 16 的范围，增加了气体排污标准，并将附件 16 更名为《环境保护》。目前，《国际民用航空公约》附件 16 卷 I 为航空器噪声，从颁布至今已进行多次修订，确保最新可用的降噪技术能应用于民用航空器设计和验证。ICAO 航空器噪声相关标准项目编号和名称，见表 4-17。

表 4-17　国际民航组织航空器噪声相关标准项目清单

序号	标准编号	标准名称	标准来源
1	Annex 16 Volume I	国际民航公约　附件 16：环境保护，第 1 卷，航空器噪声	ICAO

2. 国际标准化组织（ISO）标准

ISO 在声学标准范畴内制定了航空器噪声测量的一系列相关标准，见表 4-18。主要有 ISO 5129：2001 *Acoustics—Measurement of sound pressure levels in the interior of aircraft during flight*《声学　航空器飞行状态的内部声压级测量》、ISO 20906：2009 *Acoustics—Unattended monitoring of aircraft sound in the vicinity of airports*《声学　机场附近航空器噪声自动检测》、ISO 3891：1978 *Acoustics—Procedure for describing aircraft noise heard on the ground*《声学　地面听到的飞行器噪声记录程序》等，以及为使用一系列国际噪声标准提供指导的 ISO 3740：2000 *Acoustics—Determination of sound power levels of noise sources-Guidelines for the use basic standards*《声学　噪声源声功率级的测定　基本标准使用导则》。

表 4-18　国际标准化组织航空器噪声相关标准项目清单

序号	标准编号	标准名称	标准来源
1	ISO 5129：2001	声学　航空器飞行状态的内部声压级测量	ISO
2	ISO 20906：2009/Amd 1：2013	声学　机场附近航空器噪声自动检测	ISO
3	ISO 3740：2000	声学　噪声源声功率级的测定　基本标准使用导则	ISO
4	ISO 3891：1978	声学　地面听到的飞行器噪声记录程序	ISO

3. 国际电工委员会（IEC）标准

IEC 是世界上成立最早的国际性电工标准化机构，负责有关电气工程和电子工程领域中的国际标准化工作。在航空器噪声测量领域，IEC 制定了噪声测量设备与仪器相关标准，得到各国的广泛采用。该机构早在 1979 年就发布了 IEC 60651：1979 *Sound level meters*《声级计》标准，于 1985 年发布 IEC 60804：1985 *Integrating-averaging sound level meters*《积分平均声级计》标准。此后，国际电工委员会 IEC 分别于 2002 年、2003 年和 2006 年发布了声级计系列标准 IEC 61672 的第 1、2、3 部分，并得到多个国家的转化使用。2013 年更新为 IEC 61672-1：2013 *Electroacoustics-Sound level meters-Part1：Specifications*《电声学　声级计　第 1 部分：规范》、IEC 61672-2：2013 *Electroacoustics-Sound level meters-Part2：Pattern evaluationtests*《电声学　声级计　第 2 部分：型式评价试验》、IEC 61672-3：2013 *Electroacoustics-Sound level meters-Part3：Periodic tests*《电声学　声级计　第 3 部分：周期性试验》，2017 年又发布了 IEC 61672-2：2013/Amd 1：2017。IEC 现行有效的有关标准，见表 4-19。

表 4-19　国际电工委员会航空器噪声相关标准项目清单

序号	标准编号	标准名称	标准来源
1	IEC 61672-1：2013	电声学　声级计　第 1 部分：规范	IEC
2	IEC 61672-2：2013/Amd 1：2017	电声学　声级计　第 2 部分：型式评价试验	IEC
3	IEC 61672-3：2013	电声学　声级计　第 3 部分：周期性试验	IEC

（二）美国航空器噪声相关标准

国际自动机工程师学会（SAE）于 1989 年 5 月发布了 SAE AIR 1989 *Helicopter External Noise Estimation*《直升机外部噪声评估》，该标准发布以来已经进行了两次修订更新，1992 年 12 月发布了修订版 SAE AIR 1989A，2012 年 8 月发布了 SAE AIR 1989B。

另外，美国国防部发布的 MIL-STD-1474 *NOISE LIMITS*《噪声限值》在世界范围内进行了广泛应用，其规定的对象不仅是飞机和直升机，而是所有军事装备和设施。该标准的第一版发布于 1973 年 3 月，分别于 1979 年、1993 年、1997 年和 2015 年进行了 4 次修订，其中在 1997 年还发布了一个更改通知单。目前，最新版本为 2015 年发布实施的 MIL-STD-1474E。

美国现行有效的航空器噪声相关标准项目，见表 4-20。

表 4-20 美国航空器噪声相关标准项目清单

序号	标准编号	标准名称	标准来源
1	SAE AIR 1989B	直升机外部噪声评估	SAE
2	MIL-STD-1474E	噪声限值	MIL

（三）俄罗斯航空器噪声相关标准

俄罗斯航空器噪声相关标准项目编号和名称，见表 4-21。主要包括客机和运输机地面噪声限值和测量标准，以及飞机和直升机客舱与驾驶舱噪声的限值及测量标准，还有转化自 IEC 的噪声测量仪器标准。

表 4-21 俄罗斯航空器噪声相关标准项目清单

序号	标准编号	标准名称	标准来源
1	ГОСТ 17228—2014	客机和运输机　地面允许噪声级	ГОСТ
2	ГОСТ 17229—1985	客机和运输机　在地面产生噪声级的测量方法	ГОСТ
3	ГОСТ 20296—2014	民用飞机和直升机　客舱及驾驶舱允许噪声级及噪声测量方法	ГОСТ
4	ГОСТ 24647—1991	民航直升机　地面允许噪声级及噪声级测定方法	ГОСТ
5	ГОСТ 26820—1986	客运和运输机辅助动力装置　地面噪声允许级及其测量方法	ГОСТ
6	ГОСТ 22283—2014	飞机噪声　住宅区可接受噪声水平及其测量方法	ГОСТ
7	ГОСТ Р 53188.1—2019	电声学　声级计　第 1 部分：技术要求	ГОСТ
8	ГОСТ Р 53188.2—2019	电声学　声级计　第 2 部分：测试方法	ГОСТ
9	ГОСТ Р 53188.3—2019	电声学　声级计　第 3 部分：验证方法	ГОСТ

（四）我国航空器噪声相关标准

我国有关航空器噪声测量的标准分布在国家标准（GB）、行业标准（HB）、国军标（GJB）等层次，涵盖噪声测量基础标准使用、测量方法、噪声限值和测量仪器设备等方面。另外，还有民用适航规章 CCAR-36《航空器型号和适航合格审定噪声规定》与其有关。国内航空器噪声测量标准项目编号和名称，见表 4-22。

表 4-22　国内航空器噪声相关标准项目清单

序号	标准编号	标准名称	标准来源
1	GB/T 14367—2006	声学　噪声源声功率级的测定　基础标准使用指南	GB
2	GB/T 9661—1988	机场周围飞机噪声测量方法	GB
3	GB/T 20248—2006	声学　飞行中飞机舱内声压级的测量	GB
4	GB/T 3785.1—2010	电声学　声级计　第 1 部分：规范	GB
5	GB/T 3785.2—2010	电声学　声级计　第 2 部分：型式评价试验	GB
6	GB/T 3785.3—2018	电声学　声级计　第 3 部分：周期试验	GB
7	HB 8462—2014	民用飞机噪声控制与测量要求	HB
8	HB 7124—1994	飞机外部噪声测量	HB
9	HB 7123—1994	飞机内部噪声测量	HB
10	GJB 1357—1992	飞机内的噪声级	GJB
11	GJBz 20355—1996	直升机噪声限值	GJB

（五）航空器噪声控制中外相关标准整体情况比对分析结论

ICAO、ISO、IEC 等制定的航空器噪声专业技术有关标准，在世界各国航空领域得到了转化和应用。我国和俄罗斯分别建立了各自的飞机和直升机内外部噪声测量方法及测试仪器有关的标准，且基本保持了与国际通用标准的协调一致性。

从掌握的标准资料看来，目前针对飞机和直升机噪声设计要求方面的标准几乎是空白，专门针对直升机的噪声控制标准更少。由于直升机旋翼系统和传动系统等噪声来源与飞机有较大区别，噪声控制问题比较复杂且急需解决。因此，中国、俄罗斯等国在航空领域进行深入技术合作时，建议将噪声控制标准研究纳入研制工作计划，并深入推进相关技术的国际化合作。

鉴于军民用领域对噪声限值的要求有差异，当前主要针对民用领域的标准需求开展研究，本章主要针对民用航空器噪声测量技术有关的中外标准，从适用范围、标准条款、关键技术要素的对应性等维度进行比对分析。

三、噪声控制中外标准内容比对分析

（一）航空器噪声限值和噪声测量中外相关标准内容比对

1. 整体情况比对

（1）适用范围

俄罗斯民用航空器噪声测量相关标准，从不同纬度规定了允许噪声级及其测量方法。其中，ГОСТ 17228—2014、ГОСТ 17229—2014、ГОСТ 22283—2014 主要用于限制航空器噪声对于地面的影响，规定现有和新建机场、航空场站及附近住宅区、城镇居民区范围内飞机和直升机的最大允许噪声级及测量方法。ГОСТ 20296—2014 主要针对舱内噪声，规定了民用飞机和直升机在巡航飞行状态时客舱、驾驶舱和机上服务人员工作位置最大允许噪声级及其测量方法。ГОСТ 26820—1986 则针对客机和运输机的辅助动力装置对地面噪声环境的影响作出规定。

（2）国际标准对应情况

根据对俄罗斯航空器噪声测量相关标准信息的分析，发现部分标准和《国际民用航空公约》附件 16 卷 I“航空器噪声”有对应关系。航空器噪声测量领域的俄罗斯标准与国际标准的对应关系情况如表 4-23 所示，其中非等效（NEQ）标准 3 项，符合指导规程要求标准 1 项，未提到对应关系标准 1 项。

表 4-23　俄罗斯标准与《国际民用航空公约》附件 16 卷 I 的对应关系情况

<table>
<tr><th>序号</th><th>标准编号</th><th>标准名称</th><th colspan="2">与《国际民用航空公约》附件 16 卷 I 对应情况</th></tr>
<tr><td>1</td><td>ГОСТ 17228—2014</td><td>客机和运输机　地面允许噪声级</td><td rowspan="2">NEQ</td><td rowspan="2">噪声鉴定取证试验完全一致</td></tr>
<tr><td>2</td><td>ГОСТ 17229—2014</td><td>客机和运输机　地面噪声水平的测量方法</td></tr>
<tr><td>3</td><td>ГОСТ 20296—2014</td><td>民用飞机和直升机　客舱和驾驶舱允许噪声级及其测量方法</td><td>—</td><td>—</td></tr>
<tr><td>4</td><td>ГОСТ 22283—2014</td><td>飞机噪声　住宅区允许噪声级及其测量方法</td><td>NEQ</td><td>—</td></tr>
<tr><td>5</td><td>ГОСТ 26820—1986</td><td>客机和运输机的辅助动力装置　地面允许噪声级及其测量方法</td><td>符合辅助动力装置指导规程要求</td><td>—</td></tr>
</table>

2. 技术要素比对

（1）航空器内部噪声测量要求

我国行业标准 HB 7123—1994《飞机内部噪声测量》和俄罗斯标准 ГОСТ 20296—2014《民用飞机和直升机　客舱和驾驶舱允许噪声级及其测量方法》均规定了航空器内部噪声测量方法。针对该两项标准技术要素进行差异性比对分析，详细比对情况如表 4-24 所示。允许噪声级、麦克风、客体选择的要求等技术要素仅俄罗斯标准规定，试验种类仅我国标准规定。此外，两项标准均规定了针对测量设备的要求，但具体参数指标要求存在差异。

表 4-24　航空器内部噪声测量技术要素比对情况

序号	HB 7123—1994《飞机内部噪声测量》	ГОСТ 20296—2014《民用飞机和直升机　客舱和驾驶舱允许噪声级及其测量方法》	比对分析情况说明
1	—	3　允许噪声级	不同，仅俄罗斯标准规定
2	3　测试设备	4.2　测量设备的要求	要素相同，指标要求不同
3	3.1　声级计	4.2.7　测量设备的定检	要素相同
4	3.2　滤波器	4.2.5　测量仪器	要素相同
5	—	4.2.3　麦克风	不同，仅俄罗斯标准规定
6	3.3　其他设备	4.2.4　记录器	要素部分相同
7	3.4　测量设备的校准和检查	4.3　测量准备工作	要素部分相同
8	3.5　固有噪声的修正	4.3.4　测量系统的校准	要素部分相同
9	4　测试方法及要求	4　噪声级测量方法	要素相同
10	—	4.1　客体选择的要求	不同，仅俄罗斯标准规定
11	4.1　试验种类	—	不同，仅国内标准规定
12	4.2　测量的量	4.4　测量作业	要素相同
13	4.3　测试状态	4.4　测量作业	要素相同
14	4.4　飞机的内部布置	4.3.2　附件 A	要素相同
15	4.5　传声器的位置	4.3.5　附件 Б	要素相同
16	5　数据记录	4.5　测量数据处理	要素相同
17	6　试验报告	4.5.7　测量报告	要素相同

根据标准比对分析情况得知，HB 7123—1994 和 ГОСТ 20296—2014 的技术要素及核心指标差异性主要表现在：

①测量设备频率范围。HB 7123—1994 规定测量设备在 45Hz～11200Hz 范围内应满足要求；ГОСТ 20296—2014 则规定测量设备应保证在频率 25dB～11200Hz 范围内测量声压，两者指标存在差异，HB 7123—1994 要求的最低频率更高。

②麦克风要求。ГОСТ 20296—2014 规定了麦克风方向为可调节的，并且满足下列要求：频率测量范围 12.5Hz～16000Hz；动态测量范围 20dB～135dB；频率特性的不均衡性 ±1dB；运行温度范围 -40℃～60℃。带放大器的麦克风性能应与 ГОСТ 17187 规定的 1 级噪声计的性能相符。HB 7123—1994 主要规定了传声器的位置及安装要求，未规定传声器的性能要求。

③客体选择的要求。仅 ГОСТ 20296—2014 规定了客体选择的要求：国家检验、运行试验或鉴定取证试验时，使用飞机或直升机进行噪声测量，并适用于具有相同机体结构、发动机型号和悬挂装置的所有飞机和直升机。测量结果被认为是此型号飞机（直升机）的技术指标，包括客舱设计布局、保温隔音结构、内部设备和发动机型号。

④试验类别。仅 HB 7123—1994 规定试验类别，包括例行试验和定期检验。

另外，ГОСТ 20296—2014 中以列表的方式分别给出了飞机和直升机驾驶舱与极限频谱编号、对应的声压级等参数指标，对于中外合作研制项目来说可以作为借鉴，但具体数值需要根据当前技术情况进行协调确定。

（2）航空器外部（地面）噪声测量

HB 7124—1994《飞机外部噪声测量》和 ГОСТ 17228—2014《客机和运输机　地面允许噪声级》、ГОСТ 17229—2014《客机和运输机　地面噪声水平的测量方法》、ГОСТ 22283—2014《飞机噪声　住宅区允许噪声级及其测量方法》均针对飞机外部即地面噪声测量规定。针对以上四项标准的技术要素进行差异性比对分析，详细比对情况如表 4-25 所示。HB 7124—1994 主要规定飞机外部噪声的测试方法和要求。三项俄罗斯标准中，ГОСТ 17229—2014 主要规定测量方法，ГОСТ 17228—2014 规定地面允许噪声级，ГОСТ 22283—2014 对测量方法和地面允许噪声级两方面内容均有所规定。

表 4-25　航空器外部（地面）噪声测量技术要素比对情况

序号	我国行业标准	俄罗斯标准			比对分析情况说明
	HB 7124—1994《飞机外部噪声测量》	ГОСТ 17228—2014《客机和运输机地面允许噪声级》	ГОСТ 17229—2014《客机和运输机地面噪声水平的测量方法》	ГОСТ 22283—2014《飞机噪声住宅区允许噪声级及其测量方法》	
1	—	3　噪声测量单位和地面检测点的位置	—	3　噪声影响鉴定标准和允许噪声值	不同，仅俄罗斯标准规定
2	—	4　允许噪声级	—	—	不同，仅俄罗斯标准规定
3	3　测试设备	—	5　检测仪器	5　检测装置的组成和要求	要素相同
4	3.1　传声器系统	—	—	—	不同，仅国内标准规定
5	3.2　记录设备	—	—	—	不同，仅国内标准规定
6	4　测量设备的校准和检查	—	4.3　飞行参数与原始条件的误差	—	要素相同
7	5　测试方法	—	3.3　原始试验方法	4　噪声测量方法和测量条件	要素相同
8	5.1　环境条件	—	4　飞行试验条件	—	要素相同
9	5.1.1　测试场地条件	—	—	4.3　（场地）	要素相同
10	—	—	3　测量结果换算的原始条件	4.1　（测量计算方法）	不同，仅俄罗斯标准规定
11	—	—	—	4.5　（杂音级） 4.6　（备忘录） 4.7　（要求符合性检查）	不同，仅俄罗斯标准规定
12	5.1.2　气象条件	—	3.2　原始大气条件 4.2　大气条件	4.4　测量要求	要素相同，指标不同

表 4-25（续）

序号	我国行业标准	俄罗斯标准			比对分析情况说明
	HB 7124—1994《飞机外部噪声测量》	ГОСТ 17228—2014《客机和运输机地面允许噪声级》	ГОСТ 17229—2014《客机和运输机地面噪声水平的测量方法》	ГОСТ 22283—2014《飞机噪声住宅区允许噪声级及其测量方法》	
13	5.2 传声器的布设	3 地面检测点的位置	3.1 原始检测点 4.1 噪声测量点	4.2 （检测点）	要素相同，俄罗斯标准规定详细布设要求
14	5.3 记录测试系统和环境的噪声	—	—	—	不同，仅国内标准规定
15	5.4 飞机发动机地面开车及噪声测量	—	—	—	不同，仅国内标准规定
16	飞机停机	—	—	—	不同，仅国内标准规定
17	测量飞机发动机地面开车时的噪声	—	—	—	不同，仅国内标准规定
18	—	—	6 飞行试验方法和噪声测量方法	—	不同，仅俄罗斯标准规定
19	6 数据处理及报告	—	—	6 测量与计算结果提供与编制	要素相同
20	—	—	7 根据测量数据计算有效感觉噪声级	—	不同，仅俄罗斯标准规定
21	—	—	8 测量的噪声级换算成原始条件	—	不同，仅俄罗斯标准规定

HB 7124—1994 规定的传声器系统、记录设备、记录测试系统和环境的噪声、飞机发动机地面开车及噪声测量（飞机停机、测量飞机发动机地面开车时的噪声）等技术要素，俄罗斯标准未直接规定。测量结果换算的原始条件、飞行试验方法和噪声测量方法、根据测量数据计算有效感觉噪声级、测量的噪声级换算成原始条件等技术要素，HB 7124—1994 未说明。综合比较国内外标准技术要素的差异性情况，可以得出俄罗斯飞机外部（地面）噪声测量标准的特点：参数指标规定更加详细；详细说明了测量和计算过程；规定了飞行试验的噪声测量方法。

3. 小结

通过对以上航空器噪声测量标准的比对分析，得出以下结论：

（1）对于航空器内部噪声测量方法，中俄标准框架及技术要素差异较小，允许噪声级、麦克风、客体选择的要求、试验种类等技术要素不同。

（2）对于航空器外部噪声测量方法，中俄标准技术条款内容存在差异性，俄罗斯标准中对于传声器系统、记录设备、记录测试系统和环境的噪声、飞机发动机地面开车及噪声测量（飞机停机、测量飞机发动机地面开车时的噪声）测量结果换算的原始条件、飞行试验方法和噪声测量方法、根据测量数据计算有效感觉噪声级、测量的噪声级换算成原始条件等技术要素的规定需要重点关注。

（3）在航空器噪声测量标准领域，俄罗斯标准对于测量结果换算和数据计算的方法及公式规定较为详细。我国噪声测量标准规定了飞机停机和发动机地面开车时的噪声测量，对于飞行试验条件下的噪声测量方法可参考国外标准，形成或补充适用于我国标准内容。

（二）典型噪声测量仪器中外标准内容比对

声级计是最基本的噪声测量仪器，一般由电容式传声器、前置放大器、衰减器、放大器、频率计权网络以及有效值指示表头等组成，广泛应用于电声、军工、环境保护、工业产品质量控制等领域。声级计可用于测定直升机噪声评价参数，从而验证直升机降噪设计效果。

俄罗斯为适应经济全球化、贸易全球化及全球各国各地区科学技术的迅速发展，在标准制定上广泛采用 ISO 标准和 IEC 标准，涉及农林牧渔、制造、建筑、电工、信息传输、软件和技术服务等各个行业。其中，电工标准占比较高，近年来俄罗斯对 IEC 标准进行了大量转化。俄罗斯于 2019 年新修订的声级计标准中明确说明了执行该系列标准等同于采用 IEC 标准。

本节主要针对ГОСТ Р 53188.1—2019、ГОСТ Р 53188.2—2019、ГОСТ Р 53188.3—2019和我国现行声级计标准 GB/T 3785.1—2010、GB/T 3785.2—2010、GB/T 3785.3—2018进行比对分析，给出国内外声级计标准的差异性结论。

1. 中外声级计标准主题内容和适用范围比对

GB/T 3785.1—2010 给出了测量指数时间计权声级的常规声级计、测量时间平均声级的积分平均声级计，以及测量声暴露级的积分声级计的电声性能规范。ГОСТ Р 53188.1—2019 也规定了三种声测量仪器的电声特性要求，两标准规定的适用对象基本一致。ГОСТ Р 53188.2—2019 规定了验证第 1 部分中常规声级计、积分平均声级计和积分声级计是否符合规范的详细试验方法，以确保使用一致的方法对声测量仪器进行试验评估。GB/T 3785.2—2010 规定了验证三种声级计所有必达的规范所需试验的细节，其目的是确保所有的检测实验室能采用一致的方法进行评价试验。

ГОСТ Р 53188.3—2019 和 GB/T 3785.3—2018 都采用了 IEC 61672-3-2013，三者规定的适用范围基本一致，都规定了设计符合 IEC 61672-1 中要求的 1 级和 2 级规范的三种声级计的周期试验程序，以保证所有实验室采用一致的方法进行周期试验。

2. 中外声级计标准主要技术要素比对

ГОСТ Р 53188.1—2019 的主要技术要素包括：参考环境条件、技术要求、静电场和电磁场的外部条件影响、声级计与其他设备共同使用的要求、标志、操作文件。GB/T 3785.1—2010 的“性能规范”对应ГОСТ Р 53188.1—2019 的“技术要求”，“环境、静电和射频要求”对应“静电场和电磁场的外部条件影响”，“辅助设备”对应“声级计与其他设备的共同使用要求”。其中，性能规范方面，俄罗斯标准规定了 22 项技术要素，较我国标准增加了连续运行期间稳定性测量、高水平稳定性测量等内容。

相较 GB/T 3785.2—2010，ГОСТ Р 53188.2—2019 主要技术要素基本一致，我国标准中环境静电和射频试验、射频辐射和公共电源骚扰条款，对应俄罗斯标准中的电磁辐射和传导无线电干扰条款。

ГОСТ Р 53188.3—2019 和 GB/T 3785.3—2018 包含的内容基本一致。我国标准将“要求符合性”简洁表述为“符合性”，“外部检查”对应“初始检查”，“连续运行期间的稳定性检查”表述为“长期稳定性”。

3. 小结

通过对国内外声级计标准的比对分析，可以发现在声级计标准领域各国均遵循国际化的原则与要求，密切跟踪IEC制修订的最新标准，积极转化、采用和修订适用于本国发展的声测量仪器标准。目前，IEC发布并允许执行的最新标准为IEC 61672：2013系列。俄罗斯也于2019年完成该系列标准的修订和发布，随后开始实施。

我国现行声级计标准在适用范围上与国际现行标准基本一致，但IEC 61672：2013、ГОСТ Р 53188—2019等新修订标准中用于规范符合性验证等方面的内容尚未纳入我国现行标准。

中外声级计标准的技术要素比对表明，GB/T 3785.3—2018与国际声级计标准的技术要素基本一致；GB/T 3785.1—2010和GB/T 3785.2—2010中技术要素与国际声级计标准相比存在具体条款内容方面的差异。针对中俄及IEC标准中主要技术要素的差异性问题，建议重视标准中有关术语和要求的及时、准确转化，以使其符合国内语言文化和习惯，并与当前的工业基础进行协调分析和处理，既保证新标准与国际市场的兼容性，又保证其在我国的适用性。

四、噪声控制中外相关标准比对分析结论

噪声问题是民用航空领域关注的一个重要问题，民用航空器噪声水平关系到环境品质、乘员舒适度、人员生理和心理健康等社会生活的多个方面，已经成为评价航空器性能的一个重要指标。航空器噪声标准是解决航空器噪声问题的重要依据，通过执行相关噪声标准，保证航空器的使用寿命和飞行安全，确保机上设备的正常工作和旅客的舒适度，并有效降低航空器对机场地面工作区和机场附近居民区的噪声污染。

近年来，ICAO、ISO、IEC、欧洲、美国和俄罗斯都制定并发布了航空器噪声领域的一系列标准，涵盖噪声限值、航空器允许噪声级和噪声测量方法、测量仪器与设备等多个层次。我国航空器噪声领域标准积极采用、转化国际标准和国外先进标准，结合我国民用航空器研制经验和实际需求，形成了航空器噪声相关的国家标准、行业标准、国军标等多个层次的标准，并有相应的适航规章CCAR-36《航空器型号和适航合格审定噪声规定》对民用飞机和直升机等型号的外部噪声进行规定。

航空器噪声测量标准包含航空器内部噪声测量和航空器外部（地面）噪声测量，其中内部噪声测量标准框架国内外差异性较小，俄罗斯标准对于测量结果换算公式规定较为详细。噪声测量设备仪器声级计标准方面国内外对应程度较高，俄罗

斯国家声级计标准等同采用IEC标准。根据航空器噪声领域标准比对分析结果，测量仪器设备层次标准的国际通用程度较高，航空器噪声测量仪器标准走出去有助于提高我国有关产品及测试方法在海外的适用性，及有关技术和产品与国际市场的兼容性。噪声限值和航空器噪声测量有关的国内外标准存在差异，可结合中外合作项目特点研究制定专用标准。

第五节　国内外航空领域标准比对分析总体评价

在直升机和飞机等航空装备研制与使用保障过程中，涉及各专业各相关领域的技术标准及产品标准成千上万，面对快速发展的科学技术和日益加深的民用航空市场国际化程度，需要有全球化的标准化视野，也需要有自主研发的技术实力。尤其是对于全球关注的中外合作研制项目，不仅性能指标要求高、研制难度大，还需要充分保证可靠性和安全性，在国内外大量专业技术标准的支撑下通过民用适航审定认可后，方可投入市场。因此，在航空装备型号研制初期就需要充分研究国内外标准基础，选取适用的现有标准，以便降低中外合作研制风险，提高合作研制沟通效率，保证研制质量，有效控制研制周期和成本。

实际上，无论是国内自主研制的航空装备，还是中外合作研制的航空装备，单纯靠一个行业或一个国家的标准积累，是不一定能够完全满足1型新研航空器的所有标准需求的。围绕航空装备，急需较系统地开展中外有关标准体系的整体性比对，分别针对总体与气动、结构与强度、旋翼系统、动力系统、传动系统、航电系统、机电系统等各相关领域建立标准比对分析团队，充分利用国内外技术资源才能逐渐推进航空装备研制和使用技术的发展。本篇遵循“通用和专用相结合、整体和局部有侧重”的原则，主要选取通用基础、旋翼系统和噪声控制等三个典型专业技术领域对相关中外标准进行了比对。通过标准比对，不仅摸清了中外标准的差异，也看到了中外标准有很多相同、相通和相近之处，为中国航空领域标准“走出去”奠定了扎实基础。我国在中外标准互换互认、联合编制技术文件和合作项目转化采用我国标准等方面进行了实践，取得了大量具有推广价值的经验，发挥了标准化对于技术合作发展的牵引作用，以及对装备及产品质量提升的支撑和促进作用。

第三篇

能源篇·油气管道

自 2013 年“一带一路”倡议提出以来，我国积极在“一带一路”沿线和周边国家开展油气设施投资和建设，目前，我国已经在中亚、东南亚和非洲等地区投资建设了长输油气管道共计 10 余条、总长达 1.6 万 km。跨国油气管道工程的投资方和运营方一般以中国为主，但在各过境国就由各个合资公司单独建设，由于各过境国对管道建设和运行使用的标准不一致，且各合资公司运行管理采用的标准体系也不一致，导致管道功能实现程度和施工水平不同，最终影响管道的运行维护和管理。因而在项目实施和运营过程中，在管道施工建设为管道运行管理服务的宗旨上，强调管道工程标准的统一性，积极推动使用中国标准，可以有效提升投资方的话语权，减少因设计、施工给管道运行管理带来的风险，同时也能降低海外项目投资成本。例如，在中亚管道 D 线隧道工程推行中国标准设计，仅型钢和钢筋两项就节约数亿元投资，这对于项目降本增效、提高管道竞争力起到了巨大的作用，在管道建设、验收及运行管理中也取得了显著的效果。

在海外管道工程中实施过程中，积极推行我国标准，要解决的根本性问题在于我国标准的先进性与适用性与否，因而，国内外相关标准的比对分析工作势在必行，本篇基于此，从油气管道设计、管道施工及验收、管道运营维护不同生命周期节点上与国际（外）标准进行比对，全面分析我国标准与国际（外）标准间的差异性与在实际管道工程中的适用性问题，一方面为我国标准在海外工程的使用提供技术储备，另一方面，分析我国标准存在的不足，有助于进一步提升我国标准的先进性。在比对分析标准的选取上，依托实际管道工程，站在投资和运营方的角度，确定三大标准比对原则：（1）影响管道重大投资决策的标准，如：“油气输送用钢管”“线路截断阀间距”“管道壁厚计算”等；（2）对未来运营管理可能带来风险的标准，如：“安全阀压力值设定”“冰堵防范”等；（3）近几年国内先进研究成果转化的标准，如：“管道完整性评价”“管道内检测”等。在此三大原则的基础上，本篇共完成 35 项中外标准比对分析，为我国油气管道标准“走出去”提供实践经验与技术支撑。

第五章　国内外油气管道标准现状

第一节　中国油气管道标准

一、技术标准现状

我国的油气管道技术标准主要包括国家标准、行业标准和企业标准。油气管道国家标准主要包括 GB（强制性国标）、GB/T（推荐性国标）、JJG（国家计量检定规程）和 JJF（计量技术规范）。行业标准主要包括 SY（石油行业标准）、SH（石化行业标准）、HG（化工行业标准）、AQ（安全行业标准）、DL（电力行业标准）等。企业标准是企业制定的在企业内部执行的标准，例如中国石油天然气集团公司（以下简称“中国石油”）企业标准（Q/SY）、中国石油化工集团公司（以下简称“中国石化”）企业标准（Q/SHS）、中国海洋石油总公司（以下简称“中国海油”）企业标准（Q/HS）均制定了油气管道相关的企业标准。油气管道国家标准和行业标准主要由石油工业标准化委员会下属的石油工程建设专标委、油气储运专标委、管材专标委和安全专标委分别归口管理。行业标准是以中国石油、中国石化、中国海油三大石油公司为主共同制定、共同遵守的标准。企业标准由企业标准化管理委员会下所属的专业标准委员会负责归口管理。

我国新修订的《中华人民共和国标准化法》规定，对于保障人身健康和生命财产安全的标准和法律、行政法规规定强制执行的标准是强制性标准，其他标准是推荐性标准。强制性标准具有法律属性，规定的技术内容和要求必须执行，不允许以任何理由或方式加以违反、变更。油气管道相关国家标准主要包括 GB、GB/T、JJG 和 JJF。且主要以推荐性标准为主，主要集中在建设、电气、消防、HSE 专业。

油气管道相关行业标准主要包括石油天然气行业标准，以及电力、安全、邮电等其他行业标准。

企业标准是企业制定的标准，一般来说代表了技术标准的最高水平，但企业标准一般为非公开标准。目前，部分企业制定了本企业的企业标准，但有些企业尚未制定企业标准；有些企业已经形成了标准体系，但有些企业尚未形成企业标准体系。国家层面对企业在标准化方面提出的新的要求是企业标准由企业自主制定、自主实施，鼓励企业标准的指标要求高于国标、行标、地标，提高企业核心竞争力。

二、标准管理现状

（一）国家层面的标准化管理机构

对油气管道领域而言，国家标准委批准成立的国家层面的标准化技术组织主要有全国石油天然气标准化技术委员会、全国天然气标准化技术委员会。

全国石油天然气标准化技术委员会（SAC/TC 355）成立于 2008 年 4 月 17 日，其主要任务是负责石油地质、石油物探、石油钻井、测井、油气田开发、采油采气、油气储运、油气计量及分析方法、石油管材、海洋石油工程、安全生产、环境保护等领域的标准化工作。其中和石油天然气管道相关的专业标准化技术委员会有油气储运、油气计量及分析方法、石油管材、安全生产、环境保护等 11 个分技术委员会。正在组建海洋工程、油田化学剂和环境保护等 3 个分技术委员会，秘书处挂靠单位是石油工业标准化研究所。

SAC/TC 244 于 1999 年 9 月 6 日成立，专业范围是从事天然气（包括井口天然气、管输天然气、车用压缩天然气、煤层气）及天然气代用品从生产（井口）到用户全过程的术语、质量、测量方法、取样、试验和分析方法的标准化工作。还承担国际标准化组织天然气技术委员会（ISO/TC 193）对口的标准化技术工作。秘书处挂靠单位是中国石油西南油气田分公司天然气研究院。

（二）行业层面的标准化管理机构

我国的行业标准由国务院有关行政主管部门和国务院授权的有关行业协会分工管理，国家能源局负责管理石油行业标准。

目前，与油气管道领域相关的行业标准化管理机构是石油工业标准化技术委员会（以下简称“油标委”），于 2000 年 10 月 31 日召开成立大会暨第一次年会。油标委是由中国石油天然气集团公司、中国石油化工集团公司、中国海洋石油总公司等石油企业的有关领导、标准化管理人员、科研单位专家、各专业标准化技术委员会的负责人组成的行业性标准化技术组织，油标委在国家能源局领导下，主要负责石油工业上游领域石油天然气行业标准的制修订工作，目前下设石油地质、石油物探、石油测井、石油钻井、油气田开发、采油采气、油气储运、石油计量、石油节能、石油安全、石油管材、石油仪器仪表、石油信息、工程建设、劳动定额、海洋石油工程、油田化学剂和环境保护18个行业性专业标准化技术委员会（以下简称“专标委”）和1个直属标准化工作组——计量校准规范工作组。

油标委同时负责协调全国石油钻采设备和工具标准化技术委员会、全国天然气标准化技术委员会涉及石油天然气行业标准的制修订工作及相关事宜。

为了加强石油工业标准化工作的统一协调管理，在认真履行全国石油天然气标准化技术委员会职责的同时，充分发挥石油工业标准化技术委员会的作用，有效利用资源，提高工作效率，在组织机构上，全国石油天然气标准化技术委员会及其分技术委员会与石油工业标准化技术委员会及所属专业标准化技术委员会实行“一个机构，两块牌子”的工作模式，即两个标委会及相同专业委员会的委员相同，秘书处统一设置，有关标准化活动统一进行。两个标委会委员由中国石油天然气集团公司、中国石油化工集团公司、中国海洋石油总公司、中化集团公司等石油企事业单位的委员组成，负责石油天然气工业国家标准和行业标准制定过程的计划项目申报、起草、技术审查、报批、备案、行业标准出版等具体管理工作。

（三）与油气管道相关的专业标准化技术组织简介

1. 油气储运专业标准化技术委员会

全国石油天然气标准化技术委员会油气储运分技术委员会（SAC/TC 355/SC 8）成立于2013年12月27日，石油工业标准化技术委员会油气储运专业标准化技术委员会（CPSC/TC 18）（以下简称“油气储运专标委”）成立于1991年5月，主要负责油气管道输送系统（包括储罐、站、库）的投产、运行、维护；在用油气管道系统的检测、完整性管理及维修领域的国家标准和行业标准制修订工作。委员单位包括国家石油天然气管网集团有限公司、中国石油天然气集团公司、中国石油化工集团公司、中国海洋石油总公司、各石油大学、地方石油企业等。秘书处承担单位为国家管网集团北方管道有限责任公司管道科技研究中心。

目前油气储运标准体系表分为5类：通用基础、管道运行、管道管理、管道完整性、智慧管网。涉及的领域包括工艺运行、设备运行、管道维修维护、管道应急抢修、完整性管理、检测与评价和智慧管网等，是保障油气管道输送系统安全、平稳、经济运行的基础。

2. 石油工程建设专业标准化技术委员会

石油工程建设专业标准化技术委员会（CPSC/TC 08）成立于2003年9月，归口范围为石油天然气工业上游领域有关陆海通用的石油工程建设、设备安装、储罐容器安装工程、管道工程、防腐保温工程、焊接及无损检测、工程抗震、滩海工程、工程质量管理等方面的国家标准和行业标准制修订工作。石油工程建设专业标准化技术委员会承担的国家标准和大部分行业标准由住建部归口管理。秘书处承担单位为中国石油工程建设有限公司。CPSC/TC 08 下设工程施工、工程设计两个分标委和防腐工作组。

3. 石油管材专业标准化技术委员会

全国石油天然气标准化技术委员会石油管材分技术委员会（SAC/TC 355/SC 9）成立于 2013 年 12 月 27 日，石油工业标准化技术委员会石油管材专业标准化技术委员会（CPSC/TC 05）成立于 1985 年 5 月，负责石油天然气工业上游领域有关陆海通用的油气输送管、油井管、玻璃纤维管和其他焊接钢管及其连接件的制造、采购、试验与检验、质量评价、使用与维护，以及油气压力管道的安全评价标准制修订工作。秘书处承担单位为中国石油集团石油管工程技术研究院。

4. 石油工业安全专业标准化技术委员会

石油工业安全专业标准化技术委员会（CPSC/TC 20）于 1992 年 5 月成立，负责组织全国石油天然气（含 LNG、LPG、CNG、煤层气天然气、成品油）勘探、开发和储运中生产安全技术、安全管理和安全产品的通用性、专业性和综合性国家标准和行业标准制修订工作。秘书处承担单位为中国石油化工股份有限公司青岛安全工程研究院。

5. 油气计量及分析方法标准化技术委员会

全国石油天然气标准化技术委员会油气计量及分析方法分技术委员会（SAC/TC 355/SC 10）成立于 2013 年 12 月 27 日，石油工业标准化技术委员会油气计量及分析方法专业标准化技术委员会（CPSC/TC 10）成立于 2002 年 8 月 26 日，主要负责石油、天然气、稳定轻烃计量方法，油气田及管道计量工艺，石油、稳定轻烃、油气田液化石油气分析测试方法等方面国家标准和行业标准制修订工作。下设油气计量和原油试验方法两个分技术委员会。秘书处承担单位为中国石油天然气股份有限公司计量测试研究所。

6. 节能节水专业标准化技术委员会

全国石油天然气标准化技术委员会节能节水分技术委员会（SAC/TC 355/SC 11）成立于 2013 年 12 月 27 日，石油工业标准化技术委员会节能节水专业标准化技术委员会（CPSC/TC 24）成立于 1997 年 10 月，主要负责油气田及油气输送管道领域的节能节水技术及方法等方面国家标准和行业标准制修订工作。秘书处承担单位为东北石油大学。

第二节 国外油气管道标准

一、北美油气管道标准

（一）美国管道标准

美国标准体系大致由联邦政府标准体系和非联邦政府标准体系构成，按照自愿性标准体系基本划分为：国家标准、协会标准和企业标准 3 个层次。自愿性标准可自愿参加制定，自愿采用，标准本身不具有强制性，类似于我国的推荐性标准。

（1）国家标准，由政府委托民间组织美国国家标准学会（ANSI）组织协调，由其认可的标准制定组织、行业协会和委员会制定的标准。

（2）协会标准，由各种学（协）会、所有感兴趣的生产者、用户、消费者以及政府和学术界的代表通过协商程序而制定出来的标准。典型代表为 ASME、API 等制定的标准。涉及油气管道领域的主要标准有：API Spec 5L—2018《管线钢管规范》、ASME B31.4—2019《液态烃和其他液体管线运输系统》、ASME B31.8—2018《气体输送和配送管道系统》、NACE SP0106—2006《钢质管道和管道系统的内腐蚀控制》等。

（3）企业标准，企业按照自身需要制定的标准。

在长输管道方面，美国形成了一整套的基于管道设计、材料、制造、安装、检验、使用、维修、改造以及应急救援等方面的标准体系，这套标准体系主要由 ANSI、ASME、API、NACE 和 ASTM 等组织制定。

（二）加拿大管道标准

加拿大管道的技术标准体系和美国一样，由国家标准、协会标准和企业标准三个层次组成。其中协会标准主要包括加拿大标准协会（CSA）、加拿大标准理事会等机构出版的标准。涉及的油气管道标准主要有：CSA Z662—2015《油气管线系统》、CSA Z276《液化天然气的生产、储存和处理》、CSA B149.1《天然气和丙烷安装规范》、CSA 8149.2《丙烷储存和处理规范》、CSA B51《锅炉、压力容器与压力管道规范》等。

二、俄罗斯及欧洲其他国家油气管道标准

（一）俄罗斯管道标准

俄罗斯采用“标准化体系”的概念，标准化体系包括技术标准和管理标准。由于俄罗斯标准化相关技术法规的发展和变更，导致俄罗斯的标准化体系文件结构和组成较混乱。基于国际通用的标准体系架构，结合目前常用的俄罗斯标准使用现状，俄罗斯标准化体系见图 5-1。

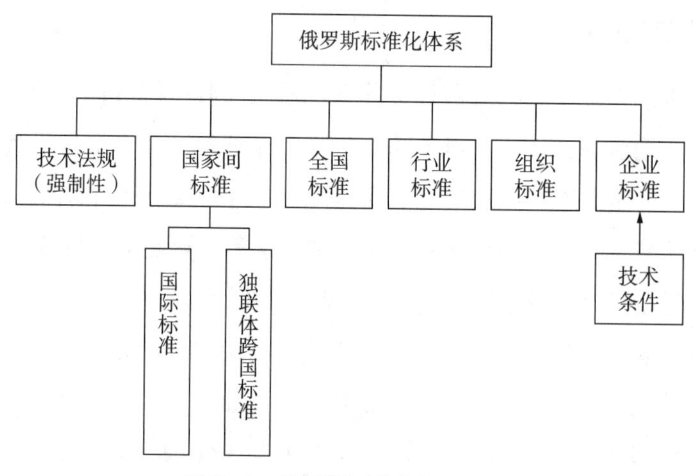

图 5-1　俄罗斯标准化体系架构

技术法规（强制性）：法律规定的在产品的设计、生产、经营、存储、运输、销售和应用过程中要求强制性贯彻实施的技术文件。

国家间标准：主要包括国际标准，例如 ISO 标准和 IEC 标准等国际标准；独联体跨国标准（ГОСТ）。

全国标准（ГОСТ Р）：由俄罗斯全国标准化机构批准的“规定产品特性、生产、使用、保存、转运、销售及回收利用，以及工程施工与服务提供等过程的实施规则及特性的标准”。

行业标准（ОСТ）：由全国行业主管部门的标准化机构在其职权范围内批准的标准。但是在俄罗斯，行业标准属于过渡性标准，将来有可能上升为全国标准或转化为组织标准。

组织标准（СТО）：为了实现标准化目的，完善生产过程和保证产品质量，实施工程及提供服务，也为了推广应用不同知识领域所获得的研究（试验）、测量及开发成果，由组织批准和采用的标准。目前组织标准有：俄罗斯铁路组织标准、俄

罗斯评估师协会（POO）组织标准、天然气工业公司组织标准等。

企业标准（СТП）：由企业颁布的标准。

技术条件（ТУ）：技术条件对生产产品规定了全面的要求，诸如，它对技术要求、安全和环境保护要求、验收规则、贮运条件、质量检验方法等方面提出了具体规定。全国标准中对具体产品规定的各项要求，正是通过技术条件加以实现的。但多年来，关于技术条件在标准体系中的地位、法律属性、标准属性和审批注册等问题，一直存在争议。

（二）欧洲管道标准

欧盟负责标准化的组织是欧洲标准化委员会（CEN），它是目前世界上最重要、影响力最大的区域标准化组织，在国际标准化活动中有着非常重要的地位。为支持欧盟的技术法规，欧洲标准化委员会制定了约 13000 项满足技术法规基本要求的技术标准。这些 EN 标准涵盖有关锅炉、压力容器和工业管材、部件（附件）、设计、制造、安装、使用和检验等诸多方面。其中 EN 13445 系列标准是压力容器方面的通用主体标准，由总则（EN 13445.1）、材料（EN 13445.2 ）、设计（EN 13445.3）、制造（EN 13445.4）、检测和试验（EN 13445.5）、铸铁压力容器和压力容器部件设计与生产要求（EN 13445.6）、合格评定程序使用指南（EN Bb13445.7）共 7 部分构成。除 EN 13445 标准外，另有简单压力容器通用标准 EN 286、系列基础标准 EN 764 和一些特定压力容器产品标准（如换热器、液化气体容器、低温容器、医疗用容器等）。

EN 标准属自愿性标准，由欧盟成员国将 EN 标准转化为本国标准后（如德国标准 DIN EN 13445），由本国企业自愿采用。若企业采用了 EN 标准，则被认为其产品满足了指令的基本安全要求，有利于产品进入欧盟市场，或在欧盟市场内流通。

另外欧洲地区除欧洲标准化委员会外，还有英国标准协会（BSI）、德国标准化学会（DIN）等其他标准化管理机构。

三、中亚及其他国家油气管道标准

（一）哈萨克斯坦共和国油气管道标准

哈萨克斯坦共和国（以下简称哈国）标准化跨国管理部门为独联体跨国标准化、计量与认证委员会（МГС）。独联体国家标准计量认证委员会是苏联解体后，为了建立并执行协同一致的标准计量认证政策，依据 1992 年 3 月 13 日独联体成员签署的《关于执行协同一致的标准计量认证政策的协议》而成立的独联体政府间的组织。该组织的常设机构在白俄罗斯的首都明斯克，它从 1992 年开始所制定的许多独联体标准成为哈国国家标准的重要来源。哈国国内标准化管理机构为哈国投资和发展部下属的技术调节和计量委员会（以下简称技术调节与计量委员会）。其工作职责是标准化、认证、计量、管理体系、技术调控，其附属机构主要包括哈国计量研究院、哈国标准化和认证研究院、两个国家完全控股的公司、全国检定与认证中心和全国认可中心以及 16 个地方管理局。截至目前[①]，哈国承担国家标准编制工作的标准化技术委员会共有 61 个，涉及信息技术、石油、食品、煤、化工、环保、交通等领域。

哈国在本国缺少相关标准规范时，优先采用俄罗斯相关标准规范，对采用或使用国外标准（除俄罗斯标准）持比较抵触的态度。

（二）乌兹别克斯共和国坦管道标准

乌兹别克斯坦共和国国家建筑建设委员会（以下简称乌国家建委）为乌兹别克斯坦（以下简称乌国）工程建设领域标准化工作主管部门，主要负责乌国工程建设标准的制定、修订和管理等工作。在进行标准制修订时，制修订提出单位需致函乌国家建委，然后建委组织制修订单位进行分析、给出建议，建委最终根据建议进行批复。

乌国在本国缺少相关标准规范时，优先采用俄罗斯相关标准规范，对采用或使用国外标准（除俄罗斯标准）持比较抵触的态度。

（三）塔吉克斯坦共和国管道标准

塔吉克斯坦共和国（以下简称塔国）标准化管理部门主要有塔国国家标准委、塔国国家建委和塔国国家安监局，三个标准主管部门所负责的标准领域不同，其中塔国国家标准委主要负责产品相关标准的编制、注册和管理，并负责相关标准资质的管理；塔国国家建委主要负责建设相关标准的编制、注册和管理；塔国国家安监局主要负责工业安全方面规范的编制、注册和管理。

塔国油气资源匮乏，现阶段，塔国境内没有正在运行管理的天然气管道，也缺少天然气管道相关标准，天然气管道的设计建设主要依据相关法律法规和工程建设通用标准。

[①] 指本书成稿时。

（四）吉尔吉斯共和国管道标准

目前，吉尔吉斯共和国（以下简称吉国）国内标准化主管机构是原国家标准化与计量监察局改制后成立的国家标准化计量研究院，主要职能是依据国际计量标准，建立和发展标准化和计量体系，研究、制定和完善本国标准，开展计量检测和监督管理工作，保证计量单位制的统一和量值的准确可靠，不断研究和维护本国国家标准。

吉国在本国缺少相关标准规范时，优先采用国际标准，采用的标准和计量法律，尽可能与国际标准接轨。但在实际执行过程中，吉国仍倾向于优先使用俄罗斯标准。

第六章　油气管道标准比对分析

随着管道技术进步与市场争夺竞争的日益激烈，代表核心竞争力的管道技术标准成为研究的热点与战略制高点。先进的技术通过标准载体推动管道建设的同时也成为技术壁垒。不同国家、地区、企业理念与技术的差异化，更加深了标准差异及对等性的偏离。然而在国家实施“一带一路”倡议的大背景下，了解外部标准，弱化及消除差异，推动自身管道标准水平提升并“走出去”，才能获取更大的市场。管道技术标准比对分析成为解决这一关键问题的重要途径。标准成为管道核心技术“锁”，而标准比对分析则是解开这把锁的“钥匙”。

由于本章重点是针对“一带一路”目标国家/地区适用我国标准情况开展标准比对分析和研究，国内标准重点选取油气管道领域我国优势的、拟“走出去”的标准，国外标准重点选取“一带一路”目标国家/地区采用的标准，主要集中在欧美和俄罗斯标准。在比对内容的选取方面，针对标准体系、标准级别、技术标准等方面对中外标准体系进行简要比对分析，确定我国与国际标准体系、目标国家标准体系的异同。另外，通过生产实践确定部分关键技术指标，从标准重点内容比对分析，标准具体技术指标和参数比对分析等方面开展详细的比对分析，确定同类标准不同国家间的异同，并给出比对分析结论。

第一节　油气管道设计标准比对分析

油气管道工程建设是指建设输送原油、成品油、天然气等介质的管道工程，包括油气管道线路工程、站场工程和油气管道附属工程。油气管道工程建设在广义上还包括器材和设备供应等。我国油气运输管道基本框架已经构成，油气管道建设进入快速发展时期。我国油气管道运输经过50多年的发展，形成了横跨东西、纵贯南北、连通海外的油气管网格局。

本节主要从天然气管道设计、液体管道设计、油气输送用钢管三个方面开展油气管道工程建设国内外标准比对分析。其中我国标准重点分析GB/T 9711—2017《石油天然气工业　管线输送系统用钢管》、GB 50251—2015《输气管道工程设计规范》、

GB 50253—2014《输油管道工程设计规范》、GB/T 31032—2014《钢质管道焊接及验收》、GB 50423—2013《油气输送管道穿跨越工程设计规范》等标准。

国外标准重点分析 API SPEC 5L—2018《管线钢管规范》、ISO 3183：2012《石油和天然气工业管道运输系统用钢管》、ГОСТ 52079—2003《俄罗斯联邦国家标准 - 石油、天然气及石油产品输送干线用焊接钢管技术条件》、ASME B31.8—2018《输气和配气管道系统》、CSA Z662—2015《石油和天然气管道系统》、ASME B31.4—2019《液态烃和其他液体管线输送系统》、API 1104—2013《管道及相关设施的焊接》、AS 2285.2—2007《油气管线的焊接》、EN 14163：2001《石油天然气运输系统 - 管道焊接》、BS PD8010-1—2015《管道实施规范第 1 部分：陆上管道》、ГОСТ Р 55989—2014《干线输气管道压力 10MPa 以上的设计标准和基本要求》、СП 34-116-97《工业油气管道设计、建设和改建说明书》、ПБ 12-529-03《配气和耗气系统安全规程》、СТО Газпром 2-2.1-249-2008《干线输气管道》等。

一、天然气管道设计标准比对分析

国内外常用的输气管道工程设计规范包括：我国的 GB 50251—2015《输气管道工程设计规范》、美国的 ASME B31.8—2018《输气和配气管道系统》、加拿大的 CSA Z662—2015《油气管道系统》、俄罗斯的 ГОСТ Р 55989—2014《干线输气管道——压力 10MPa 以上设计标准：基本要求》。

以 GB 50251—2015、ASME B31.8—2018 和 CSA Z662—2015 为重点，开展天然气设计标准的比对分析。GB 50251—2015 是我国油气管道工程设计的主要技术规范，总结了国内近年来油气管道工程实践和经验，并参考了美国机械工程师学会（ASME）、加拿大标准协会（CSA）等北美机构的油气管道标准。

（一）清管次数标准比对

清管次数标准比对见表 6-1。

表 6-1 清管次数标准比对

相关标准	标准规定
GB 50251—2015 输气管道工程设计规范	输气管道试压前应采用清管器进行清管，并不应少于两次
GB 50369—2014 油气长输管道工程施工及验收规范	分段试压前，应采用清管球（器）进行清管，清管次数不应小于两次

我国标准规定输气管道试压前应采用清管器进行清管，并不应少于两次；国外

标准暂无相关要求。

（二）站场分离器标准比对

站场分离器标准比对见表 6-2。

表 6-2　站场分离器标准比对

相关标准	标准规定
GB 50251—2015 输气管道工程设计规范	输气站应根据设备运行对气质的要求设置分离过滤装置
	压缩机的进气管线上应设置分离过滤设备，处理后天然气应符合压缩机组对气质的技术要求
Shell DEP 31.22.05.11—2007 气液分离器选型及设计原则	对于需要最高清洁效率的天然气的处理，需要采用分离过滤设备
	常用的分离器包括立式鼓式分离器、卧式鼓式分离器、立式丝网除沫器、卧式丝网除沫器、立式叶片除沫器、卧式叶片除沫器、切线进口管旋风分离器、直管旋风分离器、多管式旋风分离器、多叶片立式分离器、多叶片卧式分离器等

国内标准明确规定分输站、压气站均应设置过滤分离器，在有清管功能的站场可选用旋风分离器，且国内规定应设过滤分离器备用，旋风分离器不设备用；国外标准暂无此方面规定。

（三）放空防火间距标准比对

放空防火间距标准比对见表 6-3。

表 6-3　放空防火间距标准比对

相关标准	标准规定
GB 50251—2015 输气管道工程设计规范	对于放空立管与输气站设施的水平距离，在不进行点火放空时宜按可燃气体爆炸下限浓度的 50% 的扩散范围确定，在进行点火放空时应按热辐射强度不大于 $4.73kW/m^2$ 的影响范围确定
GB 50183—2015 石油天然气工程设计防火规范	火炬和放空管宜位于石油天然气站场生产区最小频率风向的上风侧，且宜布置在站场外地势较高处。火炬和放空管与石油天然气站场的间距：火炬由本规范 5.2.1 条确定；放空管放空量小于或等于 $1.2\times10^4m^3/h$ 时，不应小于 10m；放空量大于 $1.2\times10^4m^3/h$ 且小于或等于 $4\times10^4m^3/h$ 时，不应小于 40m。 可能携带可燃液体的高架火炬与站场内部防火间距是 60m 至 90m。 可能携带可燃液体的火炬与周围居住区、相邻厂矿企业、交通线等的防火间距，一般在 60m～120m

表 6-3（续）

相关标准	标准规定
API 521—2007 泄压和减压系统	给出了根据辐射热强度（或称热流密度）计算确定火炬筒中心至必须限制辐射热强度（或称热流密度）的受热点之间的安全距离，但未明确规定防火间距要求
Albert ERCB Directive 060—2013 油气管道放空、点燃和焚烧	火炬与储存可燃液体或可燃蒸汽的储罐相距 50m；与任何其他石油或天然气处理设备距离 25m；距离有居民居住的房子 100m
Canada BC Oil&Gas Commission—2013 点燃及放空指导操作手册	火炬、焚烧炉和封闭气体燃烧器与任何公路、公共设施、建筑物、装置、公共工作场所及水库等相距至少 80m
Shell DEP 80.45.10.10-Gen-2011 压力泄放　紧急泄压　火炬和放空系统	（1）无障碍区半径应是 60m； （2）无障碍区边界的最大热辐射强度不得超过 6.3kW/m^2（不考虑太阳热辐射的影响）； （3）在用地边界的最大热辐射强度不得超过 3.15kW/m^2（不考虑太阳热辐射的影响）
KLM 技术集团工程设计导则 点火火炬的选择及设计	任何可点燃、易燃烃类源距离火炬筒基座不得小于 60m；从设计不足的火炬系统散出的燃烧液滴的漂移距离考虑要大于 60m；从火炬筒基座到影响边缘的最小距离应是 60m

GB 50183—2015 中规定的可能携带可燃液体的火炬的防火间距见表 6-4。

表 6-4　GB 50183—2015 中规定的可能携带可燃液体火炬的防火间距

序号	名称	可能携带可燃液体的火炬防火间距 /m
1	100 人以上的居住区	120
2	100 人以下的居民房屋	120
3	相邻厂矿企业	120
4	国家铁路线	80
5	工业企业铁路线	80
6	高速公路	80
7	其他公路	60
8	35kV 及以上独立变电所	120
9	35kV 及以上架空电力线路	80
10	35kV 及以下架空电力线路	80
11	国家 1、2 级架空通信线路	80
12	其他通信线路	60
13	爆炸作业场地	300

国内外对于天然气放空管、火炬的安全间距的取值不同，虽然都会进行热辐射计算来确定安全距离，但国内还要满足最小防火间距的规定，我国标准规定可能携带可燃液体的火炬与周围居住区的距离为120m，而壳牌公司仅规定无障碍区半径应是60m，Alberta ERCB规定火炬距离有居民居住的房子100m，从标准层面来看，我国标准严于国外标准。

（四）站场消防系统标准比对

站场消防系统标准比对见表6-5。

表6-5　站场消防系统标准比对

相关标准	标准规定
GB 50251—2015 输气管道工程设计规范	输气站场消防设施的设计，应符合现行国家标准GB 50183《石油天然气工程设计防火规范》、GB 50016《建筑设计防火规范》和GB 50140《建筑灭火器配置设计规范》的相关规定
GB 50183—2015 石油天然气工程设计防火规范	集输油工程中的井场、计量站等五级站，集输气工程中的集气站、配气站、输气站、清管站、计量站及五级压气站、注气站、采出水处理站可不设消防给水设施
	输气管道的四级压气站设置固定消防系统时，可不设消防站和消防车
	一般的油气站场站内应设置固定消防系统，并考虑适当的外部消防协作力量

国内标准对站场消防系统进行相关的规定，但国外缺少标准。

（五）地区等级划分

GB 50251—2015与北美输油气管道标准均将管道经过的地区划分为4个地区等级（见表6-6），但是地区等级的判定不同。首先，在区段划分上，北美的做法均将管道中心线两侧各200m、任意长度为1.6km的范围划分为一个区段，而GB 50251—2015将区段长度扩大至了2km。其次，每个区段内的居民户数也较北美规定宽泛，允许的户数更多。之所以有这些区别，GB 50251—2015条文说明指出主要是考虑了我国人口密度大的国情。

表6-6　地区等级划分标准比对

地区等级	GB 50251—2015	CFR192—2015	ASME B31.8—2014	CSA Z662—2015
一级一类	0户	10户及以下	10户及以下	0户
一级二类	15户及以下		10户及以下	10户及以下

表 6-6（续）

地区等级	GB 50251—2015	CFR192—2015	ASME B31.8—2014	CSA Z662—2015
二级	15～100 户	10～45 户	10～45 户	10～45 户
三级	100 户或更多	46 户或更多	46 户或更多	46 户或更多
四级	4 层及以上楼房	4 层及以上楼房	4 层及以上楼房	4 层及以上楼房

另外，GB 50251—2015 参考 ASME B31.8—2018 和 CSA Z662—2015 将一级地区进一步细分为一级一类和一级二类。由表 6-6 及区段划分的差别可以看出，我国在不同等级地区所允许的居住人口密度远大于北美，基于在输气管道设计的其他方面（如材料、焊接、试压等）及运行维护采取同等技术要求的条件下，我国输气管道的安全保障水平是低于北美的，或者说我国需要承受更大的失效风险。

二、液体管道设计标准比对分析

国内外常用的输油管道工程设计规范包括：我国的 GB 50253—2014《输油管道工程设计规范》、美国的 ASME B31.4—2019《液态烃和其他液体管线输送系统》、加拿大的 CSA Z662—2015《油气管道系统》。

GB 50253—2014 是我国油气管道工程设计的主要技术规范，总结了国内近年来油气管道工程实践和经验，并参考了美国机械工程师学会（ASME）、加拿大标准协会（CSA）等北美的油气管道标准，但比较它们的内容结构与条文规定，仍存在一些重要差别，对于低蒸汽压（LVP）液体管道，也使用强度设计系数，但不区分地区等级。

（一）管道壁厚设计系数标准比对

管道壁厚设计系数标准比对见表 6-7。

表 6-7　管道壁厚设计系数标准比对

相关标准	标准规定
GB 50253—2014 输油管道工程设计规范	输油管道除了穿跨越管段外，输油站外一般地段的管道壁厚设计系数取值为 0.72
US 49 CFR 美国联邦法规	原油管道最大设计系数取值为 0.72 （计算公式针对管道外壁直径）
ASME B31.4—2019 液态烃和其他液体管线输送系统	原油管道壁厚的设计系数最大取值不得超过 0.72 （计算公式针对管道外壁直径）

表 6-7（续）

相关标准	标准规定
CSA Z662—2015 油气管道系统	管道壁厚的设计系数取值最大是 0.80 （计算公式针对管道外壁直径）
ISO 13623：2009 油气管输系统	管道壁厚的设计系数取值最大是 0.77 （计算公式针对管道外壁直径）

中外标准在管道壁厚设计系数的规定上有所差异，国内标准明确规定原油管道壁厚设计系数最大取值为 0.72，联邦安全法 49 CFR 规定与我国的规定相同，规定原油管道最大设计系数取值为 0.72，但加拿大的 CSA Z662—2015《油气管道系统》规定的设计系数最大值为 0.80，ISO/DIS 13623：2009《油气管输系统》规定的设计系数最大取值是 0.77。

（二）截断阀室的穿跨越设置标准比对

截断阀室的穿跨越设置标准比对见表 6-8。

表 6-8　截断阀室穿跨越设置标准比对

相关标准	标准规定
GB 50253—2014 输油管道工程设计规范	埋地输油管道沿线在穿跨越大型河流、湖泊水库和人口密集地区的管道两端或根据地形条件认为需要，均应设置线路截断阀
GB 50423—2013 油气输送管道穿越工程设计规范	生活水源保护地、水域大型穿越工程，输油管道两岸应设置截断阀室。截断阀室应设置在交通方便、不被设计洪水淹没处。穿越生活水源保护地，应按相关标准要求作保护设计
US 49 CFR 美国联邦法规	超过 100in（约 30m）宽的河流需要在河流两岸增设线路截断阀

在管道截断阀室穿跨越设置的规定及做法上，国内外标准存在差异。我国标准没有对大型河流的具体定义，而国外标准明确定义了需要增设截断阀的穿跨越河流宽度必须大于 30m。

（三）线路阀室的位置及间距标准比对

线路阀室的位置及间距标准比对见表 6-9。

表 6-9　线路阀室的位置及间距标准比对

相关标准	标准规定
GB 50253—2014 输油管道工程设计规范	输油管道沿线应安装截断阀，阀门的间距不应超过 32km
US 49 CFR 美国联邦法规	一类地区两个截断阀之间的间距最大不超过 32km，二类地区 24km，三类地区 12.8km，四类地区 8km
CSA Z662—2015 油气管道输送系统	原油管道的截断阀的间距没有限定，对于天然气管道的截断阀间距，允许在规定范围内进行 25% 的距离浮动

在管道线路阀室的位置及间距的规定上，我国与美国一致，明确规定原油管道线路阀室的间距不应超过 32km，而加拿大对原油管道阀室间距没有明确要求。在实际工作中，我国做法与标准规定的一致，即在一般情况下，输油管道统一为不超过 32km 的阀门间距，在山区、穿越河流、穿越人口密集区等特殊情况下，线路截断阀室的间距会适当调整。

（四）管道试压标准比对

管道试压标准比对见表 6-10。

表 6-10　管道试压标准比对

相关标准	标准规定
GB 50253—2014 输油管道工程设计规范	水压试验管段长度不宜超过 35km，气压试验管段长度不宜超 18km，试压管段高差不宜超过 30m，若管段高差超过 30m，则需保证管道低点静水压力产生的环向应力不超过 0.9 倍～0.95 倍管材标准屈服强度

国内外对于管道分段试压的标准规定不同，我国标准规定水压试验管段长度不宜超过 35km，气压试验管段长度不宜超 18km，而北美没有试压管段划分的相关标准。

（五）管道测径方法标准比对

我国常用的管道测径方法是使用铝制测径板进行测量。测径板是一定规格的圆形铝板，外边缘一般均分成 12 等份，加挂在清管器上在管道内运行，可以测量出管道内的最大变形量。不同规格的管径使用不同规格的测径板，厚度不同，为 4mm～12mm。管道测径方法标准比对见表 6-11。

表 6-11　管道测径方法标准比对

相关标准	标准规定
GB 50369—2014 油气长输管道工程施工及验收规范	如清管合格后需进行测径，测径宜采用铝制测径板

中外标准在管道测径方法的规定上一致，但在管道测径的实际做法上，国内外有差异。国内在投产前多数情况下仅使用测径铝板进行检测，只在部分管段进行了智能测径的尝试，北美除了采用测径铝板进行检测以外，也会使用智能测径。

（六）管道与建筑物的安全距离标准比对

管道与建筑物的安全距离标准比对见表 6-12。

表 6-12　管道与建筑物的安全距离标准比对

标准编号	标准内容
ASME B31.4—2019	无
GB 50253—2014	4.1.6　埋地输油管道同地面建（构）筑物的最小间距应符合下列规定： （1）原油、成品油管道与城镇居民点或重要公共建筑的距离不应小于 5m。 （2）原油、成品油管道临近飞机场、海（河）港码头、大中型水库和水工建（构）筑物敷设时，间距不宜外于 20m。 （3）输油管道与铁路并行敷设时，管道应敷设在铁路用地范围边线 3m 以外，且原油、成品油管道距铁路线不应小于 25m、液化石油气管道距铁路线不应小于 50m。如受制于地形或其他条件限制不满足本条要求时，应征得铁路管理部门的同意。 （4）输油管道与公路并行敷设时，管道应敷设在公路用地范围边线以外，距用地边线不应小于 3m。如受制于地形或其他条件限制不满足本条要求时，应征得公路管理部门的同意。 （5）原油、成品油管道与军工厂、军事设施、炸药库、国家重点文物保护设施的最小距离应同有关部门协商确定。液化石油气管道与军工厂、军事设施、炸药库、国家重点文物保护设施的距离不应小于 100m。 （6）液化石油气管道与城镇居民点、重要公共建筑和一般建（构）筑物的最小距离应符合 GB 50028《城镇燃气设计规范》的有关规定
CSA Z662—2015	无

GB 50253—2014《输油管道工程设计规范》，同时兼顾管线自身安全和对第三方人员安全，在 4.1.6 中规定了埋地输油管道同地面建（构）筑物的最小间距。

美国 ASME B31.4—2019《液态烃和其他液体管线输送系统》和加拿大 CSA Z662—2015《油气管道系统》都没有对管道同建（构）筑物间的距离做出规定。加拿大 CSA Z662—2015 中对输送高蒸汽压油品的管道，按地区等级不同采用不同的设计系数和增加管道埋深。美国在《液体管道联邦最低安全标准》第 195 部分的第 210 条中规定，管道和住宅、工业建筑及公共场所的最小间距为 15.24m。

针对埋地输油管道与地面建筑物之间的距离，我国标准规定距离 15m，与美国法规基本一致。我国规定敷设在地面的输油管道同建（构）筑物的最小距离，应按上述规定的距离增加一倍。我国现行标准做法，采用安全距离适应性强，线路选择比较灵活，也比较经济合理。

（七）管道与地下构筑物的间距标准比对

管道与地下构筑物的间距标准比对见表 6-13。

表 6-13　管道与地下构筑物的间距标准比对

标准编号	标准内容
ASME B31.4—2019	在施工前应确定与管沟走向相交叉的地下构筑物的位置，以防损坏此类构筑物。在埋地的管子或部件外侧与其他构筑物端点之间，至少应有 0.3m 的间隙，距排水瓦管的最小间隙应为 50mm
GB 50253—2014	4.1.7　埋地输油管道与埋地电力电缆平行敷设的最小距离，应符合 GB/T 21447《钢质管道外腐蚀控制规范》的有关规定。
	4.1.8　输油管道与已建管道并行敷设时，土方地区管道间距不宜小于 6m，如受制于地形或其他条件限制不能保持 6m 间距时，应对已建管道采取保护措施。石方地区与已建管道并行间距小于 20m 时不宜进行爆破施工。 4.1.9　同期建设的输油管道，宜采用同沟方式敷设；同期建设的油、气管道，受地形限制时局部地段可采用同沟敷设，管道同沟敷设时其最小净间距不应小于 0.5m。 4.1.10　管道与通信光缆同沟敷设时，其最小净距（指两断面垂直投影的净距）不应小于 0.3m
CSA Z662—2015	埋地管道附近铺设有地下电缆、导体、导管、其他管线或其他地下结构时，管线与这些物体的最小间距为 300mm，与排水瓦管最小距离为 50mm。如果采取措施能够避免这些物体对管道造成破坏，可适当减小间距

CSA Z662—2015 规定，埋地管道附近铺设有地下电缆、导体、导管、其他管线或其他地下结构时，管线与这些物体的最小间距为 300mm，与排水瓦管最小距离为 50mm。如果采取措施能够避免这些物体对管道造成破坏，可适当减小间距。

GB 50253—2014《输油管道工程设计规范》规定，当埋地输油或输气管道同埋地通信电缆及其他用途的埋地管道平行敷设时，其间距应考虑施工、检修的需要及阴极保护相互干扰的影响，并符合 GB/T 21447《钢质管道外腐蚀控制规范》的有关规定。

ASME B31.4—2019 规定，在施工前应确定与管沟走向相交叉的地下构筑物的位置，以防损坏此类构筑物。在埋地的管子或部件外侧与其他构筑物端点之间，至少应有 0.3m 的间隙，距排水瓦管的最小间隙应为 50mm。

输油管道同其他管道、通信光缆平行敷设时其间距，国内外都是考虑施工、检修的需要及阴极保护相互干扰的影响。国内标准分别针对平行、同沟敷设和交叉的不同情况进行了规定，更为详尽具体。

三、油气输送用钢管标准比对分析

油气输送用大直径钢管于20世纪初首先在美国发展起来。1926年，美国石油学会发布的 API SPEC 5L 标准只包括 3 个碳素钢级；1947 年发布的 API SPEC 5LX 增加了 X42，X46 和 X52 钢级；1964 年的 API SPEC 5LS 将螺旋焊管标准化；1967—1970 年，API SPEC 5LX 和 5LS 增加了 X56，X60 和 X65 钢级，1973 年又增加了 X70 钢级；1987 年，API SPEC 5LX 和 5LS 合并于第 36 版 API SPEC 5L 中，第 36 版到 2004 年的第 43 版包括 A25，A，B，X42，X46，X52，X56，X60，X65，X70 和 X80 共 11 个钢级；2006 年的第 44 版，又增加了 X100 和 X120 钢级，目前最新版本为 API SPEC 5L—2018，第 46 版。ISO 3183 是由国际标准化委员会发布的系列标准，目前最新版本为 ISO 3183：2012。近 20 年来，API 标准几经修改，从第 36 版～第 46 版，要求也逐渐完善，已成为世界上使用最广泛的管线钢管国际化标准。ISO 3183：2012 标准是以 API SPEC 5L 为基础，并综合了其他国家的经验和研究成果之后制定出来的，大部分内容和要求与 API SPEC 5L 相似，并且也得到了广泛的应用，这两个标准在世界上被同时使用。2006 年，美国石油学会和国际标准化组织经过协商，将 API SPEC 5L 和 ISO 3183 进行了合并，统一了标准要求，ISO 3183 与 API SPEC 5L《管线钢管规范》标准相互借鉴、相互协调，最终走向统一。GB/T 9711—2017《石油天然气工业　管线输送系统用钢管》修改采用了 ISO 3183：

2012《石油和天然气工业管道运输系统用钢管》标准，内容基本一致。

俄罗斯油气资源丰富，是世界管道建设大国之一，也是最大的钢管生产国之一。俄罗斯油气管道的设计、建设特点鲜明，其油气输送用钢管标准也自成体系，和欧美标准有较大差异。关于油气输送用钢管标准，俄罗斯主要依据由钢和铸铁管及气瓶标准化技术委员会制定的国家标准 ГОСТ 52079—2003《俄罗斯联邦国家标准——石油、天然气及石油产品输送干线用焊接钢管技术条件》，该标准没有 API SPEC 5L—2018 的通用性强。

我国油气输送钢管国家标准 GB/T 9711—2017 修改采用了 ISO 3183：2012 标准。也就是说，国内油气输送钢管标准采用的是欧美的标准体系，标准内容具有广泛的适用性和先进性。GB/T 9711—2017 规定了石油天然气工业管线输送系统用无缝管和焊管的制造、检验、标志、涂层、记录和装载。

俄罗斯 ГОСТ 52079—2003 于 2003 年 6 月 9 日生效，2004 年修订过一次，适用于输送非腐蚀性活性产品（天然气、石油和石油产品）干线的建设和维修用直缝和螺旋缝焊接钢管。俄罗斯标准 ГОСТ 52079— 2003 规定了主要参数和范围、技术要求、验收准则、试验方法、包装和运输储存及信息性资料等内容。

（一）采用单位制与尺寸规格标准比对

采用单位制与尺寸规格标准比对见表 6-14。

表 6-14 采用单位制与尺寸规格标准比对

标准编号	采用单位制
ГОСТ 52079—2003	国际单位制（SI 单位）
API SPEC 5L—2018	国际单位制（SI 单位）和美国惯用单位制（USC 单位）
GB/T 9711—2017	国际单位制（SI 单位）

俄罗斯标准 ГОСТ 52079—2003 采用的单位制一般为 SI 单位制，尺寸规格中的壁厚以 1mm 为单位来增减；GB/T 9711—2017 是以 API SPEC 5L—2018 为基础转化制定的标准，采用国际单位制（以下简称“SI 单位”）和美国惯用单位制（以下简称“USC 单位”）表示数据。虽然标准都标有 SI 和 USC 两种单位制，但其最初的标准是以 USC 单位制为基础设置的，所以其外径、壁厚是以 USC 单位制的尺寸来增减的。俄罗斯标准中的外径壁厚关系与 GB/T 9711—2017，API SPEC 5L—2018，ISO 3183：2012 中的差异较大，外径、壁厚、长度、圆度等一些主要几何尺寸的极限偏差规定与 API SPEC 5L—2018 和 ISO 3183：2012 也有很大差异。

（二）管材钢级标准比对

管材钢级标准比对见表 6-15。

表 6-15　管材钢级标准比对

标准编号	标准内容
ГОСТ 52079—2003	钢级为 K 34，K 38，K 42，K 48，K 50，K 52，K 54，K 55，K 56 和 K 60，以字母 K 开头，数字代表以 kgf/mm^2[①] 为单位的该钢级的最小抗拉强度值
ISO 3183：2012	钢级分为分别为 L175、L175P、L210、L 245、L 290、L 320、L 360、L 390、L 415、L 450、L 485、L 555、L 625、L 690、L830，字母以 L 开头，数字代表符合该钢级的最小屈服强度值。在钢级后还增加了字母后缀，表示钢材的交货状态，用字母（R、N、Q 或 M）表示
API SPEC 5L—2018	钢级分为：A25，A25P，A，B，X42，X46，X52，X56，X60，X65，X70，X80，X90，X100 和 X120。数字代表符合该钢级的最小屈服强度值
GB/T 9711—2017	采用 API SPEC 5L—2018 和 ISO 3183 两种方式，并且两组一一对应

GB/T 9711—2017 管线钢标准的钢级采用 API SPEC 5L—2018 和 ISO 3183：2012 两种方式，API SPEC 5L—2018 为 A25，A25P，A，B，X42，X46，X52，X56，X60，X65，X70，X80，X90，X100 和 X120，字母以 X 开头，数字代表符合该钢级的最小屈服强度值，融合了 ISO 3183：2012 的内容，在钢级后还增加了字母后缀，表示钢材的交货状态，用字母（R、N、Q 或 M）表示。ISO 3183：2012 的钢级为 L175～L830，字母以 L 开头，数字代表符合该钢级的最小屈服强度值。最高钢级为 L830，屈服强度为 830MPa。在 GB/T 9711—2017 中 ISO 3183：2012 的钢级与 API SPEC 5L—2018 的钢级可相互对应。

俄罗斯管线钢标准的钢级为 K 34，K 38，K 42，K 48，K 50，K 52，K 54，K 55，K 56 和 K 60，以字母 K 开头，数字代表以 kgf/mm^2 为单位的该钢级的最小抗拉强度值。目前最高钢级为 K 60，相当于 API SPEC 5L—2018 标准中的 X60 至 X65 的中间钢级。API SPEC 5L—2018 规定 X65 钢级的屈服强度为 448MPa～600MPa，抗拉强度为 531MPa～758MPa。俄罗斯管线标准规定 K 60 钢级屈服强度为 440MPa，抗拉强度为 590MPa。可见俄罗斯标准的屈服强度较低，K 60 钢级屈服强度仅相当于 API SPEC 5L—2018 中的 X65 钢级，而抗拉强度比 API SPEC 5L—2018 中的 X70 钢级还要高出 20MPa。俄罗斯标准中 K 60 钢级，在欧美标准体系中只相当于中等钢级。俄罗斯钢管标准更强调低屈服强度和高抗拉强度，从这个意义上来说，它更

① $1kgf/mm^2=9.81\times10^6Pa$。

强调较低的屈强比，更强调管材在屈服变形后的塑性变形能力。而想要实现这种低屈强比，在组织生产时，一般不能用针状铁素体钢，而应该使用较低钢级所用的珠光体加铁素体钢，这种钢和目前世界上所用的高钢级管材组织类别有些差异。

（三）拉伸性能标准比对

拉伸性能标准比对见表 6-16。

表 6-16 拉伸性能标准比对

<table>
<tr><th>标准编号</th><th>标准内容</th></tr>
<tr><td>ГОСТ 52079—2003</td><td>规定抗拉强度与屈服强度的最大值与最小值的差值不应超过 118MPa（对钢级低于 K 55 钢管）或 98.1MPa（对钢级为 K 55 及更高钢级的钢管），钢管母材的屈强比不应超过 0.90</td></tr>
<tr><td>GB/T 9711—2017</td><td>
表 6 PSL1 钢管拉伸试验要求
<table>
<tr><th rowspan="2">钢管等级</th><th colspan="3">无缝管和焊管管体</th><th>EW、LW、SAW 和 COW 管焊缝</th></tr>
<tr><th>屈服强度 [a]
$R_{po.2}$
MPa（psi）
最小</th><th>抗拉强度 [a]
R_m
MPa（psi）
最小</th><th>伸长率
（50mm 或 2in）
A_f
%
最小</th><th>抗拉强度 [b]
R_m
MPa（psi）
最小</th></tr>
<tr><td>L175 或 A25</td><td>175（25 400）</td><td>310（45 000）</td><td>[c]</td><td>310（45 000）</td></tr>
<tr><td>L175P 或 A25P</td><td>175（25 400）</td><td>310（45 000）</td><td>[c]</td><td>310（45 000）</td></tr>
<tr><td>L210 或 A</td><td>210（30 500）</td><td>335（48 600）</td><td>[c]</td><td>335（48 600）</td></tr>
<tr><td>L245 或 B</td><td>245（35 500）</td><td>415（60 200）</td><td>[c]</td><td>415（60 200）</td></tr>
<tr><td>L290 或 X42</td><td>290（42 100）</td><td>415（60 200）</td><td>[c]</td><td>415（60 200）</td></tr>
<tr><td>L320 或 X46</td><td>320（46 400）</td><td>435（63 100）</td><td>[c]</td><td>435（63 100）</td></tr>
<tr><td>L360 或 X52</td><td>360（52 200）</td><td>460（66 700）</td><td>[c]</td><td>460（66 700）</td></tr>
<tr><td>L390 或 X56</td><td>390（56 600）</td><td>490（71 100）</td><td>[c]</td><td>490（71 100）</td></tr>
<tr><td>L415 或 X60</td><td>415（60 200）</td><td>520（75 400）</td><td>[c]</td><td>520（75 400）</td></tr>
<tr><td>L450 或 X65</td><td>450（65 300）</td><td>535（77 600）</td><td>[c]</td><td>535（77 600）</td></tr>
<tr><td>L485 或 X70</td><td>485（70 300）</td><td>570（82 700）</td><td>[c]</td><td>570（82 700）</td></tr>
<tr><td colspan="5">
[a] 对于中间钢级、管体规定最小抗拉强度和规定最小屈服强度差应为列表中与之邻近较高钢级的强度差。
[b] 对于中间钢级，其焊缝的规定为最小抗拉强度应与按脚注 a 确定的管体抗拉强度相同。
[c] 应采用下列公式计算规定最小伸长率 A_f，用百分数表示，且圆整到最邻近的百分位。
$$A_f = C\frac{A_{XC}^{0.2}}{U^{0.9}}$$
式中：
C——当采用 SI 单位时，C 为 1940；当采用 USC 单位时，C 为 625000；
A_{XC}——适用的拉伸试样横截面积，单位为平方毫米（平方英寸）[mm^2 (in^2)]，具体如下：
——对圆棒试样：直径 12.5mm（0.500in）和 8.9mm（0.350in）的圆棒试样为 130mm²（0.20in²）；直径 6.4mm（0.250in）的圆棒试样为 65mm²（0.10in²）；
——对全截面试样，取 a）485mm²（0.75in²）和 b）钢管试样横截面积两者中的较小者，其试样横截面积由规定外径和规定壁厚计算，且圆整到最邻近的 10mm²（0.01in²）；
——对板状试样，取 a）485mm²（0.75in²）和 b）试样横截面积两者中的较小者，其试样横截面积由试样规定宽度和钢管规定壁厚计算，且圆整到最邻近的 10mm²（0.01in²）；
U——规定最小抗拉强度，单位为兆帕（磅力 / 平方英寸）[MPa（psi）]。
</td></tr>
</table>
</td></tr>
</table>

GB/T 9711—2017和俄罗斯标准均对钢管的屈服强度、抗拉强度、延伸率的下限值和屈强比的上限值做了规定，GB/T 9711—2017中还对PSL2钢管屈服强度的上限值做了规定。GB/T 9711—2017采用管状、板状和圆棒试样进行试验，对拉伸试样的数量、取样位置、取样方向等做了详细规定。而俄罗斯标准规定采用横向板状试样和圆柱形试样试验，对取样的位置、方向等没有规定。俄罗斯 ГОСТ 52079—2003明确规定抗拉强度与屈服强度的最大值与最小值的差值不应超过118MPa（对钢级低于 K55的钢管）或98.1MPa（对钢级为 K55及更高钢级的钢管），钢管母材的屈强比不应超过0.90。这两点比GB/T 9711的要求严格。

（四）冲击韧性标准比对

冲击韧性标准比对见表6-17。

表6-17　冲击韧性标准比对

标准编号	标准内容
ГОСТ 52079—2003	壁厚小于12mm的钢管采用Ⅶ形和Ⅹ形试样；壁厚大于或等于12mm的钢管采用Ⅵ形和Ⅸ形试样
GB/T 9711—2017	PSL1产品一般不作冲击韧性要求，对PSL2产品有冲击韧性要求，一般采用V形缺口试样，试样分全尺寸（10mm×10mm×55mm）、2/3尺寸和1/3尺寸

俄罗斯标准对所有类型钢管母材和焊缝金属都有冲击韧性要求，试验所用试样的缺口有两种：V形缺口和U形缺口。壁厚小于12mm的钢管采用Ⅶ形和Ⅹ形试样；壁厚大于或等于12mm的钢管采用Ⅵ形和Ⅸ形试样。GB/T 9711—2017对PSL1产品一般不作冲击韧性要求，对PSL2产品有冲击韧性要求，一般采用V形缺口试样，试样分全尺寸（10mm×10mm×55mm）、2/3尺寸和1/3尺寸。因此，GB/T 9711—2017与俄罗斯标准中对冲击试样尺寸的要求差异较大。

总之，GB/T 9711—2017对冲击韧性试验的方法、试样制备、验收等均进行了详细的规定，而俄罗斯标准则相对较简单。

（五）水压试验标准比对

水压试验标准比对见表6-18。

表 6-18　水压试验标准比对

标准编号	标准内容
ГОСТ 52079—2003	所有尺寸无缝（SMLS）管和 $D\leqslant457$mm（18.000in）焊管的稳压时间不应少于 5s。$D>457$mm（18.000in）焊管的稳压时间不应少于 20s。 静水压试验压力 P：$P=2St/D$ 式中： S——钢管最小屈服强度的 95%，单位为兆帕（MPa）； t——最小（包括负公差）壁厚，单位为毫米（mm）； D——钢管内径，单位为毫米（mm）
GB/T 9711—2017	所有尺寸无缝（SMLS）管和 $D\leqslant457$mm（18.000in）焊管的稳压时间不应少于 5s。$D>457$mm（18.000in）焊管的稳压时间不应少于 10s。 静水压试验压力 P：$P=2St/D$ 式中： S——环向应力，单位兆帕（MPa）； t——规定壁厚，单位为毫米（英寸）[mm（in）]； D——规定外径，单位为毫米（英寸）[mm（in）]

GB/T 9711—2017 标准和 ГОСТ 52079—2003 均要求对所有类型钢管进行静水压试验，并要求保留试压曲线图，而且要对轴向应力进行补偿。水压试验压力的计算公式相同，均为 $P=2St/D$，但参数表征有所不同。GB/T 9711—2017 中的环向应力 S 与钢级、外径有关，最大为钢管最小屈服强度的 90%，而俄罗斯标准规定环向应力 S 为钢管最小屈服强度的 95%。GB/T 9711—2017 中 t 为规定壁厚、D 为规定外径，而俄罗斯标准中 t 为最小（包括负公差）壁厚、D 为钢管内径。另外，水压试验的保压时间也不相同，GB/T 9711—2017 规定的最长保压时间为 10s，俄罗斯标准规定的最长保压时间为 20 s。

GB/T 9711—2017 和俄罗斯标准对钢管静水压试验判定合格的要求不同。GB/T 9711—2017 要求整个焊缝或管体无泄漏，俄罗斯标准则明确规定，除要求整个焊缝或管体无泄漏外，还要求无形状变化和管壁鼓起，比 GB/T 9711—2017 的要求更严格。

第二节　油气管道施工及验收标准比对分析

油气管道的施工及验收是指输送原油、成品油、天然气等介质的管道工程，包括油气管道线路工程的施工及验收，不包括石油和天然气站场内部工艺管道、油气田集输管道和城市燃气输配管网。油气管道施工及验收包括施工准备、管道附件验收、管沟开挖、管口组对、管道焊接、防腐保温、管道下沟与回填、管道清管以及管道干燥等内容。

本节主要从管道焊接、管道穿越和管道试压与投产三个方面开展油气管道工程建设国内外标准比对分析。其中我国标准重点分析 GB 50251—2015《输气管道工程设计规范》、GB 50369—2014《油气长输管道工程施工及验收规范》、GB/T 31032—2014《钢质管道焊接及验收》、SY/T 5922—2012《天然气管道运行规范》、SY/T 5536—2016《原油管道运行规范》、GB/T 31032—2014《钢质管道焊接及验收》、SY/T 4125—2013《钢制管道焊接规程》等。

国外标准重点分析 ASME B31.8—2018《输气和配气管道系统》、AS 2885.3—2012《气体与液体石油管道－第 3 部分：运行和维护》、API 1104—2013《管道及相关设施的焊接》、AS 2285.2—2007《油气管线的焊接》、EN 14163—2001《石油天然气运输系统－管道焊接》、С П 111-34—1996《天然气管道内腔清理及其试验》等。

一、管道焊接标准比对分析

目前，国内外指导长输管道工程（包括配套站场工程）焊接工艺评定和现场焊接施工的焊接技术标准主要有石油行业标准 SY/T 4103—2006《钢质管道焊接及验收》、SY/T 4125—2013《钢制管道焊接规程》、我国国家标准 GB/T 31032—2014《钢质管道焊接及验收》、美国石油学会标准 API 1104—2013《管道及相关设施的焊接》、澳大利亚标准 AS 2285. 2—2007《油气管线的焊接》、欧洲标准 EN 14163—2001《石油天然气运输系统－管道焊接》等。

国内外标准在指导长输管道工程焊接工艺评定和现场焊接施工的方面存在一定的差异性，总的来看，国内长输管道工程焊接施工经常用的 SY/T 4103—2006 标准在技术内容上与 API 1104 第 17 版等效，各章的内容不变或稍有改变，规定了对管道安装焊接接头进行破坏性试验的验收要求以及射线检测、超声波检测、磁粉检测及渗透检测的验收要求，并根据中国的国情和实际应用情况，删除了 API 1104 第 17 版中第 10 章“无填充金属的自动焊”和附录“环焊缝的附加验收标准”，同时参照了国家标准和其他行业标准。欧盟标准 EN 14163：2001 针对焊接工艺的评定规则制定的现场焊接基本要求包括返修焊接，相关规定较为全面、合理。在指导长输管道工程焊接工艺评定和现场焊接施工时，各标准均能达到保证管道工程的焊接质量。

（一）焊接接头试验标准比对

焊接接头试验标准比对见表 6-19。

表 6-19　焊接接头试验标准比对

技术点	API 1104	EN 14163	SY/T 4103
拉伸试验	试样的焊缝和熔合区的抗拉强度应≥管材的最小抗拉强度，但不需要≥管材的实际抗拉强度。 如果试样断在焊缝或熔合区，其抗拉强度≥95% 管材的最小抗拉强度，则焊缝合格。 如果试样断在焊缝或熔合区，其抗拉强度≥管材的最小抗拉强度，且端面缺陷符合 5.6.3.3 要求，则焊缝合格。 如果试样断在焊缝，并且小于管材的最小抗拉强度，则焊缝不合格，应重新试验	要求 $R_{m试样} \geqslant 95\%R_{m管材名义}$，若 $R_{m试样} < 95\%R_{m管材名义}$，则执行破坏性试验复测规定	试样的抗拉强度≥管材的规定最小抗拉强度，但不需要≥管材的实际抗拉强度。 如果试样断在母材上，且抗拉强度≥管材规定的最小抗拉强度，则试样合格。 如果试样断在焊缝或熔合区，其抗拉强度≥管材规定的最小抗拉强度时，且断面缺陷符合 5.6.3.3 的要求，则试样合格。 如果试样是在低于管材规定的最小抗拉强度下断裂，则焊口不合格，应重新试验
刻槽锤断试验	与 SY /T 4103 标准规定相同。但增加了当管径>323.9mm 时，如果只有一个试样断裂不合格，则试样可被两个接近失效试样位置的试样替换。如果替换的试样有一个不合格，则焊缝不合格	无相应规定	刻槽锤断试样约 230mm 长、25mm 宽，制样可通过机械切割或火焰切割的方法进行。用钢锯在试样两侧焊缝断面的中心锯槽，每个刻槽深度约为 3mm。 刻槽锤断试验应符合下列规定： ①每个刻槽试样的断裂面应完全焊透和熔合。 ②气孔最大尺寸应不大于 1.6mm。 ③所有气孔的累积面积应不大于断裂面积的 2%。 ④夹渣深度应小于 0.8mm，长度应不大于管道公称壁厚的 1/2，且小于 3mm。相邻夹渣之间至少应有 13mm 无缺陷的焊缝金属

表 6-19（续）

技术点	API 1104	EN 14163	SY/T 4103
背弯和面弯试验	与 SY /T 4103 标准规定相同。但增加了当管径>323.9mm 时，如果只有一个试样断裂不合格，则试样可被两个接近失效试样位置的试样替换。如果替换的试样有一个不合格，则焊缝不合格	无相应规定	试样 230mm 长，25mm 宽。弯曲后应满足：①弯曲表面上的焊缝和熔合线区域所发现的任何方向上的任一裂纹或其他缺陷尺寸≤1/2 公称壁厚，且不大于 3mm。②除非发现其他缺陷，试样边缘上产生的裂纹长度应不大于 6mm
侧弯试验	与 SY /T 4103 标准规定相同。但增加了当管径>323.9mm 时，如果只有一个试样断裂不合格，则试样可被两个接近失效试样位置的试样替换。如果替换的试样有一个不合格，则焊缝不合格	无相应规定	试样 230mm 长，13mm 宽，长边缘磨成圆角。弯曲后应：①弯曲表面上的焊缝和熔合线区域所发现的任何方向上的任一裂纹或其他缺陷尺寸≤1/2 公称壁厚，且不大于 3mm。②除非发现其他缺陷，试样边缘上产生的裂纹长度应不大于 6mm
焊接接头试验 - 角焊	与 SY /T 4103 标准规定相同。除了第五条为 13mm	无相应规定	①每个角焊试样的断裂表面应完全焊透和熔合。②气孔最大尺寸应不大于 1.6mm。③所有气孔的累积面积应不大于断裂面积的 2%。④夹渣深度应小于 0.8mm，长度应不大于管道公称壁厚的 1/2，且小于 3mm。⑤相邻夹渣之间的距离应至少有 12mm 无缺陷焊缝金属
弯曲试验	与 SY /T 4103 标准规定基本相同	不要求做弯曲试验	无相应规定
夏比冲击试验	不明确要求进行冲击试验	对低温冲击试验作出了相应的规定	不明确要求进行冲击试验

表 6-19（续）

技术点	API 1104	EN 14163	SY/T 4103
宏观金相检验	不要求进行宏观金相检验	对于PG、PF、H-L045以及J-L045焊接位置，一个试样取在3点位，一个试样取在6点位。取样应避开裂纹及未熔合缺陷，并且该部位无损检测满足本标准要求	不要求进行宏观金相检验
硬度检验	不要求进行硬度测试	标准对不同介质环境、不同壁厚、不同焊接工艺、不同位置的焊接接头硬度值作出了相应的验收规定	不要求进行硬度测试
角焊刻槽锤断试验	与SY /T 4103规定相同	试样的断裂表面应完全焊透和熔合且满足以下要求。 ① d_{max}≤1/5T ∩ 3mm。$A_{累计}$≤5%$A_{断裂}$。 ② $h_{夹渣}$≤1mm，且 $l_{夹渣}$≤1/2T ∩ 3mm	试样4件。试样的断裂表面应完全焊透和熔合且满足以下要求： ① d_{max}≤1.6mm $A_{累计}$≤2%$A_{断裂}$； ② $h_{夹渣}$ 0.8mm，且 $l_{夹渣}$≤1/2T ∩ 3mm
破坏性试验复测	无相应规定	因试样存在缺欠使破坏性试验结果不合格时，允许加倍取样试验。若因其他原因使试验结果不合格时，需重新评定	无相应规定

针对焊接接头试验，国内外相关标准规定的试验类型存在差异，国内标准SY/T 4103与API 1104在试验内容上规定基本一致，EN 14163则存在较大差异。SY/T 4103和API 1104规定了拉伸试验、刻槽锤断试验、背弯和面弯试验、侧弯试验、焊接接头试验－角焊、弯曲试验和角焊刻槽锤断试验。而在EN 14163中规定了拉伸试验、弯曲试验、夏比冲击试验、宏观金相检验、硬度检验、角焊刻槽锤断试验和破坏性试验复测。各标准规定的试验内容存在部分差异，但基本均满足使用要求。

（二）管口焊接标准比对

管口焊接标准比对见表 6-20。

表 6-20 管口焊接标准比对

技术点	SY/T 4103	API 1104	EN 14163
坡口	管口表面在焊接前应均匀光滑，无起鳞、裂纹、锈皮、夹渣、油脂、油漆等影响焊接质量的杂质	与 SY/T 4103 一致	坡口可采用机械切割、热切割进行加工。优先选用自动切割，手工热切割之后应采用锉削、磨削或其他机械方法进行修整。 坡口附件至少 50mm 范围应没有起鳞、锈迹、油漆、油脂、水分等杂质
管口组对	同一公称壁厚管口组对，错边量≤3mm，如果由于尺寸偏差造成一个较大的集中错边，应沿管口圆周均匀地将其分布，应避免直接用锤击法校正错口	与 SY/T 4103 一致	相邻管道的纵焊缝或螺旋焊缝应在环焊缝处错开至少 50mm。纵向焊缝应位于管道顶部的 9 点和 3 点位置之间。管道对接应尽量减少径向偏移量，例如可通过旋转管道，从而获得最佳配合。不能对管道进行锤击或加热以纠正不对中。 内部偏心应均匀分布在管道圆周，且在圆周任何位置，偏移不应超过 3mm 或管道内径的 1%
对口器	当在根焊道完成前撤离对口器，完成的根焊道应均匀分布于管口圆周，且每段焊道长度和间距相等。 内对口器撤离，应焊完全部根焊道再进行撤离。 外对口器撤离，完成根焊道应均匀分布于管口圆周，焊道累计长度不少于管周长的 50%	与 SY/T 4103 一致	在根焊和第二焊道未完成之前，管道不能移动。根焊完成后移动管子要经过允许。 应优先选用内对口器，且在根焊完成后才能撤离。 外对口器撤离，完成根焊道应均匀分布于管口圆周，焊道累计长度不少于管周长的 50%。 在撤掉外对口器之后，继续焊接时应在焊缝的起始和结束位置进行打磨
环境	当恶劣气候（湿气、风沙、大风等）影响焊接质量，应停止焊接，如有条件可使用防风棚	与 SY/T 4103 一致	当恶劣气候影响焊接质量，应停止焊接，如采取防护措施可允许继续焊接。 当管道存在湿气并且环境温度低于 5℃，焊接区域应预热到 50℃或更高的温度。

表 6-20（续）

技术点	SY/T 4103	API 1104	EN 14163
作业空间	沟上焊接，管口周围焊接作业空间距离应大于 400mm。 沟下焊接，焊接坑的大小应使焊工操作容易	与 SY/T 4103 一致	沟上焊接，管口周围焊接作业空间距离应大于 400mm。 沟下焊接，焊接坑的大小应使焊工操作容易。焊接前应清理作业坑里的积水
焊缝表面	盖面焊后，焊缝横断面应在整个焊口均匀一致，焊缝表面任何一点应不低于管外表面，焊缝余高应不大于 2mm，局部不大于 3mm。 相邻焊层引弧点应相互错开，焊缝表面单侧宽度应大于坡口表面宽度 0.5mm～2mm，焊口完成后应将表面彻底清理干净	规定焊缝余高应不大于 1.6mm，焊缝表面宽度应超过坡口表面 3mm。其他与 SY/T 4103 一致	焊缝余高应不大于 1.6mm，焊缝表面宽度应超过坡口表面 3mm

针对管口焊接，国内外相关标准对坡口、管口组对、对口器、环境、作业空间、焊缝表面要求等进行了规定，国内标准 SY/T 4103 与 API 1104 在内容上规定基本一致，EN 14163 则存在部分差异。各标准均从外部环境、施工作业要求等方面进行规定，从而保障管口焊接质量，各标准基本满足使用要求。

（三）焊缝射线检测标准比对

焊缝射线检测标准比对见表 6-21。

针对焊缝射线检测，国内外相关标准对咬边、未焊透、未熔合、根部内凹、烧穿、夹渣、空心焊道、缺陷累积、焊缝凸起余高、单个 / 分散气孔、密集气孔、裂纹等缺陷类型进行焊缝的合格判定，并针对未合格焊缝提出了返修要求，国内标准 SY/T 4103 与 API 1104 在内容上规定基本一致，EN 14163 则存在部分差异，各标准基本满足使用要求。

表 6-21　焊缝射线检测标准比对

技术点	API 1104	EN 14163	SY /T 4103
咬边	第二条区间范围与 SY/T 4103 不一致，API 1104 规定 0.8mm＞深度＞0.4mm，或者 12.5%T＞深度＞6%T 时，取二者较小值。要求 300mm 的连续长度中，累计咬边长度＞50mm，或累计长度超过焊缝长度的 1/6，则不合格。其他与 SY /T 4103 标准规定相同	焊缝内外表面的咬边深度超过 10%T 或 1.0mm，不合格。 咬边在以下情况下是不可接受的：①在任何 300mm 的连续焊道上，内外咬边的总长度超过 50mm；②内外咬边的总长度超过焊道总长度的 15%	①焊缝内外咬边深度＞12.5%T 或＞0.8mm（取两者较小值），任何长度均不合格。②深度＞（6%～12. 5%）T 或＞0. 4mm，取二者较小值。要求 300mm 的连续长度中，累计咬边长度大于 50mm，或累计长度超过焊缝长度的 1/6，则不合格。③咬边深度＜6%T 或 0. 4mm，任何长度均为合格
未焊透	与 SY /T 4103 规定相同	该标准未将未焊透进行细分，除例外规定在 300mm 的双面焊道上，未焊透总长超过 50mm 或占焊道长度的 15% 之外，其他验收指标与 SY /T 4103 中根部未焊透验收指标一致	（1）根部未焊透：单个长度超过 25mm；任何 300mm 连续长度中，累计长度超过 25mm；焊缝长度小于 300mm 时，累计长度超过焊缝长度的 8%。 （2）错边未焊透：单个长度超过 50mm；任何 300mm 连续长度中，累计长度超过 75mm。 （3）中间未焊透：单个长度超过 50mm；任何 300mm 连续长度中，累计长度超过 50mm
未熔合	与 SY /T 4103 规定相同	（1）根部未熔合：单个长度超过 25mm；任何 300mm 连续长度中，累计长度超过 25mm；焊缝长度小于 300mm 时，累计长度超过焊缝长度的 8%。 （2）侧壁 / 夹层未熔合：单个长度超过 50mm；任何 300mm 连续长度中，累计长度超过 50mm，其累计长度超过焊缝长度的 15%	（1）表面未熔合：单个长度超过 25mm；任何 300mm 连续长度中，累计长度超过 25mm；焊缝长度小于 300mm 时，累计长度超过焊缝长度的 8%。 （2）夹层未熔合：单个长度超过 50mm；任何 300mm 连续长度中，累计长度超过 50mm；其累计长度超过焊缝长度的 8%

表 6-21（续）

技术点	API 1104	EN 14163	SY /T 4103
根部内凹	与 SY /T 4103 规定相同	当根部内凹处的射线底片黑度不超过相邻最薄母材的射线底片黑度时，凹陷累计长度不得超过焊缝长度的 25%。 否则，按烧穿标准验收	当根部内凹处的射线底片黑度不超过相邻最薄母材的射线底片黑度时，任何长度均允许。 否则，按烧穿标准验收
烧穿	与 SY /T 4103 规定相同	烧穿符合下列任一条，则不合格：①烧穿处的射线底片黑度超过相邻较薄母材的射线底片黑度，且其最大长度超过 6mm 或超过较薄母材的公称壁厚；②烧穿处射线底片黑度大于相邻较薄母材射线底片黑度的烧穿多于一处	管外径≥60.3mm 时： （a）烧穿处的射线底片黑度超过相邻较薄母材的射线底片黑度，且其最大长度超过 6mm 或超过较薄母材的公称壁厚。 （b）焊缝任何 300mm 的连续长度中（当焊缝长度<300mm，取全部焊缝长度），射线底片黑度大于相邻较薄母材射线底片黑度的烧穿的最大长度的累计超过 13mm。 管径<60.3mm 时：①烧穿处的射线底片黑度超过相邻较薄母材的射线底片黑度，且其最大长度超过 6mm 或超过较薄母材的公称壁厚；②烧穿处射线底片黑度大于相邻较薄母材射线底片黑度的烧穿多于一处

表 6-21（续）

技术点	API 1104	EN 14163	SY /T 4103
夹渣	与 SY /T 4103 规定相同	该标准未对管径进行分组，并规定：①细长夹渣长度超过 50mm；②在焊缝任何 300mm 的连续长度中，细长夹渣或独立夹渣的累计长度超过 50mm；③细长夹渣的宽度超过 1.6mm；④独立夹渣的宽度超过 3mm 或 1 /2T；⑤在焊缝任何 300mm 的连续长度中，最大宽度为 3mm 的独立夹渣的个数超过 4 个；⑥细长夹渣和独立夹渣的累计长度超过焊缝长度的 15%；⑦夹铜或夹钨的宽度超过 3mm 或壁厚的 50%；⑧在焊缝任何 300mm 连续长度中，夹铜或夹钨的累计长度超过 12mm，或存在多于 4 个夹铜或夹钨缺欠	管外径≥60. 3mm 时：①单个细长夹渣长度超过 50mm；②在焊缝任何 300mm 连续长度中，细长夹渣的累计长度超过 50mm；③细长夹渣的宽度超过 1.6mm；④在焊缝任何 300mm 连续长度中，独立夹渣的累计长度超过 13mm；⑤独立夹渣的宽度超过 3mm；⑥在焊缝任何 300mm 的连续长度中，最大宽度为 3mm 的独立夹渣超过 4 个；⑦细长夹渣和独立夹渣的累计长度超过焊缝长度的 8%。 管外径 < 60. 3mm 时：①单个细长夹渣长度超过 3*T*（较薄侧）；②细长夹渣的宽度超过 1. 6mm；③宽度> 1 /2*T*（较薄侧）的独立夹渣累计长度超过 2T（较薄侧）。④细长夹渣和独立夹渣的累计长度超过焊缝长度的 8%
空心焊道	与 SY /T 4103 规定相同	①单个长度超过 50mm；②在焊缝任何 300mm 的连续长度中，累计长度超过 50mm；③所有空心焊道的累计长度超过焊缝长度的 15%，则不合格	①单个长度超过 13mm；②在焊缝任何 300mm 的连续长度中，累积长度超过 50mm；③长度大于 6mm 的单个空心焊道之间，完好焊缝金属长度小于 50mm；④所有空心焊道的累计长度超过焊缝长度的 8%，则不合格
缺陷累积	与 SY /T 4103 规定相同	①焊缝任何连续 300mm 长度内，缺陷累积长度超过 50mm； ②当累计缺陷长度超过焊缝长度的 15% 时不合格	除了咬边、错边和未焊透外，在焊缝任何 300mm 连续长度中，缺陷累计长度超过 50mm，或累计缺陷长度超过焊缝长度的 8% 时不合格

表 6-21（续）

技术点	API 1104	EN 14163	SY /T 4103
单个 / 分散气孔	与 SY/T 4103 规定一致	①单个气孔最大尺寸超过 3mm；②单个气孔尺寸超过 25% 的较薄管壁的厚度；③气孔总面积不得超过投影焊接面积的 2%。面积应为受气孔影响的焊缝长度（最小长度为 150mm）乘焊缝的最大宽度	单个气孔最大尺寸超过 3mm，或超过 0.25*T*（较薄管）；分散气孔的分布超过图所允许的分布，则不合格
密集气孔	SY/T 4103 增加了第三条，即任一密集气孔中的任何一个气孔的尺寸超过 2mm，则不合格。其他则与 SY/T 4103 规定一致	与 SY/T 4103 规定一致	①密集气孔的分布区域长径超过 13mm；②在焊缝任何 300mm 的连续长度中，气孔分布区域长径的累计长度超过 13mm；③任一密集气孔中的任何一个气孔的尺寸超过 2mm，则不合格
裂纹	与 SY/T 4103 规定一致	与 SY/T 4103 规定一致	①除弧坑裂纹之外的任何裂纹，都不合格；②弧坑裂纹的长度超过 4mm，则不合格
返修要求	规定同一裂纹不能进行两次修理，修复后的焊缝再产生裂纹时应切割	对于非全壁厚返修，返修焊道总长不得超过焊缝总长的 30%。对于全壁厚返修，返修焊道总长不得超过焊缝总长的 20%	裂纹：除非业主同意返修，否则所有带裂纹的焊口应按相应规定从管线上切除。当裂纹长度小于焊缝长度的 8% 时，可使用评定合格的返修焊接规程进行返修。 非裂纹：根焊道及填充焊道中，经业主同意后方可返修；盖面焊道中可直接返修。同一部位返修不应超过两次

二、管道穿越标准比对分析

长输管道工程时常需要穿越山体或河流，目前国内外穿跨越工程标准主要有GB 50423—2013《油气输送管道穿跨越工程设计规范》、GB 50251—2015《输气管道工程设计规范》、BS PD 8010-1—2015《管道实施规范　第1部分：陆上管道》、GB 50424—2015《油气输送管道穿越工程施工规范》。

GB 50423—2013规定了油气管道穿跨越工程设计中的挖沟法、水平定向钻法、隧道法以及铁路公路穿越设计要求，以及在穿跨越工程中的焊接、试压及防腐技术要求，共包括8章和7个附录。该标准适用于油气输送管道在路上穿越天然气或人工障碍的新建和扩建工程设计。

GB 50424—2015规定了油气输送管道穿越工程施工方法宜采用的定向钻法穿越施工、顶管法穿越施工、盾构法穿越施工、开挖穿越施工、矿山法隧道穿越施工的实施方法。该标准适用于新建或改、扩建的输送原油、天然气、煤气、成品油等管道穿越障碍物工程的施工。

BS PD 8010由“管道输送系统分委员会PSE/17/2”在“石油用材料和设备技术委员会PSE/17”的授权下编制，给出了有关钢制陆地管道系统的设计、选择、材料规格和使用、路径选择、土地征用、建造、安装、试验、运行、维护和废弃方面的建议和指南。标准中的原则适用于新管线和对现有管线的重大变动。

国内外标准或做法基本一致。GB 50423—2013规定了油气管道穿跨越工程设计中的挖沟法、水平定向钻法、隧道法以及铁路公路穿越设计要求，而BS标准中则是针对铁路、公路、水道、管桥等不同场景进行分别的穿越施工规定，推荐了适用的穿越方法。

（一）管道穿越设计标准比对

管道穿越设计标准比对见表6-22。

表 6-22 管道穿越设计标准比对

标准编号	计算方法
GB 50423—2013 油气输送管道穿跨越工程设计规范	6.12.1 山岭隧道的平巷、斜巷内管道宜采用支墩架空敷设或覆土敷设；水域隧道内管道宜采用支墩架空敷设。 6.12.2 隧道内的管道布置应满足安装需要，除顶管隧道外，宜保留人员行走、查看管道的空间。 6.12.3 隧道内的管段应根据管道输送介质压力、管段重力的轴向分力及管段安装温度与运行温度差作用进行轴向稳定性验算。当不满足要求时，宜选择加强支座锚固力、设置补偿器进行变形补偿措施。 6.12.5 当采用支墩架空敷设时，宜采用滑动或滚动支座。管道对接环焊缝不应设置在支座处。支承点间距应满足管段的强度与稳定要求
GB 50251—2015 输气管道工程设计规范	4.3.1 输气管道应采用埋地方式敷设，特殊地段可采用土堤或地面形式敷设
BS PD 8010-1—2015 管道实施规范 第 1 部分：陆上管道	6.10 主要技术有：直接钻穿、无人隧道挖掘机、管道千斤顶和掘进、螺钻钻探、冲击钻孔。 在使用这些技术时考虑如下因素： 挖掘、穿越和技术本身的安全性。路径上埋地管道和对象的位置。路径上土壤 / 地面、地形的性质和类型。管线、水平位、方向技术的精确度。 10.13 穿越 公路和铁路穿越应采用大开挖、钻孔、掘进或水平定向钻的方法。大型开挖公路穿越方法应将对正常交通流量的干扰降到最低

（二）管道穿越施工标准比对

管道穿越施工标准比对见表 6-23。

表 6-23 管道穿越施工标准比对

标准编号	计算方法
GB 50424—2015 油气输送管道穿越工程施工规范	6.1.1 定向钻法穿越河流等水域时，穿越管段管顶最小埋深不宜小于设计洪水冲刷线和规划疏浚线以下 6m
BS PD 8010-1—2015 管道实施规范 第 1 部分：陆上管道	6.8.3 水道、运河、河流管道覆土深度不应小于 1.2m，从预计最低真正无淤泥河床水平开始测量

国内外标准对于定向钻法穿越河流施工都进行了详细的规定，但总体上来看，国内施工标准更加细致严格。例如表 6-23 所示管道客流穿越埋深要求，国内要求埋深不小于疏浚线 6m，而在 BS 标准中则要求不小于无淤泥河床 1.2m 即可。

三、试运投产标准比对分析

国内试运投产阶段使用的标准主要有 GB 50251—2015《输气管道工程设计规范》、GB 50369—2014《油气长输管道工程施工及验收规范》、SY/T 5922—2012《天然气管道运行规范》、GB/T 24259—2009《石油天然气工业　管道输送系统》、SY/T 5922—2012《天然气管道运行规范》、SY/T 5536—2016《原油管道运行规范》等。国外主要使用的标准有 ASME B31.8—2018《输气和配气管道系统》、AS 2885.3—2012《气体与液体石油管道－第 3 部分：运行和维护》等。

（一）管道试压介质标准比对

管道试压介质标准比对见表 6-24。

表 6-24　管道试压介质标准比对

<table>
<tr><th>标准编号</th><th>标准规定</th></tr>
<tr><td>GB 50251—2015</td><td>11.2.3　输气管道强度试验应符合下列规定：
（1）输气管线强度试验在回填后进行，试验介质应符合下列规定；
位于一级一类地区采用 0.8 强度设计系数的管段应采用水作为试验介质；
位于一级二类、二级地区的管段可采用气体或水作为试验介质；
位于三、四级地区的管段应采用水作试验介质。
输气站及阀室的强度试验应采用水作为试验介质。
当具备表 11.2.3 全部各项条件时，三、四级地区的线路管段以及输气站和阀室的工艺管道可采用空气作为强度试验介质。
（2）表 11.2.3 三、四级地区的管段及输气站和阀室内的工艺管道空气试压条件
<table>
<tr><td colspan="2">现场最大试验压力产生的环向应力</td><td rowspan="3">最大操作压力不超过现场最大试验压力的 80%</td><td rowspan="3">所试验的是新管子，并且焊缝系数为 1.0</td></tr>
<tr><td>三级地区</td><td>四级地区</td></tr>
<tr><td><50%σ_s</td><td><40%σ_s</td></tr>
</table>
注：表中 σ 为钢管标准规定的最小屈服强度（MPa）</td></tr>
<tr><td>GB 50369—2014</td><td>14.1.6　试压介质的选择应符合下列规定：
（1）输油管道试压介质应采用水，在高寒、陡坡等特殊地段，经设计校核可采用空气作为试压介质，但管材必须满足止裂要求。试压时应采用防爆安全措施。
（2）输气管道位于一级、二级地区的管段宜采用水作试压介质，在高寒、陡坡等特殊地段可采用空气作为试压介质。
（3）输气管道位于三级、四级地区的管段应采用水作为试压介质。
（4）管道水压试验水质应使用洁净水</td></tr>
</table>

表 6-24（续）

<table>
<tr><th>标准编号</th><th>标准规定</th></tr>
<tr><td>SY/T 5922—2012</td><td>9.3.1.3　强度试压介质应满足以下要求：
（a）试压用水不应有腐蚀性，不应含有机或无机脏物，水的允许 pH 值应为 6～7.5，水中有害盐类的含量，特别是氯化物，应低于 500mg/L。
（b）如果最低环境温度不大于 0℃，应允许使用含有结冰抑制剂的水。
（c）可采用水或空气及其他非易燃、无毒气体做强度试压介质。
9.3.1.4　严密性试验宜采用气体作为试验介质</td></tr>
<tr><td>ASME B31.8—2018</td><td>841.3.2　为验证操作环向应力大于或等于 30%SMYS 的管线和总管的强度的试压要求
以下是为验证操作环向应力大于或等于 30%SMYS 的管线和总管的强度的试压要求：
（a）可允许使用的压力试验介质参见表 841.3.1-1。推荐使用水压试验。B803 所述的酸气和可燃气体只能在 1 级 2 类地区用于试验。当进行上述两种介质的试验时，应将群众转移至安全距离，试验人员也应配备合适的保护设备。酸气和可燃气体试验应符合表 841.3.1-1 的压力限制。
表 841.3.1-1 对操作时环向应力大于或等于 30%SMYS 的钢管和总管的试压要求
<table>
<tr><td>1</td><td>2</td><td>3</td><td>4</td><td>5</td><td>6</td></tr>
<tr><td rowspan="2">地区等级</td><td rowspan="2">最大设计系数 F</td><td rowspan="2">适用的试压介质</td><td colspan="2">规定的试验压力</td><td rowspan="2">最大允许操作压力（取两者之间较低值）</td></tr>
<tr><td>最小</td><td>最大</td></tr>
<tr><td>1 级</td><td>0.8</td><td>水</td><td>1.25 × MOP</td><td>无</td><td>TP/1.25 或 DP</td></tr>
<tr><td>1 类</td><td>0.72</td><td>水</td><td>1.25 × MOP</td><td>无</td><td>TP/1.25 或 DP</td></tr>
<tr><td>1 级</td><td>0.72</td><td>空气或气体</td><td>1.25 × MOP</td><td>1.25 × DP</td><td>TP/1.25 或 DP</td></tr>
<tr><td>2 类</td><td>0.6</td><td>水</td><td>1.25 × MOP</td><td>无</td><td>TP/1.25 或 DP</td></tr>
<tr><td>2 级</td><td>0.6</td><td>空气</td><td>1.25 × MOP</td><td>1.25 × DP</td><td>TP/1.25 或 DP</td></tr>
<tr><td>3 级</td><td>0.5</td><td>水</td><td>1.25 × MOP</td><td>无</td><td>TP/1.25 或 DP</td></tr>
<tr><td>4 级</td><td>0.4</td><td>水</td><td>1.25 × MOP</td><td>无</td><td>TP/1.25 或 DP</td></tr>
</table>
说明：
DP= 设计压力；
MOP= 最大工作压力（不一定是最大允许操作压力）；
TP= 试验压力</td></tr>
</table>

中国输气管道试压介质一般按照地区级别分类，三、四级地区应采用水试压，一、二级地区根据具体情况选取水或空气作为试压介质。在高寒、陡坡的一、二级地区或进行严密性试验宜采用空气作为试压介质。美国地区做法与中国类似，根据地区等级选用适用的试压介质。

（二）试压强度与稳压时间标准比对

试压强度和稳压时间标准比对见表 6-25。

表 6-25　试压强度和稳压时间标准比对

<table>
<tr><th>标准编号</th><th>标准规定</th></tr>
<tr><td>GB 50251—2015</td><td>11.2.3
（4）输气管道强度试验压力应符合下列规定：
1）一、二级地区内的线路管段水压试验压力不应小于设计压力的 1.25 倍；
2）一级二类地区和二级地区内的线路管段采用空气进行强度试验时，试验压力应为设计压力的 1.25 倍；
3）三级和四级地区内的管段试验压力不应小于设计压力的 1.5 倍。
（5）输气站和阀室内的工艺管道强度试验压力不应小于设计压力的 1.5 倍。
（6）输气管线用水作为试压介质时，试验段高点的试验压力应符合本条第 4 款的规定。一级一类地区采用 0.8 强度设计系数管道的每个试验段，试验压力在低点处产生的环向应力不应大于管材标准规定的最小屈服强度的 1.05 倍；其他地区等级管线的每个试压段，试验压力在低点处产生的环向应力不应大于管材标准规定的最小屈服强度的 95%。水质应为无腐蚀性洁净水。试压宜在环境温度为 5℃以上进行。低于 5℃时应采取防冻措施。注水宜连续，并应采取措施排除管线内的气体。水试压合格后，应将管段内积水清扫干净。
（8）强度试验的稳压时间不应少于 4h</td></tr>
<tr><td>GB 50369—2014</td><td>14.3.5　输气管道分段水压试验时的压力值、稳压时间及合格标准应符合表 14.3.5 的规定。
表 14.3.5 输气管道分段水压试验时的压力值、稳压时间及合格标准
<table>
<tr><th colspan="2">分类</th><th>强度试验</th><th>严密性试验</th></tr>
<tr><td rowspan="2">一级地区输气管道</td><td>压力值（MPa）</td><td>1.1 倍设计压力</td><td>设计压力</td></tr>
<tr><td>稳压时间（h）</td><td>4</td><td>24</td></tr>
<tr><td rowspan="2">二级地区输气管道</td><td>压力值（MPa）</td><td>1.25 倍设计压力</td><td>设计压力</td></tr>
<tr><td>稳压时间（h）</td><td>4</td><td>24</td></tr>
<tr><td rowspan="2">三级地区输气管道</td><td>压力值（MPa）</td><td>1.4 倍设计压力</td><td>设计压力</td></tr>
<tr><td>稳压时间（h）</td><td>4</td><td>24</td></tr>
<tr><td rowspan="2">四级地区输气管道</td><td>压力值（MPa）</td><td>1.5 倍设计压力</td><td>设计压力</td></tr>
<tr><td>稳压时间（h）</td><td>4</td><td>24</td></tr>
<tr><td colspan="2">合格标准</td><td>无变形、无泄漏</td><td>压降不大于 1% 试验压力值，且不大于 0.1MPa</td></tr>
</table></td></tr>
</table>

表 6-25（续）

<table>
<tr><th>标准编号</th><th>标准规定</th></tr>
<tr><td>ASME B31.8—2018</td><td>
841.3.2　为验证操作环向应力大于或等于 30%SMYS 的管线和总管的强度的试压要求
以下是为验证操作环向应力大于或等于 30%SMYS 的管线和总管的强度的试压要求：
（a）可允许使用的压力试验介质参见表 841.3.1-1。推荐使用水压试验。B803 所述的酸气和可燃气体只能在 1 级 2 类地区用于试验。当进行上述两种介质的试验时，应将群众转移至安全距离，试验人员也应配备合适的保护设备。酸气和可燃气体试验应符合表 841.3.1-1 的压力限制。
表 841.3.2-1　对操作时环向应力大于或等于 30%SMYS 的钢管和总管的试压要求
<table>
<tr><td>1</td><td>2</td><td>3</td><td>4</td><td>5</td><td>6</td></tr>
<tr><td rowspan="2">地区等级</td><td rowspan="2">最大设计系数 F</td><td rowspan="2">适用的试压介质</td><td colspan="2">规定的试验压力</td><td rowspan="2">最大允许操作压力（取两者之间较低值）</td></tr>
<tr><td>最小</td><td>最大</td></tr>
<tr><td>1 级</td><td>0.8</td><td>水</td><td>1.25 × MOP</td><td>无</td><td>TP/1.25 或 DP</td></tr>
<tr><td>1 类</td><td>0.72</td><td>水</td><td>1.25 × MOP</td><td>无</td><td>TP/1.25 或 DP</td></tr>
<tr><td>1 级</td><td>0.72</td><td>空气或气体</td><td>1.25 × MOP</td><td>1.25 × DP</td><td>TP/1.25 或 DP</td></tr>
<tr><td>2 类</td><td>0.6</td><td>水</td><td>1.25 × MOP</td><td>无</td><td>TP/1.25 或 DP</td></tr>
<tr><td>2 级</td><td>0.6</td><td>空气</td><td>1.25 × MOP</td><td>1.25 × DP</td><td>TP/1.25 或 DP</td></tr>
<tr><td>3 级</td><td>0.5</td><td>水</td><td>1.25 × MOP</td><td>无</td><td>TP/1.25 或 DP</td></tr>
<tr><td>4 级</td><td>0.4</td><td>水</td><td>1.25 × MOP</td><td>无</td><td>TP/1.25 或 DP</td></tr>
</table>
说明：
DP= 设计压力；
MOP= 最大工作压力（不一定是最大允许操作压力）；
TP= 试验压力
</td></tr>
</table>

我国管道试压分为强度试压和严密性试压试验，在进行强度试压时，根据不同的地区级别和试压介质对试压强度最低值进行了规定，在以水为介质进行输气管道试压时，对试验压力在低点处产生的环向应力最大值进行了规定。强度试压的稳压时间为不少于 4h。在进行严密性试压时，试压强度为设计压力，试压时间为不少于 24h，同时规定了试压合格标准。

美国地区对试压强度的规定没有考虑地区等级的影响，最小试压强度为 1.25 倍的最大工作压力，最大试压强度只考虑了使用空气作为试压介质时为 1.25 倍的设计压力，对试压时间没有规定。

（三）管道投产标准比对

管道投产标准比对见表 6-26。

表 6-26　管道投产标准比对

标准编号	标准规定
GB/T 24259—2009	12.6　投产规程及充装管输流体 在通入管输流体之前，应编制书面投产规程，并要求下列内容： ——系统宜机械完工并都能良好运转； ——所有功能试验宜完成并合格； ——所有必要的安全系统应操作良好； ——应备齐各种操作规程； ——应已建立通信系统； ——正式将完整的管道系统向负责管道运行管理者交工。 向管道充满流体时，应控制充满速率，流体压力不应超出允许的极限
SY/T 5922—2012	6.4　投产前检查 6.4.1　投产前应按照投产方案要求的内容进行全线检查，确认投产条件符合方案要求。 6.4.2　消防系统、压力容器、防雷防静电、试生产许可等应通过地方相关部门的批复。 6.4.3　工艺及机械设备、仪表及自控系统、电气系统、通信系统等调试完成
SY/T 5536—2016	6.2　投产准备 6.2.1　生产管理组织机构应健全，岗位人员培训合格，配备到位；特殊工种操作人员应取得相关部门颁发的操作证书。 6.2.2　应按设计图纸和有关施工及验收规范组织对所有施工项目进行投产前检查。 6.2.3　管道设计和施工单位应向运营单位移交与投产有关的图纸及设备说明书等相关资料。 6.2.4　应制定各岗位生产管理制度、操作规程、应急预案，编制生产报表。 6.2.5　应与上下游及电、讯、水等部门签署相关协议。 6.2.6　对重新启用的管道，应进行管道腐蚀状况调查和剩余强度评价。 6.2.7　预验收及分系统试运发现的问题应处理完毕。 6.2.8　应对全线进行线路巡查，检查管道沿线标志桩。测试桩及伴行公路情况

表 6-26（续）

标准编号	标准规定
AS 2885.3—2012	3.3　运行操作准备就绪 只有当至少已经完成以下检查项目之后，才能视为管道已经就绪，可以开始运行操作或重新开始运行操作。 （a）安全管理研究已经经过评审，包括允许操作人员已经为运行操作做好准备工作。 注：重要的是操作人员了解此条管道特有的威胁和控制措施。 （b）此条管道符合 AS 2885 系列标准的所有相关部分的规定。 （c）已经满足静水压强度试验和气密性试验要求，并进行记录。 （d）已经建立最大允许运行压力（MAOP）。 （e）与现有设施的连接焊缝，此类焊缝未按（c）项进行试验，但是通过认可的无损测试方法进行检验，且符合 AS2885.2 的规定。 （f）对部件已经完成测试，确认其满足运行操作的要求。如果这是不可行的，则进行其他适合的检验。 （g）已经培训足够的运行操作、维护和应急响应人员。 （h）管道按照 AS 2885.1 规定进行阴极保护。 （i）已经根据第 7 章的要求，采取缓解威胁措施

我国针对管道投产条件主要包括：投产方案和运行流程的制定、资料和手续的移交、人员及物资的配备、系统和设备的调试、应急预案的制定等，从各个方面保障了投产的顺利进行。国外管道投产的条件包括人员、安全管理、运行参数、管道检测、应急等多个方面。

第三节　油气管道运营标准比对分析

本节重点从管道运行管理、管道安全管理、管道完整性管理及管道维抢修四个方面开展油气管道运营标准比对分析。其中我国标准重点分析 GB 50251—2015《输气管道工程设计规范》、GB 50369—2014《油气长输管道工程施工及验收规范》、GB/T 24259—2009《石油天然气工业　管道输送系统》、SY/T 5922—2012《天然气管道运行规范》、SY/T 5536—2016《原油管道运行规范》、GB 50350—2005《油气集输设计规范》、GB 50183—2015《石油天然气工程设计防火规范》、GB/T 27699—2011《钢质管道内检测技术规范》、GB 32167—2015《油气输送管道完整性管理规范》等。

国外标准重点分析 ASME B31.8—2018《输气和配气管道系统》、AS 2885.3—2012《气体与液体石油管道　第 3 部分：运行和维护》、ASME B31.8S—2016《输气管道完整性管理系统》、API Std 1163—2013《内检测系统认证》和 NACE SP0102—2017《管道内检测》等。

一、管道运行管理标准比对分析

油气管道的运行管理会涉及管道运行参数的设定、相关的运行操作以及管道的调控管理等方面。GB 50251《输气管道工程设计规范》和 GB 50253《输油管道工程设计规范》既是油气管道设计的重要规范，也是管道运行控制以及相关标准制定的重要依据。在上述的标准中，不但对管道的设计提出具体技术要求，而且对输送工艺、工艺运行参数以及管道运行监控等技术环节，均做出了技术规定。同时，针对油气管道运行的实际需要，依据上述标准，也会制定更为具体的行业标准和企业标准。

国外均制定有综合性标准对油气管道的建设、运行及维护等方面进行规定，如 ASME B31.8—2018《输气和配气管道系统》、AS 2885.3《气体与液体石油管道　第 3 部分：运行和维护》、CSA Z662—2015《石油和天然气管道系统》、ISO 13623《石油和天然气工业　管道输送系统》。这些标准也是制定更多指导管道运行标准的基础。

（一）管道运行参数分析标准比对

管道运行参数分析标准比对见表 6-27。

表 6-27　管道运行参数分析标准比对

相关标准	标准规定
SY/T 5536—2016 原油管道运行规范	7.2.6　对输送含蜡原油的管道应定期分析管道的结蜡状况，根据输量、运行压力、运行温度、油品性质等制定管道合理的消管周期并定期进行清管作业。 7.2.7　应定期对主要输油设备进行效率测试，并对系统效率进行评价，及时调整运行或更换低效设备
SY/T 6695—2014 成品油管道运行规范	8.1　在输送油品性质和输量一定的情况下，应在安全运行的基础上通过优化运行参数和工艺操作，降低运行成本。 8.2　应根据输油计划编制管道运行方案，对收、输、销和库存油量进行综合平衡，合理确定流量和运行泵机组，并使泵机组在高效区运行，减少节流损失。 8.3　应合理确定批次顺序和循环次数，制定混油切割方案，减少混油量和油品降级贬值损失。 8.4　应定期进行管道运行分析，对耗能设备进行效率测试，对系统运行效率进行评价

表 6-27（续）

相关标准	标准规定
SY/T 5922—2012 天然气管道运行规范	7.2.2.1　应定期分析管道输送能力利用率。 7.2.2.2　应及时分析设备、管道输送效率下降的原因并提出改进方案。 7.2.2.3　应分析全线各压气站间负荷分配，实现在稳定输量下压缩机组的最优匹配。 7.2.2.4　当输气工况发生变化后，应及时采取相应措施，使新工况实际运行参数与规定的运行参数偏差最小。 7.2.2.5　应对清管效果和管道输送效率下降的原因进行及时分析
РД153-39.4-056—2000 干线输油管道运行 技术规程	3.3.6　在输油管道工艺运行参数每次发生意外变化时，应立即采取查明和消除引起这些变化的原因的措施。 3.3.14　干线输油管道主要工艺运行参数、输量计划平衡表的操作检查、记录、分析至少每隔两小时在各级调度部门进行一次。 3.3.15　在干线输油管道设施出现紧急情况时，操作调度人员应根据可能事故消除计划和灭火计划行动

针对管道试运行过程监控，国内侧重于管道运行参数监视、控制和特定事故处置方法。俄罗斯标准重视管道异常工况的分析处理，例如俄罗斯标准 РД 153-39.4-056—2000 规定管道运行参数、流量平衡表的分析至少每 2h 在控制中心和公司调度部门进行 1 次；管道运行参数出现显著变化，应确定异常原因，预测未来一段时间管道运行状态等。

（二）安全阀压力设定值标准比对

安全阀压力设定值标准比对见表 6-28。

表 6-28　安全阀压力设定值标准比对

相关标准	标准规定
GB 50251—2015 输气管道工程设计 规范	3.4.3　存在超压的管道、设备和容器，必须设置安全阀或压力控制设施。 3.4.4　安全阀的定压应经系统分析后确定，并应符合下列规定： （1）压力容器的安全阀定压应小于或等于受压容器的设计压力。 （2）管道的安全阀定压（P_0）应根据工艺管道最大允许操作压力（P）确定，并应符合下列规定： 1）当 $P \leqslant 1.8\text{MPa}$ 时，管道的安全阀定压（P_0）应按式（1）计算： $P_0=P+0.18\text{MPa}$ ……………………（1） 2）当 $1.8\text{MPa} \leqslant P \leqslant 7.5\text{MPa}$ 时，管道的安全阀定压（P_0）应按式（2）计算： $P_0=1.1P$ ……………………（2） 3）当 $P>7.5\text{MPa}$ 时，管道的安全阀定压（P_0）应按式（3）计算： $P_0=1.05P$ ……………………（3） 4）采用 0.8 强度设计系数的管道设置的安全阀。定压不应大于 $1.04P$

表 6-28（续）

相关标准	标准规定
ASME B31.8—2018 输气和配气管道系统	845.4.1　泄压站和限压站所需的容量 （a）凡为保护管线系统或压力容器而安装的每座泄压站或限压站或泄压和限压站组，应具有足够的容量，并且应调整到其操作时可防止超过以下压力水平： （1）在环向应力大于 72%SMYS 的压力下，操作装有管道或管线部件的系统。要求的容量是最大允许操作压力加 4%。 （2）在环向应力小于或等于 72%SMYS 的压力下，操作装有管道和管线部件的系统，不是低压配气系统。要求的容量是以下两者中的较小值： 1）最大允许操作压力加 10%； 2）产生的环向应力为 75%SMYS 的压力。 （3）低压配气系统。要求的容量是任一与其相连的和经过正确调节的燃气设备产生不安全操作的压力。 （b）当管线或配气系统由一个以上调压站或压缩机站供气，并且这些站都装有泄压装置，在选择每个站中的泄压装置大小时，可考虑远处站的泄压能力。但作此考虑时，假定的远处站的泄压能力必须不超过将气体输至该处的管线系统的能力或不超过远处泄压装置的能力，以两者中较低者为准
CSA Z662—2015 加拿大油气管线系统	4.14.1.2　若压力控制装置出现故障或其他原因可能引起管线系统超过最大操作压力，则应安装过压保护装置，保证在异常情况下管线系统的最大操作压力不超过 10% 或 35kPa 两者中的较大值

美国标准 ASME B31.8—2018 和加拿大标准 CSA Z662—2015 规定管道系统中任何一点的运行压力不超过管道最大允许操作压力（Maximum Allowable Operation Pressure，MAOP）的 1.1 倍。我国标准 GB 50251—2015 规定输气站和输气管道低点等可能存在超压的位置应设计泄压阀，泄压阀设定值 P_0 应根据 MAOP 具体值范围区间确定：

① $P_0=P+0.18$MPa，$P\leqslant1.8$MPa；

② $P_0=1.1P$，1.8MPa$\leqslant P\leqslant$7.5MPa；

③ $P_0=1.05$P，$P>7.5$MPa。

通过分析可以看出，针对处于中、低压范围的支线管道以及站场工艺管道，国内及国外先进标准关于安全阀设定值基本一致；对于大口径、高压力的干线管道，国内标准关于泄压阀的设定值偏保守，降低了管道运行压力调节的允许范围和安全余量。目前长输管道已广泛应用高强度水压试验，最大试压强度接近管材屈服强度，管道承压能力远高于 1.1 倍 MAOP。从方便管道运行管理角度，泄压阀设定值采用 1.1 倍 MAOP 较为适宜。

（三）清管质量要求标准比对

清管质量要求标准比对见表 6-29。

表 6-29 清管质量要求标准比对

相关标准	标准规定
GB 50251—2015 输气管道工程设计规范	11.2.1 清管扫线与测径应符合下列规定： （1）输气管道试压前应采用清管器进行清管，且清管次数不应少于两次； （2）清管扫线应设临时清管器收发设施和放空口，不应使用站内设施； （3）管道试压前宜用测径板进行测径
GB 50369—2014 油气长输管道工程施工及验收规范	14.2.1 分段试压前，应采用清管球（器）进行清管，清管介质应用空气。清管次数不应少于 2 次，以开口端不再排出杂物为合格
СНиП Ⅲ-42—1980 管道干线建设施工规范	11.6 不具备连续通信时，不允许进行清管以及管道强度试验和密封性检查的工作
РД-16.01-74.20.00-КТН-058-1—2005 东西伯利亚 - 太平洋干线输油管道设计与施工专用标准	7.19.3 清扫埋地输油管道的内腔应当在铺设和回填管道之后进行；清扫架空输油管道的内腔应当在铺设和固定在支架上之后进行。 清扫管道内腔应当用水冲洗，并让清管器从管道内通过。 管道扫线后编写管道准备进行截面测量的确认文件。 用配备传感器的 ПРВ-1 型和（或者）СКР-1 型清管器依次通过管道的方法来清扫管道内腔。 在第一个清管器放入管段前，应当在管段内冲入相当于 0.1 倍～0.15 倍管段容积的水。 清管器的移动速度在扫线时应不低于 3km/h

通过比对发现，俄罗斯标准提出了清管前保障通信设施的要求，而国内标准中没有此要求。此外，俄罗斯标准还提到了向管道内注入一定量的液态水，由于国内管道清管前用水试压，管道内一般含有一定量的液态水，因此没有注入水的要求。

（四）冰堵预防措施标准比对

冰堵预防措施标准比对见表 6-30。

表 6-30 冰堵预防措施标准比对

相关标准	标准规定
GB 50350—2005 油气集输设计规范	6.3.1 天然气水合物的防止，可采用天然气脱水、加热、保温或向天然气中加入抑制剂等措施，应确保天然气集输温度高于水合物形成温度 3℃以上。 6.3.2 采用加热法防止产生水合物的管道，管道防腐层的选择应能适应加热温度的要求。 6.3.3 采用加热法防止水合物时，宜采用常压水套炉。 6.3.4 采用抑制剂防止水合物可用甲醇、乙二醇、二甘醇等。甲醇的储存量宜按使用量、供货及运输情况确定。甘醇的储存量宜按不少于一个季度加入量的 10% 确定
SYT 5922—2012 天然气管道运行规范	7.2.2.6 应定期对管道压力、温度、流量及气质参数等进行分析，及时掌握管道泄漏和堵塞等异常情况，并及时确定泄漏和堵塞位置。 7.3.4 应根据气温对管线、站场设备采取防冻措施。 8.3.3 冬季要防止水化物堵塞管道，可向管道内加注防冻剂
SY/T 0076—2008 天然气脱水设计规范	7.1.1 天然气低温法脱水应防止水合物的形成，通常在气流中注入甲醇、乙二醇或二甘醇作为水合物抑制剂，降低水溶液的冰点
SY/T 0049—2006 油田地面工程建设规划设计规范	8.2.13 为防止天然气在管道输送中生成水合物冻堵并腐蚀管道，可采用天然气脱水或向天然气中加入抑制剂的方法，也可采取加热、保温等措施，使天然气集输温度高于水合物形成温度 3℃以上
СТО ГАЗПРОМ 2-3.5-051—2006 干线天然气管道工艺设计规范	6.1.9 为了避免水合物的形成，建议安装向天然气管道中注入甲醇的装置。 9.1.1 配气站用于给居民点、工业企业和其他用户供应规定数量的天然气，该天然气具有设定压力、必须的净化、加味程度并带有燃气消耗量计量装置。配气站的组成中包括：预防水合物形成的单元。 9.4.1 预防水合物形成单元用于预防设备冻结和在天然气输送管线中形成水合晶。 9.4.2 预防水合物形成的措施为采用借助天然气加热器对天然气进行总体或局部加热。在具有形成水合物堵塞的危险时应使用甲醇注入天然气输送管网中。 18.6.2 用于预测天然气管道通过能力、选择压缩站之间的距离、发现管道中水合物形成区域和热应力值，以及论证比较有效的铺设方法和天然气冷却水平，应确定天然气管道的热力工况

表 6-30（续）

相关标准	标准规定
ВРД 39-1.10-069—2002 干线天然气管道配气站技术运营条例	1.4.3　配气站服务处工作范围： 往配气站管线中加注甲醇，以避免水合物的形成。 3.1.16　作为预防水合物形成的措施可以采用： 借助天然气加热器对天然气进行总体或局部加热。 对压力调节器的外壳进行局部加热。 在形成水合物堵塞时应使用甲醇注入天然气输送管网中
ВРД 39-1.10-006—2000 干线输气管道的技术操作规程	3.1.2　完成下列工序时，干线输气管道的线路部分应保证按计划和合同供气： 向干线输气管道内腔加注甲醇，以防形成或者破坏水合晶体
IS 15729—2007 天然气压力调节和计量终端	5　应关注是否需要对气体预热，以避免因减压所致的下游管网和辅助系统的低温。如果安装了加热器，其应避免温度过高而损坏诸如调压阀、计量表、减压阀等设备中的密封、隔膜或阀座

通过比对发现，СТО ГАЗПРОМ 2-3.5-051—2006、IS 15729—2007 等主要规定使用注醇、管道预热以及提高管输气质的方式预防冰堵。而国内标准针对管道运行实际，提出了做好投产前的管道干燥以及减少调压阀前后压差等更为具体的技术要求。

二、管道安全管理标准比对分析

国外涉及管道安全管理的标准较多。在消防安全方面，我国管道主要参考 GB 50183—2015《石油天然气工程设计防火规范》、GB 50016—2014《建筑设计防火规范》以及 GB 50251 和 GB 50253 中关于消防设计的相关内容。其中，GB 50183—2015 主要涉及新建、扩建、改建的陆上油气田工程、管道站场工程和海洋油气田陆上终端工程的防火设计。GB 50016—2014 是关于厂房（仓库），甲、乙、丙类液体、气体储罐（区）与可燃材料堆场，民用建筑，消防车道，建筑构造，消防给水和灭火设施，防烟与排烟，采暖、通风和空气调节，电气，城市交通隧道的防火设计规范。欧美国家消防设计及管理参考的主要是美国消防协会（NFPA）的标准，而俄罗斯石油行业的消防标准主要有 ВППБ 01-04—1998《天然气工业企业和机构安全消防规程》等。其中 ВППБ 01-04—1998 内容包括：企业和机构的主要消防安全要求、使用工程系统时的主要消防安全要求、使用气田和油田配套设施时的消防安全保障、天然气工业企业主要生产过程的消防安全、天然气运输企业、液化气丛式井组和充气站、灭火、消除事故等。

在可燃气体探测方面，国内的相关标准主要有 GB 50160—2008《石油化工企业设计防火标准》（2018 版）、GB 50074《石油库设计规范》、GB 50183—2010《石油天然气工程设计防火规范》、GB 16808—2008《可燃气体报警控制器》、GB 50116—2013《火灾自动报警系统设计规范》和 Q/SY 152—2012《油气管道火灾和可燃气体自动报警系统运行维护规程》等。国外可燃气体探测器相关标准主要是 ISA 标准，美国仪表协会（ISA）成立于 1945 年，致力于制定自动化领域的标准准则，包括计量设备、控制装置、计算机硬件 / 软件、符号系统、安全仪表等专业，并受到国际公认，2008 年 ISA 重新命名为 International Society of Automation。ISA 关于可燃气体和有毒气体探测器、安全仪表系统完整性、爆炸性气体环境电气设备标准，如 ISA 92. 00. 02—2013《有毒气体探测器的安装、操作和维护》、ISA TR 84. 00. 03—2012《安全仪表系统（ SIS）的机械完整性》和 ISA 60079-26—2011《爆炸性气体环境 - 第 26 部分：在 1 类 0 区危险区域的电气设备》，具有较强的通用性和权威性。ISA 60079-29-2（12.13.02）—2012 是美国气体探测器领域的综合性标准，基本代表了美国气体探测器的技术水平和发展趋势。

在巡护管理方面，我国涉及管道巡护内容的标准主要有 SY/T 5922—2012《天然气管道运行规范》和 SY/T 5536—2016《原油管道运行规范》两项石油行业标准。在 ASME B31.8—2018《输气和配气管道系统》等一些国外的综合性管道标准中规定了管道的巡护管理相关内容，并且在澳大利亚发布的气体与液体石油管道系列标准中的第 3 部分（AS 2885.3—2012）为管道运行和维护的专项标准。

（一）消防安全设置标准比对

消防安全设置标准比对见表 6-31。

表 6-31 消防安全设置标准比对

相关标准	标准规定
GB 50183—2015 石油天然气工程设计 防火规范	8.1.1 石油天然气站场消防设施的设置，应根据其规模、油品性质、存储方式、储存容量、储存温度、火灾危险性及所在区域消防站布局、消防站装备情况及外部协作条件等综合因素确定。 8.2.1 消防站及消防车的设置应符合下列规定： （1）油气田消防站应根据区域规划设置，并应结合油气站场火灾危险性大小、邻近的消防协作条件和所处地理环境划分责任区。一、二、三级油气站场集中地区应设置等级不低于二级的消防站。

表 6-31（续）

相关标准	标准规定
GB 50183—2015 石油天然气工程设计防火规范	（2）油气田三级及以上油气站场内设置固定消防系统时，可不设消防站、如果邻近消防协作力量不能在 30min 内到达（在人烟稀少、条件困难地区、邻近消防协作力量的到达时间可酌情延长，但不得超过消防冷却水连续供给时间），可按下列要求设置消防车：1）油田三级及以上的油气站场应配 2 台单车泡沫罐容量不小于 3000L 的消防车；2）气田三级天然气净化厂配 2 台重型消防车。 8.8.1　消防冷却供水泵房和泡沫供水泵房宜合建，其规模应满足所在站场一次最大火灾的需要。一、二、三级站场消防冷却供水泵和泡沫供水泵均应设备用泵，消防冷却供水泵和泡沫供水泵的备用泵性能应与各自最大一台操作泵相同。 8.8.2　消防泵房的位置应保证启泵后 5min 内，将泡沫混合液和冷却水送到任何一个着火点。 8.8.3　消防泵房的位置宜设在油罐区全年最小频率风向的下风侧，其地坪宜高于油罐区地坪标高，并应避开油罐破裂可能波及的部位
GB 50016—2014 建筑设计防火规范	6.2.7　附设在建筑内的消防控制室、灭火设备室、消防水泵房和通风空气调节机房、变配电室等，应采用耐火极限不低于 2.00h 的防火隔墙和 1.05h 的楼板与其他部位分隔
SY 0048—2009 石油天然气工程总图设计规范	6.1.3　油气站场总平面布置应与工艺流程相适应，宜根据不同生产功能和特点分别相对集中布置，功能分区明确。 6.1.4　各类站场总平面布置应紧凑合理，节约用地。站场的生产设施宜采取联合装置，对生产联系密切、性质相近的单体建筑，在满足生产要求、符合安全环保的前提下，宜合并建设联合厂房和多层厂房。 6.5.6　消防水泵房宜与消防泡沫泵房合建，其位置宜布置在储油罐区全年最小频率风向的下风侧，与各建（构）筑物的距离应符合 GB 50183 的有关规定
ВППБ 01-04—1998 天然气工业企业和机构安全消防规程	附件 1 24　为生产厂房、库房，以及项目区域布置的普通灭火器材应配备消防站（消防架）

GB 50183—2015 要求消防站需要单独设置，并且详细规定了消防站设置等级与要求；ВППБ 01-04—1998 也明确规定生产厂房、库房等都应单独设立消防站。

（二）可燃气体报警装置标准比对

可燃气体报警装置标准比对见表 6-32。

表 6-32　可燃气体报警装置标准比对

相关标准	标准规定
GB 50183—2015 石油天然气工程设计防火规范	6.1.6　天然气凝液和液化石油气厂房、可燃气体压缩机厂房和其他建筑面积大于或等于 150m² 的甲类火灾危险性厂房内，应设可燃气体检测报警装置。天然气凝液和液化石油气罐区、天然气凝液和凝析油回收装置的工艺设备区应设可燃气体检测报警装置。其他露天或棚式布置的甲类生产设施可不设可燃气体检测报警装置
SY 6503—2008 石油天然气工程可燃气体检测报警系统安全技术规范	5.1.1　存在下列介质释放源的场所应设可燃气体检测报警系统： （1）液化天然气、天然气凝液、液化石油气、稳定轻烃、丙烷、丁烷、未稳定凝析油、稳定凝析油等； （2）相对密度大于 1.0kg/m³ 的天然气

针对露天场所设置可燃气体报警器，国内和国外做法有所差异。我国建议不在露天场所设置可燃气体报警器。国外 Trans Canada、Sunoco、Shetland 等公司不会在露天场所设置可燃气体检测器，只会在天然气处理厂、天然气集输站以及站场内部设置可燃气体报警器；但 Kinder Morgan 公司以及 Shell 公司会在露天场所设置可燃气体报警器。管道发生泄漏之后的疏散距离根据管径、管道运行压力确定，通常情况下对于管径 1000mm 以上，运行压力 10MPa 的管道，最低安全疏散范围为 1000m。

（三）管道巡护管理

巡护是管道干线安全管理的最重要方式。针对巡护管理的关键技术环节，从巡护的周期、巡护方式以及空中巡检要求等方面，进行国内外相关技术标准的比对分析。

1. 管道线路巡护周期标准比对

表 6-33　管道线路巡护周期标准比对

相关标准	标准规定
SY/T 5922—2012 天然气管道运行规范	8.2　管道巡线 8.2.1　管道运营单位应对管道定期巡线，以便观察管道通行带及附近的地标情况，是否发生泄漏，以及第三方的施工情况及影响管道安全运行的其他情况。对下列情况应给予特别注意：施工作业；挖掘作业；风蚀；冰雪作用；冲刷；地震活动；土壤滑移；沉降；水道穿越。 8.2.2　管道巡线频度的确定要考虑如下因素：操作压力；管道尺寸；人口密度；所输流体；地形；气候

表 6-33（续）

相关标准	标准规定
SY/T 5922—2012 天然气管道运行规范	8.2.3　应对管道通行带上的植物进行控制，以便从空中能清楚地观察，并为维护人员提供方便的进出通道。 8.2.4　应对水下穿越的覆盖层厚度、有机物沉积以及影响穿越安全或完整性的其他条件进行定期检查。 8.2.5　应对管道空中跨越及支持结构的安全及使用状况进行定期检查和维护
SY/T 5536—2016 原油管道运行规范	9.1.1　应建立健全管道巡护制度并定期进行巡护；对管道上方及通行带附近地表情况发生变化，标志桩、测试桩、里程桩不完好，第三方施工等危害管道安全的情形或者隐患，应按照规定及时处理和报告
ASME B31.8—2018 输气和配气管道系统	851.2　管线巡逻 每家作业公司应保持定期管线巡逻制度，以观察管线路权内及附近地面情况、漏气迹象、外单位的施工活动、自然灾害以及能影响管线的安全和操作的其他因素。在 1 级和 2 级地区每年至少巡逻一次，在 3 级地区至少每 6 个月巡逻一次；在 4 级地区至少每 3 个月巡逻一次。气候、地形、管线规格、操作压力和其他条件是决定是否需要更频繁巡逻的因素。对主要公路和铁路穿越的检验应比空旷地带更频繁和严格
AS 2885.3—2012 气体与液体石油管道 - 第 3 部分：运行和维护	7.4.1　管道巡线 管道巡线的频率应能够使得管道许可证持有人确信已经识别和控制外部干扰威胁。 巡线方法和频率应适合管道环境和位置，并记录在管道完整性管理计划中。随着威胁变化、威胁发生可能性和在管道的使用寿命期间引起的后果发生变化，巡线方法和频率也必须发生变化。 必须清楚地理解巡线的边界和责任，并在管线管理系统中明确规定，以消除巡线覆盖面的任何空白。 如果管道停止运行或运行安排出现变化，则必须在管道管理系统中评估巡线频率和类型

通过表 6-33 的比对发现，国内巡检频率和巡检内容要比国外的更加严格，我国各管道基本达到了日巡检要求，并形成了巡检日报表制度。ASME B31.8—2018 则根据地区划分了不同的巡检频率。

2. 管道巡线方式标准比对

通过表 6-34 的比对发现，国内和国外巡线主要内容都是巡查管道是否安全运行，对管道穿越部分和跨越部分进行重点检查，并形成巡线记录。AS 2885.3—2012 则更加详细地规定了巡线的内容。

表 6-34 管道巡线方式标准比对

相关标准	标准规定
SY/T 5922—2012 天然气管道运行规范	8.1 管道保护 8.1.1 管道保护应由专业人员管理，定期进行巡线；雨季或其他灾害发生时要加强巡线检查。巡线内容至少应包括： a）埋地管线无裸露，防腐层无损坏。 b）跨越管段结构稳定，构配件无缺损，明管无锈蚀。 c）标志桩、测试桩、里程桩无缺损。 d）护堤、护坡、护岸、堡坎无垮塌。 e）管道两侧各 5m 线路带内禁止种植深根植物，禁止取土、采石和构建其他建筑物等。 f）管道两侧各 50m 线路带内禁止开山、爆破、修筑大型建筑物、构筑物工程。 8.1.2 穿越管段应在每年汛期过后检查。每 2 年～4 年宜进行一次水下作业检查。检查穿越管段稳管状态、裸露、悬空、移位及受流水冲刷、剥蚀损坏情况等。检查和施工宜在枯水季节进行。 8.1.3 跨越管段及其他架空管段的保护执行 SY/T 6068
ASME B31.8—2018 输气和配气管道系统	851.2.1 道路穿越和排水沟处覆盖层的维护。 作业公司应通过周期性的调查确定在道路穿越和排水沟处的管线覆盖层厚度是否已降低到原设计要求之下。如经确认管线施工时铺复的正常覆盖层由于土壤流失或管线移动已减少到不可接受的程度，作业公司应通过设置挡土墙、涵洞、混凝土填基、套管、降低管线标高和其他措施对管线提供额外的保护。 851.2.2 乡村地带管线覆盖层的维护。 如果作业公司根据巡逻结果获悉乡村地带管线覆盖层不符合原设计要求，应确定该覆盖层是否已减少到不可接受的地步。如果不可接受，则作业公司应通过补铺覆盖层、降低管线标高或其他适用的措施提供附加保护
AS 2885.3—2012 气体与液体石油管道 第 3 部分：运行和维护	7.4.2 管道巡线 在巡线过程中，应注意开挖、定向钻、爆破作业、钻孔活动（包括使用螺旋钻）和由独立的第三方进行维修和清洁的排水沟渠。 自然事件（例如洪水、地震和地面滑坡）有可能会影响到管道的完整性。不受控制地面移动可能会影响和 / 或移动管道，从而引起较高管道应力和 / 或涂层损坏。 在管道巡线过程中，应确定以下内容： （a）地面条件的变化，例如侵蚀或地壳运动或地震活动。 （b）水道改道、地势险峻和穿越。 （c）泄漏迹象，例如植被死亡或出现液体。 （d）在管道上或附近的施工活动或施工活动的证据。 （e）阻碍访问阀站、调压站、压气站、泵站、阴极保护地点及授权人员的通信装置。 （f）根据 7.3.3 的有关规定安装的线路标记和标识的条件、清晰度、充分性和正确性的不断恶化。 （g）位置的安全性以及未授权进入的证据。 （h）安全管理研究中确定的任何有关行动。 （i）影响管道安全性和运行操作的任何其他因素。 （j）可能引发安全管理究的任何因素，如城市侵占和新开发。 （k）可能限制标识和入口可见性的植被侵占、或树根对于管道涂层可能造成的威胁

3. 空中巡检要求标准比对

表 6–35 空中巡检要求标准比对

相关标准	标准规定
SY/T 5922—2012 天然气管道运行规范	8.2.3 应对管道通行带上的植物进行控制，以便从空中能清楚地观察，并为维护人员提供方便的进出通道
AS 2885.3—2012 气体与液体石油管道 - 第 3 部分：运行和维护	7.3.3 管道标记 必须保留管道标记，使得在管道沿线可以识别和看到管道，确保可以从空中、地面或同时从空中和地面（根据具体情况）定位和识别管道，同时可以按安全管理研究和 AS 2885.1 中的规定进行识别
РД153-39.4-056—2000 干线输油管道运行技术规程	4.1.31 对于距输油管道及其输电和通信线路各侧中心线的宽度不低于 3 米的地区，应定期清理其内的树木、灌木和草丛，以保证线路的空中能见度、可以自由移动技术设备以及保证防火安全。实施这些作业无须办理采伐许可证，也无需征得地段所有者（土地使用者）的同意

通过表 6–35 的比对发现，国内和国外空中巡检只对地面观察部分提出了要求。我国与俄罗斯要求管道通行带不能有植被覆盖，澳大利亚则要求管道通行带要有标记桩。

三、管道完整性管理标准比对分析

管道完整性管理主要涉及管道内检测、完整性评价和风险评价等方面内容。在管道内检测方面，我国技术标准主要有 GB/T 27699—2011《钢质管道内检测技术规范》以及 SY/T 6597—2018《油气管道内检测技术规范》、SY/T 6825—2011《管道内检测系统的鉴定》和 SY/T 6889—2012《管道内检测》等。欧美国家开展管道内检测主要参照美国石油协会和美国腐蚀工程师协会的 2 项标准，即 API Std 1163—2013《内检测系统的鉴定》和 NACE SP0102—2017《管道内检测》。在上述标准中，对于内检测周期、检测技术选择、几何检测器性能规格、漏磁检测器性能规格、超声波测厚检测器性能规格等提出具体的技术要求。

在完整性评价方面，主要有 GB 32167—2015《油气输送管道完整性管理规范》，ASME B31.8S—2016《输气管道完整性管理系统》、API Std 1163—2013《内检测系统认证》和 NACE SP0102—2017《管道内检测》。在上述标准中，对于内检测方法选择、外检测方法选择、压力试验、效能评价、完整性评价等提出具体的技术要求。

在风险评价方面，GB 32167—2015《油气输送管道完整性管理规范》和SY/T 6891.1—2012《油气管道风险评价方法　第1部分：半定量评价法》，国外标准ASME B31.8S—2016《输气管道完整性管理系统》。在上述标准中，对于管道风险评价指标、风险评价流程和步骤、风险评价要求、风险评价体系等提出了具体的技术要求。

（一）管道内检测

针对管道内检测关键技术环节，主要对内检测周期、检测技术选择、管道检测内容、管道缺陷可接受准则、管道内检测设备以及缺陷检测方法等内容进行了比对分析。

1. 检测周期标准比对

表6-36　检测周期标准比对

相关标准	标准规定
GB/T 27699—2011 钢质管道内检测技术规范	5.1　管道内检测周期应不超过8年。 5.2　管道具备下列条件之一的，应当将管道内检测周期适当缩短。 （a）多次发生事故（含第三方损伤）的； （b）防腐层损坏严重的； （c）管道运行环境恶劣的； （d）输送介质含硫化氢等腐蚀成分较高或介质对管道腐蚀情况不明的； （e）运行期超过20年的； （f）处于环境敏感地带或人口密集区的。 5.3　具备下列条件之一的，应尽快进行管道内检测，并经评估合格后方能实施运行： （a）管道所在地发生地震、海啸、泥石流等重大地质灾害的； （b）停运超过1年、再启用的封存管道； （c）管道需要提压运行的； （d）管道输送介质发生重大变化的。 5.4　新建管道应当在投产3年内进行首次管道内检测（也称基线检测）
SY/T 6597—2018 油气管道内检测技术规范	4.2　新建管道应在投产后3年内进行首次内检测；再检测间隔根据内检测及完整性评价结果确定，最长一般不超过8年
SY/T 6825—2011 管道内检测系统的鉴定	—

表 6-36（续）

相关标准	标准规定
SY/T 6889—2012 管道内检测	9.3 通过使用腐蚀增长速率评定腐蚀特征，使管道运营方能够在一定周期内制定维护计划。通过增长速率可判定再次检测的周期，或通过开挖精确给出腐蚀增长速率。多次检测可更精确地确定每个腐蚀特征的增长速率，从而更好地制订维护计划。基于风险的检测方法有时可用于确定检测频率
API Std 1163—2013 内检测系统的鉴定	—
NACE SP0102—2017 管道内检测	9.7 可根据腐蚀增长预测结果来确定再检测周期

通过表 6-36 的比对发现 GB/T 27699—2011 和 SY/T 6597—2014 均规定基线检测为投产 3 年内，再检测周期不超过 8 年；美国标准 NACE SP0102—2017 和行标 SY/T 6889—2012 规定可以通过腐蚀增长速率确定再检测周期。

2. 检测技术选择标准比对

表 6-37 检测技术选择标准比对

相关标准	标准规定
GB/T 27699—2011 钢质管道内检测 技术规范	5.5 管道运营企业应根据检测的目的、管道的工况条件选择合适的检测设备。选择依据可参见附录 B
SY/T 6597—2014 油气管道内检测 技术规范	5.1 选择内检测器时应考虑的因素包括但不限于： （a）检测概率； （b）检测阈值； （c）类型识别能力； （d）尺寸量化精度； （e）特征定位精度； （f）置信度； （g）数据采样频率； （h）壁厚范围； （i）速度范围； （j）温度范围； （k）压力范围； （l）可通过的最小弯头半径； （m）可通过的最小内径； （n）检测器长度、重量和节数； （o）运行和发送检测器所需的压差； （p）单次运行检测器所能检测的管道长度（可能由运行时间和管道条件等共同决定）；

表 6-37（续）

相关标准	标准规定
SY/T 6597—2014 油气管道内检测 技术规范	（q）发球筒阀门和大小头（异径管）之间的最小距离； （r）电池类型及电池寿命； （s）检测器发生卡停时泄流指示。 常见内检测器的类型和检测用途参见附录 A，不同类型检测器性能规范参见附录 B
SY/T 6825—2011 管道内检测系统的 鉴定	5.1　应根据内检测系统性能和管道的运行和物理特性，选择内检测系统。选择内检测系统的过程和要求： ——确定检测目的、对象和要求的精度。 ——考虑管道的特征和运行特性及限制。 ——基于内检测系统的检测和技术性能，选择相应的系统。 除了本章列出的要求外，还应遵照 NACE SP 0102 的要求。可用内检测技术和工具的特点在 NACE TR 35100 中有所介绍
SY/T 6889—2012 管道内检测	4.1　管道运营方和检测服务方的代表宜共同分析检测的目的和目标，并使内检测器的能力和性能与管道检测的需求相适应。内检测器的类型与检测用途见表 C.1，选择时应关注以下方面： （a）检测精度和检测能力：检测概率、分类和尺寸判定与预期相符； （b）检测灵敏度：最小可探测异常尺寸小于期望探测的缺陷尺寸； （c）类型识别能力：能够区分出目标缺陷类型； （d）量化精度：足够用于评估或确定剩余强度； （e）定位精度：能够定位异常； （f）评价要求：内检测结果满足缺陷评价要求
API Std 1163—2013 内检测系统的鉴定	5.1　内检测系统的选择方法。选择内检测系统时，应当同时考虑内检测系统的能力、管道线的运行特点和内在特点。 除本节列举的要求以外，还应遵守 NACE SP0102 中的各项要求。 NACE TR 35100 介绍了现有内检测方法和工具的特点；但本文并没有完全采用现有的各种方法
NACE SP0102— 2017 管道内检测	3.1.1　管道运营方和检测服务方的代表宜共同分析检测的目的和目标，并使内检测器的能力和性能与管道检测的需求相适应。了解检测概率、尺寸量化、置信水平及影响这些因素。选择时应关注以下方面： （g）检测精度和检测能力：检测概率、识别概率、分类和尺寸判定与预期相符； （h）检测灵敏度：最小可探测异常尺寸小于期望探测的缺陷尺寸； （i）类型识别能力：能够区分出目标缺陷类型； （j）量化精度：足够用于评估或确定剩余强度； （k）定位精度：能够定位异常。 评价要求：内检测结果满足缺陷评价要求

通过表 6-37 的比对发现，我国标准应是以 NACE SP 0102 和 NACE TR 35100 标准为基础，拓展了相关要求，补充了符合中国情况的实践做法。

3. 管道内检测内容标准比对

通过表 6-38 的比对发现，对于管道检测内容，我国和国外做法较为一致。在管道实际检测过程中，除管道埋深、管道腐蚀环境、管道缺陷、焊缝质量检测、材质理化检测外，管道检测项目还包括敷设环境调查、穿跨越管道检测、电性能测试、天然气气质分析以及管壁腐蚀检验，对于特殊条件下的管道，还应进行焊缝无损检验。

表 6-38　管道检测标准比对

相关标准	标准规定
GB 50235—2010 工业金属管道 工程施工规范	4.3.1　GC1 级管道和 C 类流体管道中，输送毒性程度为极度危害介质或设计压力大于或等于 10MPa 的管子、管件，应进行外表面磁粉或渗透检测。 5.6.2　夹套管的加工，应符合国家现行有关标准和设计文件的规定。当内管有焊缝时，该焊缝应进行 100% 射线检测，并应经试压合格后再封入外管。 6.0.2　当无法避免在管道焊缝上开孔或开孔补强时，应对开孔直径 1.5 倍或开孔补强板直径范围内的焊缝进行射线或超声波检测。 8.5.1　要求热处理的焊缝和管道组成件，热处理后应进行硬度检验。焊缝的硬度检验区域应包括焊缝和热影响区。对于异种金属焊缝，两侧母材热影响区域应进行硬度检验
SY/T 6975— 2014 管道系统 完整性管理实施 指南	7.4.1　管道检测是管道完整性管理至关重要的一环，管道检测技术可包括管道外检测、管道内检测和其他检测。 7.4.3　管道外检测可包括防腐层 PCM 检测技术、DCVG 检测技术、密间隔电位测量技术（按 SY/T 0087.1 执行）、杂散电流检测及排流措施（按 SY/T 0032 的规定执行）等。 7.4.4　其他检测包括（但不限于）防腐层检测、外部管体检测、管道材料性能与机械性能测试、站场内部管道检测、大罐检测、直接开挖检测等
ISO 13623：2009 石油和天然气 工业　管道输送 系统	8.1.5　应该进行全尺寸的夏比 V 形缺口冲击试验，或者锥形测试。 12.4　作为投产的一部分，所有管道系统的监测控制设备和系统应做全功能测试，尤其是安全系统，例如收发球筒连锁、压力流量监测系统、紧急关停系统
API RP 2611— 2011 在役终端管道 系统检验　终端 管道检验	标准规定： 如果腐蚀速率较低，不需要对壁厚减少程度进行大范围检查，重点针对预计腐蚀速率较高的管段进行外观检查和必要的无损检测。 还规定了以下几种检测内容：（1）管道内外部外观检查。利用管道维修拆卸法兰时检查管道内部状况，检查管道系统、保温层、涂层和支撑部件的外部状态，管道是否存在轴线未对中、振动、渗漏现象和腐蚀产物；（2）管道系统线路位移监测。水击、蒸汽管线存在液体段塞或者异常热力膨胀均有可能造成显著的管道系统振动和线路位移。存在振动的管道系统约束连接点（焊接或者机械连接），应定期进行磁粉测试或液体－渗透检测，检查连接点是否产生疲劳裂纹。如果确实存在振动，应找出振源并采取相应减缓措施——例如采用弹性软管或者其他合适方法隔离振源；（3）管壁厚度测量。管道管径大于 50mm，使用超声波厚度测量仪；管径小于 50mm，优先采用射线成像技术

4. 管道缺陷可接受准则标准比对

表 6-39　管道缺陷可接受准则标准比对

相关标准	标准规定
GB 50251—2015 输气管道工程设计规范	5.2.7　钢管表面的凿痕、槽痕、刻痕和凹痕等有害缺陷处理应符合下列规定： 1）钢管在运输、安装或修理中造成壁厚减薄时，管壁上任一点的厚度不应小于按本规范式（5.1.2）计算的钢管壁厚的 90%； 2）凿痕、槽痕应打磨光滑，对被电弧烧痕所造成的“冶金学上的刻痕”应打磨掉，并圆滑过渡，打磨后的管壁厚度小于本规范第 5.2.7 条第 1 款的规定时，应将管道受损部位整段切除，不得嵌补； 3）在纵向或环向焊缝处影响钢管曲率的凹痕均应去除，其他部位的凹痕深度，当钢管公称直径小于或等于 300mm 时，不应大于 6mm，当钢管公称直径大于 300mm 时，不应大于钢管公称直径的 2%，当凹痕深度不符合要求时，应将管受损部分整段切除，不得嵌补或将凹痕敲臌
GB/T 9711—2017 石油天然气工业管线输送系统用钢管	9.10.7　外观检查发现的其他表面缺欠应按下列方法核查、分类及处置： （a）深度≤0125*t*，且不影响最小允许壁厚的缺欠，应判定为可接受的缺欠，并应按 C.1 的规定处置； （b）深度>0.125*t*，未影响最小允许壁厚的缺欠，应判为缺陷，应按照 C.2 的规定采用磨削法修磨掉，或按照 C.3 的规定处置； （c）影响到最小允许壁厚的缺欠应判为缺陷，并按照 C.3 的规定处置。 注：“影响到最小允许壁厚的缺欠”是指在表面缺欠下的壁厚小于最小允许壁厚
ASME B31.8—2018 输气和配气管道系统 / 49 CFR 192 美国联邦法规	841.2.4/309： （c）（2）： 管道凹坑例如划伤、划痕、沟槽以及焊缝烧穿，此类凹坑包含应力集中点，应将管道受损圆柱体部分切除。 （c）（3）： 所有影响管道纵焊缝或环焊缝区域弯曲度的凹坑都应切除。对于所有小于或等于 DN300（325mm）的管道，如果凹坑深度超过 6.35mm，或者对于大于 DN300（325mm）的管道，如果凹坑深度大于管径的 2%；此类缺陷不被允许，应该切除。 851.4.1： （f）腐蚀凹坑超过管道外径的 6%，需要对缺陷部分修复或移除；（g）裂纹凹坑应该进行修复或移除；（h）焊缝凹坑的临界深度是管道外径的 2%，除非通过运行商的工程分析与安全评估之后，管道变形区域的应力水平不超过 4%，则此类缺陷是可接受的
CSA Z662—2015 油气管道系统	6.1.3　管道的运输、安装以及维修必须确保管道任何区域的壁厚在设计壁厚的 90% 以上； 6.3.3.1　对于外径大于 101.6mm 的管道，凹痕深度大于外径的 6%，应切除受影响的圆柱体部分，或者经公司同意，对受影响区域做修复

表 6-39（续）

相关标准	标准规定
CSA Z662—2015 油气管道系统	6.3.3.2　应考虑将凹痕限制在管道外径的 2%。应考虑未来能让内检测工具通过。 6.3.3.3　如果凹痕存在应力集中点，例如凿痕、焊缝烧穿，或者在焊接处的凹痕深度大于 6mm，则凹痕应 a）将受影响的圆柱体部分切除或必要的时候替换管道。b）经公司允许，对受影响区域做修复。 10.4.2　（a）凿痕、槽痕以及烧穿型凹坑包含应力集中点，需要切除；（b）在管道外径大于 101.6mm 时，凹坑临界深度为管道外径的 6%；当管道外径小于 101.6mm 时，凹坑临界深度为 6mm；（c）对于管道焊接区域形成的凹坑，当管道外径大于 323.9mm 时，凹坑临界深度为管道外径的 2%；当管道外径小于 323.9mm 时，临界深度为 6mm；（d）当腐蚀的最大深度为壁厚的 40% 时，可以依据 ASME B31.G 单独评估
AS 2885.3—2012 气体与液体石油管道　第 3 部分：运行与维护	9.4.2.3　凿痕、槽痕以及缺口的深度超过 0.25mm 的缺陷应该进行切除、替换或修复； 9.4.2.4　划伤凹坑应该进行切除或使用套筒维修；腐蚀凹坑的深度超过管壁厚度的 40%，应该进行切除、替换或修复
ISO 3183：2012 石油和天然气工业 - 管道输送系统用钢管	9.10.5.2　任何方向上的凹痕长度应≤管径的 50%； 冷弯形成的带有尖底形凿痕的凹坑缺陷临界深度为 3.25mm；其他类型凹坑的临界深度为 6.4mm
DEP 31.40.60.12-Gen.—1995 管道修复	6.1.2　以下非泄漏缺陷被认为是受损的，对缺陷管道应该进行切除、替换或修复： 凿痕、槽痕深度超过管道壁厚 10% 的缺陷； （a）所有影响管道纵焊缝或环焊缝区域弯曲度的凹坑； （b）凿痕、槽痕以及烧穿型凹坑； （c）对于管径小于或等于 305mm 的管道，凹坑临界深度为 6mm；如果管径大于 305mm，凹坑的临界深度为管径的 2%
РД 558—1997 天然气管道修理恢复作业的焊管工艺指导性文件	2.3　在管材上和管件中深度超过 0.2mm，但不超过壁厚 5% 的划伤、划痕和擦伤可以通过打磨来清除，这种情况下，壁厚不应超出技术条件规定的副公差极限值。 3.1.6　带一种唯一缺陷的区段： 划伤、划痕； 带有直线尺寸不超过表 3-3 中指定数值的腐蚀坑允许采用打磨方法来维修。禁止在自然和人工障碍以及其他重要区段的穿越处进行维修。 3.1.8　带有以下缺陷的天然气管道区段应当切除： а）带有尺寸超过表 3-3、表 3-4 中指定数值的缺陷； б）凹陷、皱纹； в）任何尺寸的裂纹； г）连续网状的孔穴群

表 6-39（续）

<table>
<tr><th>相关标准</th><th>标准规定</th></tr>
<tr><td>РД 558—1997
天然气管道修理恢复作业的焊管工艺指导性文件</td><td>3.2.14　具有单独分布的单个缺陷的管道应进行焊接维修。单独分布的单个缺陷是指相互之间距离为以下数值的缺陷：不小于 500mm（在缺陷最大尺寸为 50～80mm 的情况下）；不小于 300mm（在缺陷最大尺寸小于或等于 50mm 的情况下）。
3.2.14　以下缺陷不应进行焊接维修：
а）尺寸超过表 3-4 中指定值的缺陷，剩余壁厚（S-h）小于 3.0mm 的缺陷；
а）位于连接件上的腐蚀坑、气孔；
в）位于焊缝（纵焊缝、环焊缝）的距离小于下列数值的缺陷：100mm（在 Ду＜50mm 时）；300mm（在 Ду＞50mm 时）；
г）具有裂纹或金属可见分层的缺陷，以及在 3.1.8 中指定的缺陷</td></tr>
<tr><td>DNV-RP-F101
腐蚀管道</td><td>4.2.1　对于纵向腐蚀缺陷，缺陷的最大深度不能超过管壁的 85%。
4.2.3　管道缺陷深度的可接受标准需要满足以下两点：
a）缺陷深度不超过壁厚的 85%，即管道剩余壁厚＞15%t；
b）实测管道缺陷深度加上管道缺陷尺寸的不确定性不能超过壁厚；
纵向腐蚀缺陷的最大允许深度需要根据管道地区等级、缺陷检测方法、精确度以及置信度综合确定，具体可参考下表：
<table>
<tr><th colspan="5">腐蚀缺陷最大允许深度</th></tr>
<tr><th>安全级别</th><th>检测方法</th><th>精确度</th><th>置信度</th><th>最大允许深度</th></tr>
<tr><td>正常</td><td>MFL</td><td>± 5%</td><td>80%</td><td>0.86t</td></tr>
<tr><td>正常</td><td>MFL</td><td>± 10%</td><td>80%</td><td>0.70t</td></tr>
<tr><td>高</td><td>MFL</td><td>± 10%</td><td>80%</td><td>0.68t</td></tr>
<tr><td>正常</td><td>MFL</td><td>± 10%</td><td>80%</td><td>0.41t</td></tr>
</table>
注：t 表示壁厚。</td></tr>
</table>

通过表 6-39 的比对发现，对于管道缺陷的可接受标准，GB 50251—2015 以及 GB/T 9711—2017 均规定缺陷深度最大不能超过壁厚的 12.5%，否则需要对缺陷进行磨削处理，但此缺陷可接受标准并未综合考虑缺陷长度、缺陷宽度的影响。而俄罗斯标准 РД 558—1997 规定管材上和管件中划伤、划痕和擦伤的最大允许深度可以超过 0.2mm 但不超过壁厚 5%。同时分别考虑缺陷深度达壁厚 10%、15% 的情况下，缺陷长度、宽度的可接受标准。DNV-RP-F101 标准规定纵向腐蚀缺陷最大深度的可接受标准需要根据管道地区等级、缺陷检测方法、精确度以及置信度综合确定，缺陷的最大深度不能超过管壁的 85%。国外标准针对不同类型的凹坑，规定的凹坑缺陷的临界深度也有所差别。国外标准规定更为细致合理，优于我国标准，具

有借鉴意义。

国外各管道公司的缺陷可接受标准在大口径管道和小口径管道上不存在差别，但各公司的缺陷可接受标准差异性较大。Shell 公司将凹痕深度小于管径 8%～10% 作为管道缺陷可接受的标准；俄罗斯 Gazprom 公司设计院以及 Petrofac 石油公司对大口径管道划痕、凹坑等缺陷的验受标准由管道内部清管器大小决定，必须确保清管设备和其他管道检测器材能顺利通过管道。

5. 管道内检测设备标准比对

表 6-40　管道内检测设备标准比对

相关标准	标准规定
SY/T 4109—2013 石油天然气钢质管道无损检测	5.2.1　射线数字成像系统应由 X 射线机、探测器、计算机、系统软件与检测工具组成。 6.1　超声检测设备 6.1.1　宜采用数字式 A 型脉冲反射式探伤仪，其工作频率范围应为 1MHz～10MHz。 7.2.3　磁粉检测设备 当采用荧光磁粉检测时，使用的黑光灯在工件表面的黑光辐照度应大于或等于 1000μ/cm^2。 7.4.1　磁粉检测应备有下列辅助器材： 磁悬液浓度沉淀管；2 倍～10 倍放大镜；白光照度计；黑光灯；黑光辐照计；磁场强度计；毫特斯拉计。 8.2.1　渗透检测剂应包括渗透剂、清洗剂和显像剂
DNV 7 无损检测	2　涡流无损检测 2.6.1　涡流无损检测仪应具备以下特征：（1）工作频率从 1kHz 到 1MHz；（2）降噪功能；（3）评估模型；（4）信号显示；（5）相位控制等。 2.6.2　防腐层厚度检测探针：用于测量防腐层厚度，当探针头移动到没有涂覆防腐层的区域或位点时，能够显示防腐层剥离信号，工作频率 1kHz～1MHz。 焊缝检测探针：工作频率 100kHz～1MHz

通过表 6-40 比对发现，SY/T 4109 规定了无损检测所使用的各种设备。国外 DNV 标准专门规定了涡流无损检测仪器必须具备的特征，同时固定防腐层厚度检测探针的工作频率。

大口径管道与小口径管道的内外检测设备没有区别。国内根据管道检测内容确定使用的主要设备，主要设备有 MFL 检测工具、泄漏检测仪以及常规无损检测设备等。俄罗斯 Petrofac 石油公司、Gazprom 公司以及 Transneft 管道公司的内部检测设备包括 X 射线探伤仪、磁粉探伤仪、MFL 检测工具以及超声波测厚仪；外检测设备包括温度和压力传感器、测径仪、腐蚀传感器系统、气体质量监测传感器。管道内外检测设备对所有管道都是一样的，但对于大口径管道的内检测工具需要向供应商进行订制。

6. 缺陷检测方法标准比对

表 6-41 缺陷检测方法标准比对

相关标准	标准规定
SY/T 5257—2012 油气输送用钢制感应加热弯管	8.6.1 焊缝检测：应对以 B 级或 C 级焊接钢管制作的每根弯管焊缝进行 100% 超声或射线检测。 8.6.2 端部检测：弯管坡口制备后，应对整个管口和由管口开始的 100mm 长度的焊缝进行磁粉或渗透检测；应对 A 级、B 级和 C 级弯管管口开始的 50mm 长度范围内按 SY/T 6423.7 的规定用手动超声波方法进行分层检查
SY/T 6635—2014① 管道系统组件检验推荐作法	10.10 埋地管道检验 埋地工艺管道的检验与其他工艺管道的检验方法不同，因为腐蚀性土壤能引起明显的外部损坏。埋地工艺管道检验的主要内容参考 SY/T6553 的相关部分。 10.11.2 检验 应用射线或其他专门技术检验抽查一定数量有代表性的焊缝，检查焊接质量及焊缝和热影响区的硬度。用渗透或磁粉检查裂纹和表面缺陷，用相应的检测方法检验材料铸造缺陷和机加工表面缺陷
SY/T 6553—2003② 管道检验规范 在用管道系统检验、修理、改造和再定级	5.10 在役管道焊缝的检验 在某种情况下，射线探伤可以检查出焊缝中的缺陷。如果在运行中检测到管道系统中存在裂纹状缺陷时，应采用射线探伤法及超声波探伤法进行进一步的检验，评定缺陷等级。此外，还应努力确定裂纹状缺陷是来自原始焊接制造还是环境开裂。 在役焊道在多数情况下，不宜采用 ASME B31.8—2018 对于焊接质量标准的射线随机验收标准或现场验收标准。这些标准适用于新建结构的焊缝取样检验，而不仅仅是焊缝检验，目的是评价所有焊缝质量（或焊工水平）。一些焊道可能不符合这些标准，但在水压试验后仍能满足使用条件。尤其是新建结构中通常不检验的小分路连接管道
ASME B31.8—2018 输气和配气管道系统	826.3 管道焊接区域应该进行超声波检测、射线检测、磁粉探伤检测、液体渗透探伤检测以及其他类似的无损检测方法。管道公司应该按照如下比例进行对接焊缝的随机检测：一类地区的焊缝检测比例为 10%；二类地区焊缝检测比例为 15%；三类地区焊缝检测比例为 40%；四类地区的焊缝检测比例为 70%；对于干线公路、铁路以及通航水道的检测比例原则上为 100%，最低检测比例不低于 90%。 841.1.9（j）（5）（a） 所有的管道在铺设之前，都应该对环焊缝进行 100% 的射线检测

① 该标准于 2018 年 8 月废止。

② 该标准于 2018 年 8 月废止。

表 6-41（续）

相关标准	标准规定
ASME 31.3—2012 工艺管道	341.4.3（b）对于所有对接环焊缝以及斜角焊缝都应进行 100% 的射线检测或超声波检测；承插焊或支管连接焊缝无法进行超声波检测时，使用磁粉探伤检测或液体渗透检测
API 1104—2014 管道和相关设施的焊接	10.1　焊接的缺陷通过可视或无损方式检测。 11　管道缺陷检测方式有射线检测、磁粉探伤检测、渗透检测、超声波检测
CSA Z662—2015 油气管道系统	6.5.12　必要合适的时候，使用以下一种或多种无损检测方法对管道进行缺陷检测：a）管道焊接处射线检测；b）管道焊接处超声检测；c）管道超声波检测
BS PD 8010-1-2004 管道实施规范　第 1 部分：陆上管道	10.12.9.4　对于经过水压试验之后用于运输 B 类或 C 类物质的管道，应对管道焊接质量进行 100% 的射线检测或类似的检测；如果管道焊接质量满足无损检测的验收标准，则射线检测的比例最低可下降至 10%；如果焊接质量不过关，则射线检测比例回调至 100%。 如果管道用于运输 C 类物质，但采用气试压或管道用于运输 D 类或 E 类物质时，应对管道焊接质量进行 100% 的射线检测；如果射线检测不可行，可采用超声波检测
ISO 13623：2008 石油和天然气行业 管道传输系统	10.4.2　对于传输 E 类物质的管道，焊接质量应 100% 使用射线或超声检测

通过表 6-41 的比对发现，国外标准规定管道缺陷检测主要包括射线检测、超声波检测、磁粉探伤检测以及液体渗透检测。主要根据管输介质类型、焊接质量、地区等级确定焊接缺陷检测比例。例如 ASME B31.8—2018 规定使用上述无损检测方法时，一类地区的焊缝检测比例为 10%；二类地区焊缝检测比例为 15%；三类地区焊缝检测比例为 40%；四类地区的焊缝检测比例为 70%；对于干线公路、铁路以及通航水道的检测比例原则上为 100%，最低检测比例不低于 90%。国外标准规定更为细致合理，可操作性强。

针对管道缺陷检测，我国管道公司主要以漏磁检测、射线检测以及远场涡流检测为主。国外管道公司常用的缺陷检测方法包括射线检测、超声波检查、磁粉检测等，各种检测方法选择比例取决于多种因素。Bechtel 工程公司以及俄气设计院对站内工艺管道缺陷检测采用复合方法。首先用波段法（瑞利波和兰姆波）对一定长度的管段进行诊断；当发现缺陷时，使用便携式超声波探伤仪进行检测；接下来再用磁粉和 X 光法检测；再接下来用矫顽磁力表确定金属的应力，用便携式硬度计在缺陷区域确定金属的硬度；探测一直到出现完整的管道缺陷画面为止。

（二）管道完整性评价

针对管道完整性评价关键技术环节，主要对效能评价以及完整性评价等内容进行了比对分析。

1. 效能评价标准比对

表 6-42　效能评价标准比对

<table>
<tr><th>相关标准</th><th>标准规定</th></tr>
<tr><td>GB 32167—2015
油气输送管道完整性管理规范</td><td>10.1　应定期开展效能评价确定完整性管理的有效性，可采用管理审核、指标评价和对标等方法。
10.2　管理审核可采用内部审核或外部审核方式，发现并改进管理存在的不足。
10.3　效能评价应考虑针对具体危害因素的专项效能和完整性管理项目的整体效能设定评价指标，包括但不限于管道完整性管理覆盖率、高后果区识别率、风险控制率及缺陷修复情况。
10.4　应通过对标，查找与行业先进水平的差距。
10.5　效能评价活动结束后，应出具效能评价报告</td></tr>
<tr><td>ASME B31.8S—2016
输气管道完整性管理系统</td><td>9.3（a）运营公司应能通过系统内部比较或与行业内其他系统的比较，评价系统完整性管理程序的效能。
9.3（b）对于实施预定的完整性管理程序的运营公司，效能测试应包括非强制性附录 A 中每一种危险的特性度量（见表 9）。此外，应确定以下信息，并形成文件：
（1）已检测管道的里程（km）与管理程序要求之比；
（2）作为完整性管理检测的结果，已完成的立即维修的次数；
（3）作为完整性管理检测的结果，已完成的按计划维修的次数；
（4）管道发生的泄漏、破裂和事故的次数（按原因分类）。

表 9　效能度量
<table>
<tr><th>危险</th><th>预定的完整性管理程序的效能度量</th></tr>
<tr><td>外腐蚀</td><td>外腐蚀造成水压试验破裂的次数；
根据管道内检测结果进行维修的次数；
根据直接评价结果进行维修的次数；
外腐蚀泄漏次数</td></tr>
<tr><td>内腐蚀</td><td>内腐蚀造成水压试验破裂的次数；
根据管道内检测结果进行维修的次数；
根据直接评价结果进行维修的次数；
内腐蚀泄漏次数</td></tr>
<tr><td>应力腐蚀开裂</td><td>应力腐蚀开裂造成泄漏或破裂的次数；
应力腐蚀开裂造成维修、换管的次数；
应力腐蚀开裂造成水压试验破裂的次数</td></tr>
<tr><td>制造</td><td>制造缺陷导致水压试验破裂的次数；
制造缺陷导致泄漏的次数</td></tr>
</table>
</td></tr>
</table>

表 6-42（续）

<table>
<tr><th>相关标准</th><th>标准规定</th></tr>
<tr><td>ASME B31.8S—2016
输气管道完整性
管理系统</td><td>表 9（续）
<table>
<tr><th>危险</th><th>预定的完整性管理程序的效能度量</th></tr>
<tr><td>施工</td><td>施工缺陷造成泄漏或破裂的次数；
增加 / 取消环焊缝 / 耦合器的次数；
拆除折皱弯管的次数；
检测到的皱折弯头数量；
焊缝修补或除去的数量</td></tr>
<tr><td>设备</td><td>调压阀失效的次数；
泄压阀失效的次数；
垫片或 O 形圈失效的次数；
设备故障造成泄漏的次数</td></tr>
<tr><td>第三方损坏</td><td>第三方损坏造成泄漏或破裂的次数；
受损管道造成泄漏或破裂的次数；
故意破坏造成泄漏或破裂的次数；
泄漏 / 破裂前因第三方损坏进行修补的次数</td></tr>
<tr><td>误操作</td><td>误操作造成的泄漏或破裂的次数；
检查的次数；
每次检查发现的误操作次数，按照严重程度分类；
检查后对操作程序进行修改的次数</td></tr>
<tr><td>天气及外力</td><td>天气或外力造成泄漏的次数；
天气或外力造成维修、换管或改线的次数</td></tr>
</table>
9.3（c）实施以风险分析为基础的完整性管理程序的运营公司，尽管其他可以应用的度量标准可能更适合于以风险分析为基础的完整性管理程序，仍应考虑非强制性附录 A 中所列危险的特性量度。除上述 4 种度量标准之外，还应另外选择 3～4 种标准，测定以风险分析为基础的完整性管理程序的效果。表 10 列出了一些建议标准，当然运营公司也可以制定自己的标准。利用针对运营公司有意义的标准化因素，将表 10 中所列的发现的事情、时间和情况进行标准化是有用的，以便评价事件、管道系统的趋势。这些标准化因素可能包括管道每公里的运费、用户的数量或者上述因素的组合。由于以风险分析为基础的完整性管理程序要用到基于风险评价的检测时间间隔，因此必须收集足够多的度量数据，以确定合理的检测时间间隔。应至少每年评价一次。
9.3（d）除了从完整性管理程序所涉及的管段上直接收集效能度量数据外，还可使用内部标准检测程序，对相邻两个管段或同一管道系统的不同区段进行比较。获得的这些信息可用于评价减缓技术和效能确认的有效性。这些比较是度量分析的基础，并可确定管道完整性管理程序中需要改进的地方。
9.3（e）内部审核是提供有效信息的第三种方法。运营公司应定期进行内部审核，以评价完整性管理程序的效果，并保证完整性管理程序按书面</td></tr>
</table>

表 6-42（续）

<table>
<tr><th>相关标准</th><th>标准规定</th></tr>
<tr><td>ASME B31.8S—2016
输气管道完整性
管理系统</td><td>计划实施。内部审核频次的确定，应考虑既定的效能度量标准及其特定的时间段，还要考虑完整性管理程序发展中的变化和修改。内部审核可由内部员工进行，最好是没有直接参与完整性管理的人员或其他部门人员。以下所列主要审核事项，可以作为制定管道运营公司审核程序的出发点。图 2 所有项目的书面完整性管理程序和政策应就位；
（1）书面完整性管理方案和程序应包括图 2 所示的各个部分；
（2）书面完整性管理方案的操作程序和任务描述应最新、可用；
（3）按计划开展活动；
（4）每一环节都指定专人负责；
（5）每个责任人可获得相应的参考资料；
（6）人员具有相应的资质，且已形成文件；
（7）完整性管理程序满足本标准要求；
（8）所有要求的活动均已形成文件；
（9）应及时结束所有活动或者不合格项；
（10）已经检查所用的风险标准，并形成文件；
（11）已建立和满足了预防、减缓与维修标准，并已形成文件。
9.3（f）应使用从程序效能测试、内部标准检查程序的结果以及内部审核中获得的数据，为完整性管理程序的评价，提供有效的依据。

表 10　全面效能测试
已检测的里程（km）与完整性管理程序的要求之比
单位时间内报告的与事故 / 安全相关的法律纠纷
完整性管理程序中的系统组成部分
已发现需维修或减缓的缺陷数量
修补的泄漏点数量
水压试验破裂的数量和试验压力［kPa 和 %SMYS］
第三方损坏事件、接近失效及探测到的缺陷的数量
实施完整性管理程序后减少的风险或事故概率
未经许可的穿越次数
侵占管道通行带的次数：
　　因未按要求发布通知，第三方的侵占次数；
　　空中或地面巡线检查发现侵占的次数；
　　收到开挖通知及其安排的次数；
　　发布公告的次数和方式。
完整性管理程序的费用。
对用户的计划外停气及其影响

9.5　除系统内部的比较之外，外部比较也可作为完整性管理程序效能测试的依据。外部比较可包括与其他管道运营公司、其他工业数据来源和管理数据源的比较。其他输气管道运营公司的标准检查程序也很有用，但应仔细评价从这些数据来源获得的效能测试或评价方法，以保证所有比较结果的有效性。外部审核也可提供有用的评价数据</td></tr>
</table>

通过表 6-42 的比对发现，ASME B31.8S—2016 规定运营公司应能通过系统内部比较或与行业内其他系统的比较，评价系统完整性管理程序的效能。ASME B31.8S—2016 的效能评价指标包括 9 类管道威胁效能测试指标。GB 32167—2015 指出应定期开展效能评价确定完整性管理的有效性，可采用管理审核、指标评价和对标等方法。中国和国外都强调内审和外审，以及借鉴同行业先进管理经验进行效能评价和分析。

2. 完整性评价方法和周期标准比对

表 6-43 完整性评价方法及周期标准比对

相关标准	标准规定
GB 32167—2015 油气输送管道完整性管理规范	8.1.1 新建管道在投用后 3 年内完成完整性评价。 8.1.2 输油管道高后果区完整性评价的最大时间间隔不超过 8 年。 8.1.4 宜优先选择基于内检测数据的适用性评价方法进行完整性评价。如管道不具备内检测条件，宜改造管道使其具备内检测条件。对不能改造或不能清管的管道，可采用压力试验或直接评价等其他完整性评价方法。 8.1.6 宜通过压力试验和管材性能的综合分析、所需要的实际运行压力和最高试压压力的差值大小、随时间增长的缺陷增长速率等提出压力试验的再评价周期。无法确定缺陷增长速率的管道，最长不应超过 3 年。允许有其他被证实为科学可信的方法来确定再评价周期。 8.1.7 直接评价的再评价周期宜根据风险评价结论和直接评价结果综合确定，最长不应超过 8 年。对特殊危害因素应适当缩短再评价周期
ASME B31.8S—2016 输气管道完整性管理系统	A-1.4 运营公司进行完整性评价，有三种方法可供选择：采用可检测管壁金属损失的检测器（例如漏磁检测器）进行内检测；进行压力试验；进行直接评价。 （a）内检测。参照本标准的第 6 章。第 6 章规定了不同内检测器的功能，提供了内检测器运行的标准。管道运营者可选择适当的内检测器，公司或其代表进行检测。 （b）压力试验。参照本标准的第 6 章。第 6 章规定了如何对新管道和在役管道进行压力试验。管道运营者可选择适当的压力进行管道试验，公司或其代表进行试验。 （c）直接评价。参照标准的第 6 章。第 6 章规定了直接评价的过程、工具和检查方法。管道运营者可选择适当的工具进行直接评价，公司或其代表进行检查。 A-1.3 对于新管道或管段，管道运营公司通过原来选材、设计、施工检查的资料和目前运行状况，来确定管道的状况。对于这种情况，运营公司必须确认：施工检查的要求达到或超过本标准中规定的完整性评价要求。 任何情况下，管道建成与要求的第一次完整性再评价之间的时间间隔都不能超过以下标准：对于在 60%SMYS 以上运行的管道，不得超过 10 年；对于在 50%SMYS 以上和在 60%SMYS 以下（含 60%SMYS）运行的管道，不得超过 13 年；对于在 30%SMYS 以上（含 30%SMYS）和在 50%SMYS 以下（含 50%SMYS）运行的管道，不得超过 15 年；对于在 30%SMYS 以下运行的管道，不得超过 20 年

表 6-43（续）

<table>
<tr><th>相关标准</th><th>标准规定</th></tr>
<tr><td>ASME B31.8S—2016
输气管道完整性管理系统</td><td>A-1.5c　试压的时间间隔取决于试验压力。如果试验压力不小于 1.39 倍的最大允许操作压力（MAOP）时，时间间隔应为 10 年；如果试验压力不小于 1.25 倍的最大允许操作压力（MAOP）时，时间间隔应为 5 年。
A-7.7　对第三方破坏等风险，应定期进行完整性评价，建议每年进行一次。当管段情况变化时，需进行再评价。本标准第 11 章对变更的管理进行了论述</td></tr>
<tr><td>SY/T 6621—2016
输气管道系统完整性管理规范</td><td>8.1　根据风险评价所确定的优先序，管道企业应采用相应的方法进行完整性评价，可采用的完整性评价方法有管道内检测、试压、直接评价或 8.5 中所述的其他方法，完整性评价方法的选择，取决于其管段危害种类。
7.6.1　可采用规定的完整性管理程序制定的风险分析方法对管段完整性评价进行重点排序。管段的完整性一经确定，就要按表 3 确定再检测的时间间隔。规定的完整性管理程序的风险分析使用的基本数据最少，它们不能用于加大再检测的时间间隔。当管道企业采用规定的完整性管理程序的再检测时间间隔时，采用 7.5 中所述较简单的风险评估方法较为合适

表 3　完整性评价时间间隔——与时间有关危害（内腐蚀和外腐蚀）的规定完整性管理方案
<table>
<tr><th rowspan="2">检测技术</th><th rowspan="2">时间间隔[a]
年</th><th colspan="3">标准</th></tr>
<tr><th>操作应力＞50%SMYS</th><th>30%SMYSZ＜操作应力≤50%SMYS</th><th>操作应力≤30%SMYS</th></tr>
<tr><td rowspan="4">水压试验</td><td>5</td><td>TP～1.25 倍 MAOP[b]</td><td>TP～1.39 倍 MAOP[b]</td><td>TP～1.65 倍 MAOP[b]</td></tr>
<tr><td>10</td><td>TP～1.39 倍 MAOP[b]</td><td>TP～1.65 倍 MAOP[b]</td><td>TP～2.20 倍 MAOP[b]</td></tr>
<tr><td>15</td><td>不允许</td><td>TP～2.00 倍 MAOP[b]</td><td>TP～2.75 倍 MAOP[b]</td></tr>
<tr><td>20</td><td>不允许</td><td>不允许</td><td>TP～3.33 倍 MAOP[b]</td></tr>
<tr><td rowspan="4">管道内检测</td><td>5</td><td>P_t＞1.25 倍 MAOP[c]</td><td>P_t＞1.39 倍 MAOP[c]</td><td>P_t＞1.65 倍 MAOP[c]</td></tr>
<tr><td>10</td><td>P_t＞1.39 倍 MAOP[c]</td><td>P_t＞1.65 倍 MAOP[c]</td><td>P_t＞2.20 倍 MAOP[c]</td></tr>
<tr><td>15</td><td>不允许</td><td>P_t＞2.00 倍 MAOP[c]</td><td>P_t＞2.75 倍 MAOP[c]</td></tr>
<tr><td>20</td><td>不允许</td><td>不允许</td><td>P_t＞3.33 倍 MAOP[c]</td></tr>
<tr><td rowspan="4">直接评价</td><td>5</td><td>检测所有立即响应和部分计划响应的迹象[d]</td><td>检测所有立即响应和部分计划响应的迹象[d]</td><td>检测所有立即响应和部分计划响应的迹象[d]</td></tr>
<tr><td>10</td><td>检测所有立即响应和计划响应的迹象[d]</td><td>检测所有立即响应和一半以上计划响应的迹象[d]</td><td>检测所有立即响应和部分计划响应的迹象[d]</td></tr>
<tr><td>15</td><td>不允许</td><td>检测所有响应和计划响应的迹象[d]</td><td>检测所有立即响应和一半以上计划响应的迹象[d]</td></tr>
<tr><td>20</td><td>不允许</td><td>不允许</td><td>检测所有立即响应和计划响应的迹象[d]</td></tr>
<tr><td colspan="5">a　时间间隔为最大值，根据采取的维修和预防工作情况可以缩短。另外，某些危害可能极具破坏性，因此检测的间隔时间可能会大大缩短，如发生与时间有关的失效时，要立即重新确定检测时间间隔。
b　TP 表示试验压力。
c　P_t 预测失效压力，按 ASME B31G 或类似标准确定。
d　对直接评价过程，采用 NACE SP0502,NACE SP0206 或 NACE SP0204 对检测的迹象进行分类和优先序排列。迹象是变化的，并可能彼此不同。例如，外腐蚀直接评价的迹象与内腐蚀直接评价的迹象可能不在同一位置。</td></tr>
</table>
</td></tr>
</table>

通过表 6-43 的比对发现，我国及美国标准对于管道完整性评价方法分类一致，

主要差异体现在对完整性评价周期的规定方面。GB 32167—2015 首次明确了新建管道应在投用后 3 年内完成完整性评价，而 ASME B31.8S—2016 规定对于新管道或管段，管道运营公司通过原来选材、设计、施工检查的资料和目前运行状况，来确定管道的状况。

GB 32167—2015 指出可通过压力试验和管材性能的综合分析、所需要的实际运行压力和最高试压压力的差值大小、随时间增长的缺陷增长速率等提出压力试验的再评价周期。无法确定缺陷增长速率的管道，最长不应超过 3 年。而 ASME B31.8S—2016 对水压试验再检测周期的规定分多种情况，最短时间间隔为 5 年。SY/T 6621—2016 采标自 ASME B31.8S—2016，在最大时间间隔规定方面两者一致。SY/T 6621—2016 在针对内外腐蚀的完整性评价时间间隔规定方面，将 ASME B31.8S—2016 中采用的 60%SMYS 应力水平降低至 50%SMYS，相对更保守。

（三）管道风险评价

针对管道风险评价关键技术环节，主要对风险评价指标、风险评价流程和步骤、风险评价要求、管道风险评价管段划分和风险评价体系等内容进行了比对分析。

1. 管道风险评价指标标准比对

表 6-44 管道风险评价指标标准比对

<table>
<tr><th>相关标准</th><th>标准规定</th></tr>
<tr><td>GB 32167—2015
油气输送管道完整性管理规范</td><td>7.3.3.2 应从管道历史失效原因总结分析管道常见危害因素。管道失效原因的分类见表 3。
<table>
<tr><th>分类</th><th>危害因素</th><th>子因素</th></tr>
<tr><td rowspan="4">时间相关</td><td>外腐蚀</td><td></td></tr>
<tr><td>内腐蚀 / 磨蚀</td><td></td></tr>
<tr><td>应力腐蚀开裂 / 氢致损伤</td><td></td></tr>
<tr><td>凹陷疲劳损伤</td><td></td></tr>
<tr><td rowspan="2">固有因素</td><td>与制管有关的缺陷</td><td>a）管体焊缝缺陷；
b）管体缺陷</td></tr>
<tr><td>与焊接 / 施工有关的因素</td><td>a）管道环焊缝缺陷，包括试管和 T 型接头焊缝；
b）制造焊缝缺陷；
c）褶皱弯管或屈曲；
d）螺纹磨损 / 管子破损 / 接头失效</td></tr>
<tr><td rowspan="3">与时间无关</td><td>机械损伤</td><td>a）甲方、乙方，或第三方造成的损坏（瞬时 / 立即失效）；
b）管子旧伤（如凹陷、划痕）（滞后性失效）；
c）故意破坏</td></tr>
<tr><td>误操作</td><td></td></tr>
<tr><td>自然与地质灾害</td><td>a）低温；
b）雷击；
c）暴雨或洪水；
d）土体移动</td></tr>
</table>
</td></tr>
</table>

表 6-44（续）

相关标准	标准规定
GB 32167—2015 油气输送管道完整性管理规范	7.3.6.2　失效后果分析应考虑以下因素： a）输送介质的性质，例如易燃性、毒性和反应性等； b）管道属性，如管径、压力等； c）地形； d）周边环境； e）失效模式，泄漏孔大小； f）减小泄漏量的控制措施，如泄漏检测和截断阀等； g）输送介质的扩散模式； h）着火的可能性； i）事故场景，包括热辐射、爆炸、中毒或窒息等； j）周边受影响对象暴露水平及其影响程度； k）应急响应
ASME B31.8S—2016 输气管道完整性管理系统	2.2 a 与时间有关的危害： （1）外腐蚀； （2）内腐蚀； （3）应力腐蚀开裂。 b 固有因素。 （1）与管子制造有关的缺陷： ——焊缝缺陷； ——管体缺陷。 （2）与焊接 / 制造相关的因素： ——管体环焊缝缺陷（环形的），包括支线连接和 T 型连接； ——制造焊缝缺陷； ——折皱弯头和屈曲； ——螺纹磨损 / 管子破损 / 管接头损坏。 （3）设备因素： ——O 形垫片损坏； ——控制 / 泄压设备故障； ——泵密封 / 填料失效； ——其他。 c 与时间无关的危害： （1）第三方 / 机械破坏： ——甲方、乙方或第三方造成的损坏（瞬间 / 立即损坏）； ——以前损伤的管子（例如凹痕和 / 或划痕）（滞后性失效）； ——故意破坏。

表 6-44（续）

相关标准	标准规定
ASME B31.8S—2016 输气管道完整性管理系统	（2）误操作：操作规程不正确。 （3）气候和外力因素： ——天气过冷； ——雷击； ——暴雨或洪水； ——土体运动。 3.3　需考虑的影响事故后果的因素 在评价影响区域内的事故后果时，运营公司至少应该考虑以下因素： （a）人口密度；（b）靠近管道的大致人数（包括考虑人工或自然的障碍物可提供的保护等级）；（c）活动范围受限制或制约的场所（例如医院、学校、幼儿园、养老院、监狱和娱乐场所），特别是未加保护的外部区域内的大致人数；（d）财产破坏；（e）环境破坏；（f）未燃气体泄漏的影响；（g）供气的安全性（例如供气中断造成的影响）；（h）公共设施和设备；（i）次级事故的可能性
SY/T 6891.1—2012 油气管道风险评价方法　第 1 部分：半定量评价法	4 4.1　失效可能性影响因素包括： a）腐蚀，如外腐蚀、内腐蚀和应力腐蚀开裂等。 b）管体制造与施工缺陷。 c）第三方损坏，如开挖施工破坏、打孔盗油（气）等。 d）地质灾害，如滑坡、崩塌和水毁等。 e）误操作。 4.2　失效后果影响因素包括： 人员伤亡影响； 环境污染影响

通过表 6-44 的比对发现，ASME 从失效因素和失效后果两个方面考虑管道风险，将管道失效因素分为时间相关、固有因素和时间无关 3 大类共 22 种因素，每一因素都代表了影响管道完整性的一种危险。国内的石油行业标准和管道企业标准则倾向于将失效因素分为腐蚀、第三方因素、制造与施工缺陷、地质灾害和误操作五大失效因素，这个分类方法借鉴于管道半定量风险评价中最著名的“肯特法”，“肯特法”中的失效因素为人员伤亡、环境污染、财产损失和停输影响。

2. 管道风险评价流程和步骤标准比对

表 6-45　管道风险评价流程和步骤标准比对

相关标准	标准规定
GB 32167—2015 油气输送管道完整性管理规范	7.3.1 确定评价对象 → 识别危害因素 → 数据采集与管段划分 → 失效可能性分析 / 失效后果分析 → 风险等级判定（← 风险可接受准则） → 提出风险消减措施建议 → 编制评价报告
SY/T 6891.1—2012 油气管道风险评价方法　第 1 部分：半定量评价法	5.1 数据收集与整理 → 管道分段 → 失效可能性分析 / 失效后果分析 → 管段风险计算 → 结果分析

表 6-45（续）

相关标准	标准规定
ASME B31.8S—2016 输气管道完整性 管理系统	5　风险评价 5.4　风险评价方法的建立。 5.5　风险评价方法。 5.6　风险分析。 5.7　有效风险分析方法的特点。 5.8　采用评价法进行风险预测。 5.9　风险评价数据的收集。 5.10　预定的和以风险分析为基础的完整性管理程序的优先级排序。 5.11　完整性评价和减缓措施。 5.12　有效性验证

通过表 6-45 的比对发现，国内和国外风险评价的主要思路都是先开展数据收集和风险评价方法的选取，通过一定的计算方式获得风险表征，根据划分阈值对风险表征进行分级，得到不同级别的风险管段，最终根据评价结果提出建议措施。我国的国家标准、行业标准思路大体相同，逻辑明确，对于管道企业更加容易贯彻和执行。美国机械工程师协会的方法强调风险预测，根据预测结果开展以风险分析为基础的优先级排序，方法和完整性评价交叉内容过多。

3. 风险评价要求标准比对

表 6-46　风险评价要求标准比对

相关标准	标准规定
GB 32167—2015 油气输送管道完整性 管理规范	4.6　对高后果区管道进行风险评价。 7.1.2 a）管道投产后 1 年内应进行风险评价； b）高后果区管道进行周期性风险评价，其他管段可依据具体情况确定是否开展评估
SY/T 6891.1—2012 油气管道风险评价 方法　第 1 部分： 半定量评价法	3.3　实施风险减缓措施后或当管道运行状况、周边环境发生较大变化时，应再次进行管道风险评价
ASME B31.8S—2016 输气管道完整性 管理系统	2.3.7　风险评价应该在规定的时间间隔内定期进行，当管道发生显著变化时，也应再次进行风险评价。在对风险进行再评价时，运营公司应该考虑管道当前的运行数据、管道系统设计和运行条件的变化，分析上次风险评价之后出现的外界变化对管道系统的影响，并且应采纳其他危险的风险评价数据。还应将完整性评价（例如内检测）的结果，作为以后的风险评价的因素予以考虑，以确保分析过程反映的是管道的最新状况

通过表6-46的比对发现，我国国家标准中要求对管道高后果区开展管道风险评价，并且是强制性条款，同时要求管道投产后1年内开展风险评价，对于管道的高后果区管段，要求进行周期性风险评价，但是没有规定周期；中石油企业标准要求定期开展评价，在管道周边环境发生变化时及时开展再次评价，周期问题也没有明确。行业标准也没有说明评价周期。ASME对于风险评价的要求和我国要求类似，要求定期进行，当管道发生显著变化时，也应再次进行风险评价。

4. 管道风险评价管段划分规定标准比对

表6-47 管道风险评价管段划分规定标准比对

相关标准	标准规定
GB 32167—2015 油气输送管道完整性管理规范	7.3.4.1 应根据管段属性和周边环境对管道进行管段划分。划分示意图见下。 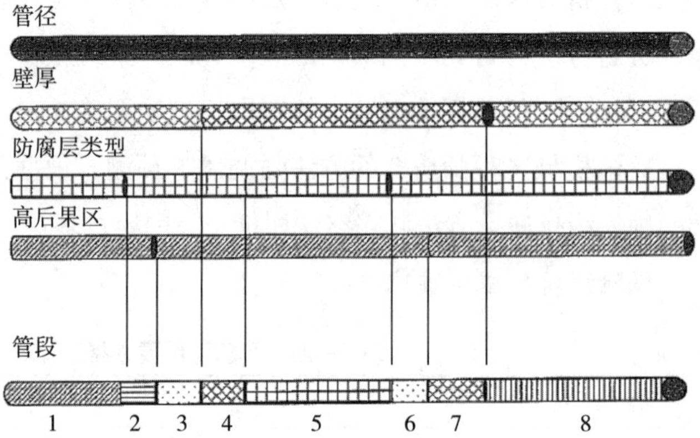 管径 壁厚 防腐层类型 高后果区 管段 1 2 3 4 5 6 7 8
SY/T 6891.1—2012 油气管道风险评价方法 第1部分：半定量评价法	5.3.1 管道风险计算以管段为单元进行，可采用关键属性分段或全部属性分段的方法
ASME B31.8S—2016 输气管道完整性管理系统	5.7 可以根据管道的特点、所处的环境和其他数据，将管道分段，管段分段的长度可以从几英尺到几英里不等（几米到几千米）

通过表6-47的比对发现，GB 32167—2015提到了根据管道属性和周边环境对管道进行管段划分，划分依据包括各种不同的属性数据；ASME的标准也有根据管道属性数据进行分段的描述。

5. 风险评价体系标准比对

表 6-48　风险评价体系标准比对

相关标准	标准规定
GB 32167—2015 油气输送管道完整性管理规范	7.2　评价方法 可采用一种或多种管道风险评价方法来实现评价目标。风险评价方法包括但不限于专家评价法、安全检查表法、风险矩阵法、指标体系法、场景模型评价法、概率评价法等。常用的风险评价方法有风险矩阵法和指标体系法。风险矩阵法参见附录 E。指标体系法见 SY/T 6891.1 或 GB/T 27512。 7.3　评价流程 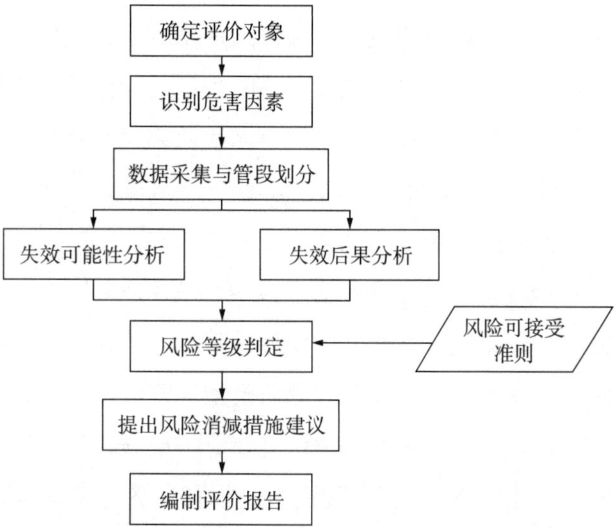 确定评价对象 识别危害因素 数据采集与管段划分 失效可能性分析　失效后果分析 风险等级判定　风险可接受准则 提出风险消减措施建议 编制评价报告
API RP 580—2009 基于风险的检测	6.3　RBI 评估的类型 分为定量方法、定性方法、半定量方法、连续方法。 7.3.3　在设备层面，基于风险的检测可应用于如下类型的工厂：（1）油气生产设施；（2）油气工艺和传输终端；（3）精炼厂；（4）石油化工厂；（5）管道和管道站；（6）液化天然气厂
ASME B31.8S—2016 输气管道系统完整性管理	5.5　风险评估方法：主题专家、相对评估模型、基于场合的模型、基于概率的模型
BS PD 8010-1-2004 管道实施规范　第 1 部分：陆上管道	E.1　风险评估有下列步骤： 定义风险评估的程度，确定所有可靠的失效模式，评估失效频率，评估失效后果，执行危害筛选，评估个体和社会风险水平，评估风险水平的可接受度 / 容忍度，实施必要的减小方法，重新评估可靠度，记录分析结果

表 6-48（续）

相关标准	标准规定
CSA Z662—2015 油气管道系统	B.5　风险分析流程包括下列部分： 风险分析：定义目标；系统描述；危害确认；频率分析；后果分析； 风险评估：风险重要性；选项评估

通过表 6-48 的比对发现，GB 32167—2015 规定了风险评价的方法、流程和计算公式。国外标准 API RP-580、ASME B31.8S—2016 以及 BS PD 8010-1—2004 规定风险评估的对象包括油气生产设施、油气工艺和传输终端、精炼厂、管道和站场以及液化天然气厂。风险评估的方法包括定量方法、定性方法、半定量方法、连续方法。风险评估的流程为定义风险评估的程度、确定所有失效模式、评估失效频率以及失效后果、执行危害筛选、评估个体和社会风险水平、评估风险水平的可接受度 / 容忍度、实施必要的减小方法以及重新评估可靠度和记录分析结果。国外标准更为系统，具备可借鉴性。

俄罗斯 Gazprom 公司工业中心以及英国 BP 公司风险评估的对象为各种突发事件的发生概率，以系统可靠性反面模型为基础；风险评估方法包括木屋法、统计不确定性方法、专家评估方法以及劳伦斯模型风险评估法。风险评估的步骤为确认潜在的失效原因，估计失效频率，确认潜在泄漏模式，评估泄漏频率，计算项目的相关的风险度量，评估项目风险的重要性，推荐合适的风险预防和减小措施。

四、管道维抢修标准比对分析

我国进行管道维抢修时主要执行或参考的国家标准包括 GB 9711—2011《石油天然气工业管线输送用钢管》、GB/T 28055—2011《钢质管道带压封堵技术规范》、GB 50236—2011《现场设备、工业管道焊接工程施工规范》和 GB/T 31032—2014《钢质管道焊接及验收》。此外，针对管道维抢修的技术特点，石油和石化行业均制定有相关的行业标准，主要包括 SY/T 5918—2011《埋地钢质管道外防腐层修复技术规范》、SY/T 7033—2016《钢质油气管道失效抢修技术规范》、SY/T 6649—2006《原油、液化石油气及成品油管道维修推荐作法》等。

国外一些行业协会和标准化组织（如，ASME 和 ISO 等）发布的以及加拿大等国家颁布的石油管道综合性标准中对于管道维抢修均提出了相应的技术要求。这些标准包括 ASME B31.8—2018《气体传输与分配管道系统》、ISO 13623：2009《石

油和天然气工业　管道输送系统》以及 CSA Z662—2015《石油和天然气管道系统》等。同时，为进一步规范并细化管道维抢修的技术要求，相关的协会组织及多个国家还制定并发布了一些管道维抢修的专项标准，例如 API 2200—2010《原油、液化石油气及成品油管道的维修》、API 1104—2013《管道和相关设施的焊接》、РД 558-97《天然气管道修理恢复作业的焊管工艺指导性文件》和 РД 153-112-014-97《石油产品干线输送管道事故和故障处理规程》等。

（一）抢修开挖标准比对

表 6-49　抢修开挖标准比对

相关标准	标准规定
РД 558—1997 天然气管道修理恢复作业的焊管工艺指导性文件	规定挖掘机开挖时，与管道侧面和顶部的距离不应小于 0.5m
SYT 5918—2011[①] 埋地钢质管道外防腐层修复技术规范	7.3.1.1　管道开挖宜采用机械开挖与人工开挖相结合的方式。 7.3.1.4　管顶上部 0.8m 以上、带管堤的管段管顶上部 0.5m 以上的覆土可采用机械作业，其余覆土和管沟内的土方应人工开挖。机械开挖应在人工监控下进行。推土机应垂直于管道进行作业，挖掘机宜沿管道轴向作业，任何情况下，不应使管道承受来自挖掘机械的压力

通过表 6-49 的比对发现，开挖时为保护管道，我国和国外标准都对机械开挖的距离做出了要求，国外要求挖掘机与管道侧面和顶面的距离不应小于 0.5m。我国根据管堤情况，给出了管顶上部机械开挖的距离，并且要求其余覆土应人工开挖，并对开挖作业提出了要求，指导性更强。

（二）切割

1. 切割操作等电位连接标准比对

通过表 6-50 的比对发现，在管道切割时，我国和国外均对管道切割两端以及更换管道的连接口进行等电位连接，避免出现电位差，产生外加电流形成的安全隐患，并且要求维抢修完成前不应去除此跨接。行业通行做法一致，满足生产需求。

---

① 该标准于 2018 年 3 月废止。

表 6-50 切割操作等电位连接标准比对

相关标准	标准规定
SY/T 6649—2006[①] 原油、液化石油气及成品油管道维修推荐作法	修改采用了 API 2200，规定在管道被切割或将法兰连接处拆离前，应在分割点周围加设电跨接线并通过适当方式进行消磁，如果需要更换管道，管道连接口处也应跨接，且维抢修完成前不应去除此跨接
CSA Z662—2015 石油和天然气管道系统	规定为避免外加电流以及切管操作引燃热源，该标准规定应进行适当的连接和接地程序
ISO 13623：2009 石油和天然气工业 管道输送系统	该标准规定对于切割操作的管道应在端口两侧进行等电位
API 2200—2010 原油、液化石油气及成品油管道的维修	规定在管道被切割或将法兰连接处拆离前，应在分割点周围加设电跨接线并通过适当方式进行消磁，如果需要更换管道，管道连接口处也应跨接，且维抢修完成前不应去除此跨接

2. 切割方法选择标准比对

表 6-51 切割方法选择标准比对

相关标准	标准规定
SY/T 7033—2016	规定断管作业环境有可燃气体时应采用冷切割作业
SY/T 6649—2006	SY/T 6649 修改采用了 API 2200，规定如果要切割密闭管道，必须使用机械切割
CSA Z662—2015	对于有可燃性物质的现场，该标准明确规定应采用机械切割工具。而对于天然气管道，该标准给出了热切割的程序
API 2200—2010	规定如果要切割密闭管道，必须使用机械切割
РД 558-97	规定了氧气切割（机械、手工）、空气－等离子切割、利用爆炸能量切割三种切割方式

通过表 6-51 的比对发现，我国和国外标准中常用的切割方法包括机械切割、火焰切割、等离子切割等，并且明确规定对于有可燃性物质的现场应采用机械切割工具，禁止使用明火切割。由于机械切割具有更高的安全性、坡口切割质量更好，建议优先选用机械切割。

3. 切割预热

通过表 6-52 的比对发现，РД 558—1997 中明确规定了在低温环境下，切割高

① 该标准于 2019 年 3 月废止。

钢级管道时应进行预热，避免坡口金属的硬化。我国标准中未见相关规定，由于塔国全年最低温度很少低于零下 30℃，并且我国和其他国家标准中未见相关要求，故在塔国标准中不做要求。

表 6–52　切割预热标准比对

相关标准	标准规定
РД 558—1997	火焰切割：在 -30℃（采用乙炔）以及 -40℃（采用丙烷）条件下，碳当量 CE>0.41，厚度大于 20mm 管道的切割应当在预热到 50℃～ 100℃的情况下进行，以避免坡口金属的硬化。 等离子切割：9.2.27 在空气温度低于 -20℃时，为了避免由高强度钢材（$G_в$>55kgf/mm^2，CE>0.41）制造的壁厚超过 15mm 管道金属硬化，建议将金属预热到 50℃～ 100℃后进行切割

（三）焊接

1. 防腐层清理标准比对

表 6–53　防腐层清理标准比对

相关标准	标准规定
РД 558-97	4.3.2　在管道接头组装时应当进行以下工序： ——管道内外表面清除污垢； ——将边缘和附近的（内外）表面清理到露出金属光泽，宽度不小于 10mm
SY/T 7033—2016	7.1.1　在役管道焊接操作前，应检查并清理焊接区域，确保焊接表面均匀光滑，无起鳞、裂纹、锈皮、夹渣、油脂、油漆和其他影响焊接质量的物质

通过表 6–53 的比对发现，对于管道焊接部位表面处理主要包括消除起鳞、磨损、铁锈、渣垢、油脂、水汽等，我国和国外管道企业做法及标准要求基本一致，均要求对表面进行处理至显出金属光泽。我国实践做法和标准对焊前表面处理规定已经较为详细，具有很强的指导性。

2. 焊接环境标准比对

通过表 6–54 的比对发现，国内和国外标准均要求对焊接环境条件进行限制。API 2201 和 РД 153-112-014-97、РД 558-97 均是原则性要求，要求采用防风帐篷、加热设施等保证焊接环境利于焊缝质量。国内标准中给出了应采取防护措施的环境温度、环境湿度、风速等的具体指标，基本可满足需求，更具有指导性。在实践做法上，我国和国外均会采用防风棚，因此，我国和国外企业实践做法一致。

表 6-54 焊接环境标准比对

相关标准	标准规定
РД 153-112-014—1997	4.6.2.20 规定石油产品干线输送管道，允许在环境温度 -40℃以上的条件下进行焊接维修工程。为避免焊接接头形成裂缝，必须做以下事项： ①焊接安装工程地点应防风防雪； ②仔细清除待对接的管材端部的积雪、冰层和残液，避免热蒸汽进入焊接电弧区； ③接口组装要达到最小间隙，使焊缝根部焊透，避免产生内应力
РД 558—1997	4.13 在露天场地进行作业时，焊接位置应进行保护，避免风、大气降水和污染物进入。冬季条件下，为了保持作业区必要的环境温度，应使用临时可采暖掩蔽所（小室、遮棚、帐篷）
API RP 2201	6.7 当大气温度低于 -45℃，除非采取了特殊的应对措施，例如提供临时防风帐篷、小型加热器等，否则不应进行管道在线焊接
GB/T 50369—2014	10.1.4 在下列任何一种环境中，如未采取有效防护措施不得进行焊接：雨天或雪天；大气相对湿度超过 90%；低氢型焊条电弧焊，风速大于 5m/s；酸性焊条电弧焊，风速大于 8m/s；自保护药芯焊丝半自动焊，风速大于 8m/s；气体保护焊，风速大于 2m/s；环境温度低于焊接规程中规定的温度
GB/T 31032—2014	7.5 当恶劣气候条件影响焊接质量时，应停止焊接。恶劣气候条件包括（但不仅限于）大气潮湿、风沙或大风。如有条件，可使用防风棚焊接。焊接工艺应规定适于焊接的气候条件

3. 间断焊接标准比对

表 6-55 间断焊接标准比对

相关标准	标准规定
РД 558-97	规定焊接接头在工作日结束后或停止作业时，焊接接头允许停留在未完成状态，条件是已完成的焊道层数应保证不小于 75% 的壁厚已填充
GB 50236—2011	10.3.8 一条焊缝应一次焊完，当中途停焊后重新焊接时，应重叠 10mm～20mm。弧坑应填满，接弧处应熔合焊透
SY/T 4125—2013	当日不能完成的焊口应完成 50% 钢管壁厚且不少于 3 层焊道。未完成的焊口应采用干燥、防水、隔热的材料覆盖好。次日焊接前，应预热至要求的最低道间温度

通过表 6-55 的比对发现，我国和国外标准对于当日未完成焊道均做出了规定，俄罗斯规定已完成焊道层数不小于 75% 的壁厚允许焊道未完成，而我国规定为至少完成三层焊道并不低于壁厚的 50%，并给出了再次焊接的条件，总体上，我国标准和做法满足需求。

4. 焊后保温标准比对

表 6-56 焊后保温标准比对

相关标准	标准规定
РД 558—1997	备注： 4. 焊接结束以后，必须用保温材料覆盖已焊接的对接焊缝。 5. 所有已焊接的对接焊缝都要进行热处理：加热到 595℃～650℃，保温 42min
API RP2201—2003	6.1 对于高强钢需要进行特殊的焊接处理，以避免破裂。需要考虑焊后热处理
GB 50236—2011	7.4.14 对易产生焊接延迟裂纹的钢材，焊后应立即进行焊后热处理。当不能立即进行焊后热处理时，应在焊后立即均匀加热至 200℃～350℃，并进行保温缓冷。保温时间应根据后热温度和焊缝金属的厚度确定，不应小于 30min。其加热范围不应小于焊前预热的范围
SY/T 7033—2016	7.3 焊后保温 焊后应采用保温缓冷措施，满足焊接工艺规程要求

通过表 6-56 的比对发现，我国和国外标准对于焊后保温均进行了规定，减少焊缝应力开裂。常用的方式包括包覆保温材料和进行焊后热处理。我国实际做法中对保温的温度和时间给出了要求，指导性更强，并且对高强钢等易产生裂纹的焊缝进行热处理。

5. 在役焊接标准比对

表 6-57 在役焊接标准比对

相关标准	标准规定
ASME B31.8—2018	规定 P=［（2 × smys ×（t−3/32）× 0.72］/d 式中： t——超声波厚度读数确定的最小壁厚，单位为厘米； smys——规定的最低屈服强度，单位为帕； d——外径，单位为厘米。 对于较薄壁厚的管道，公式中还采用了附加系数，从而确保计算出的对于任何管线尺寸的推荐最大压力不会超过 6.8MPa
GB/T 28055—2011	8 管道施焊压力要求中，规定管道允许带压施焊的压力计算如下： $p=\dfrac{2\sigma_s(t-c)}{D}F$ p——允许施焊的管道压力，单位为兆帕；σ_s——管材的最小屈服极限，单位为兆帕；t——焊接处管道实际壁厚，单位为毫米；c——因焊接引起的壁厚修正量，即熔池深度（通常取 2.4mm），单位为毫米；D——管道外径，单位为毫米；F——安全系数（原油、成品油管道取 0.6，天然气、煤气管道取 0.5）
SY/T 7033—2016	7.1.3 规定在役管道焊接时，管道允许焊接的压力应满足 GB/T 28055—2011 第 8 章的要求

通过表6-57的比对发现，我国和国外标准要求基本一致，均要求进行降压。我国和国外通行的是采用ASME、SY/T 7033、GB/T 28055规定的降压公式计算安全压力，但此种方法需要专业技术人员支持；我国实践中规定天然气管道焊接处管内压力宜小于此处管道允许工作压力的0.4倍，此种方法较为保守，某些情况下难以达到规定的压力。我国和国外标准中对在役焊接时的管道压力均采取公式进行计算，基本一致。

6. 焊接方法标准比对

表6-58 焊接方法标准比对

相关标准	标准规定
РД 558-97	5.2.1 二氧化碳气体半自动保护焊可以用于在天然气管道大修时由强度在55kgf/mm^{2}以内钢材制造管道转动接口的填充层和面层的焊接。并且标准对手工电弧焊也进行了规定
SY/T 7033—2016	7.2.1 连头对接口焊接宜采用氩弧焊打底工艺。 7.2.3 连头对接口焊接应执行相应焊接工艺规程要求
GB/T 31032—2014	规定的焊接方法包括焊条电弧焊、熔化极气体保护焊、药芯焊丝电弧焊、埋弧焊等
API 1104—2013	焊接工艺有手工电弧焊、埋弧焊、钨电极惰性气体保护焊、气体保护金属极电弧焊、药芯焊丝电弧焊，所用技术有人工、半自动、机械、自动焊接

通过表6-58的比对发现，国内和国外标准中对管道抢修焊接方式的规定基本一致，包括手工电弧焊、半自动焊和自动焊，需要根据具体需求选择适用的焊接方式。国外在役管道焊接一般使用SMAW，较少使用自动焊或半自动焊，因为这些技术要求较高，需要对修复管段进行特殊的清洁，且对焊接环境更为敏感进而更容易产生缺陷，如风更容易吹散保护气体，喂料方式对灰尘、风及冷空气也更为敏感，且运输及操作也不便利。有专家认为半自动焊接FCAW技术可以用于在线焊接的填充焊接。

7. 消磁标准比对

表6-59 消磁标准比对

相关标准	标准规定
API 5L	9.7.7 （1）对所有残磁测定不合格的钢管应进行全长消磁处理…… （2）在每一被测钢管的端部，围绕环向至少应选取4个测试数据读取点，4个点读数的平均值应不超过3.0mT

表 6-59（续）

相关标准	标准规定
GB 9711—2011	测量应在管端沿圆周方向均匀读取至少 4 个读数，采用霍尔效应高斯计测量时，4 个读数的平均值不应超过 3.0mT，且任一读数不应超过 3.5mT，若超过上值，应对管端进行消磁

通过表 6-59 的比对发现，国内和国外标准中对焊接时管道的消磁进行了规定，均要求测量的磁场强度应不超过 3.0mT，防止出现电弧偏吹等现象，影响焊缝质量。

8. 焊缝检测标准比对

表 6-60　焊缝检测标准比对

相关标准	标准规定
SY/T 7033—2016	7.4.1　在役管道焊接焊缝检测 在役管道焊接焊缝应采用磁粉或渗透检测。焊道冷却 24h 后宜对整道焊缝进行再次外观检查和无损检测。 7.4.2　连头对接口焊缝检测 连头对接口焊缝焊接完成并冷却后，应进行射线检测及超声波检测。连头对接口焊缝焊接并检测合格 24h 后，应进行复检
РД 558-97	2.1.14.4　连头对接口焊缝检测：在热处理前，焊接接口应当进行 100% 的射线探伤，在热处理后，应当对焊接接口进行 100% 的超声波探伤。 另外，要求对焊缝先进行目测检查

通过表 6-60 的比对发现，我国和俄罗斯标准对于焊缝的检测，基本方法包括磁粉检测、射线检测和超声波检测。我国标准中对于在役管道焊接和连头接口焊接分别进行了规定，并要求 24h 后进行复检，规定更为详细，指导性强。

9. 套筒标准比对

表 6-61　套筒标准比对

相关标准	标准规定
CSA Z662—2015	①修补套筒纵向上应超出缺陷端部至少 50mm； ②同时应考虑：钢管的弯曲应力集中位置应在修补套筒端部和相邻修补套筒之间、修补套筒和管线材料之间的设计相容性、钢管上其余设置之间的距离、安装和操作过程中的修补套筒有足够的支持、目前及以后工作和试压的条件； ③修补套袖的公称容量应至少等于原装钢管； ④应保证钢管和套筒之间的电连续性
ASME B31.8—2018	抢修套筒材质的设计压力应至少等于焊接管道的最大允许操作压力；如果管道运行条件需要抢修套筒负载产生的纵向应力，则抢修套筒材质强度需要至少等于焊接管道的设计强度；同时套筒宽度应大于或等于 100mm

表 6-61（续）

相关标准	标准规定
SY/T 7033—2016	规定套筒长度应不小于 100mm，且套筒边缘距缺陷外侧边界不小于 50mm；套筒壁厚应具备不低于待维修管道的承压能力。为适应管道上的焊缝，可预先在套筒内壁对应位置开槽，且剩余壁厚应有足够的承压能力。此外还规定了安装要求
	对开三通护板或套筒厚度小于或等于 1.4 倍管壁厚度时，焊角高度和宽度应与护板厚度一致； 对开三通护板或套筒厚度大于 1.4 倍管壁厚度时，焊角高度和宽度应大于或等于 1.4 倍管壁厚度
РД 153-112-014—1997	4.6.4.9　指出补片、套袖和工艺环，应采用管材制作，管材的机械性能、化学成分和壁厚等，与维修的管段相同

通过表 6-61 的比对发现，对于焊接附件材质壁厚，如果不采用与管道相同材质，一般配套套袖厚度会随钢级提高而不断增厚。俄罗斯标准要求对强度和壁厚进行匹配。国内标准规定了套筒修复应满足的条件，包括套筒的长度、壁厚、安装要求等，指导性较强。

（四）防腐回填

1. 防腐标准比对

表 6-62　防腐标准比对

相关标准	标准规定
SY/T 7033—2016	8.1　应对抢修完成后的管道区域进行防腐处理，防腐等级不应低于原管道防腐等级并满足管道运行的要求
ГОСТ Р 9.602—2005	6.2　在管道施工时，管道的焊接头，成形体（水闸门、冷凝液收集器和弯管等）以及保护层破损的地方都要用同样的材料在管线铺设条件下进行绝缘。采用其他材料进行绝缘的管道，要符合表 7 给出的要求，其保护属性不能逊于管道线型部分的保护层，而且对管道线型部分的保护层有粘附力。 6.3　在维修处于使用状态的管道时，允许采用类似于涂在管道上的保护层，也可以采用热收缩材料进行涂敷，如聚合沥青，聚乙烯环氧树脂和胶粘带（聚氯乙烯除外）。 在维修绝缘接头和带有沥青封口胶保护层管道的破损处时，不允许采用聚乙烯胶带

通过表 6-62 的比对发现，我国和俄罗斯标准规定在抢修完成后，应对管道进

行防腐处理，防腐层和绝缘层可采用相同材料或相似材料，并且防腐等级应不低于原管道防腐等级，规定一致。

2. 回填标准比对

表 6-63 回填标准比对

相关标准	标准规定
GB 50369—2014	12.2.1 一般地段管道下沟后应及时回填，回填前应排除沟内积水，山区易冲刷地段、高水位地段、人口稠密区及雨季施工等应立即回填。 12.2.2 耕作土地段的管沟应分层回填，应将表面耕作土置于最上层。 12.2.3 管沟回填前宜完成阴极保护测试引线焊接，并引出地面。 12.2.4 （1）回填土应平整密实； （2）石方、戈壁或冻土段管沟应先回填细土至管顶上方 300mm，后回填原土石方。细土的最大粒径不应大于 20mm，原土石方最大粒径不得大于 250mm； 12.2.6 管沟回填土宜高出地面 0.3m 以上，覆土应与管沟中心线一致，其宽度为管沟上开口宽度 . 并应做成有规则的外形。管道最小覆土层厚度应符合设计要求
ASME B31.8—2018	841.2.5（c）回填 （1）回填的进行方式应使管子下面具有结实的支垫； （2）用于回填的物料中如有大石块，应注意防止其损坏防腐层，可使用能阻挡岩石冲击的防护层，或在开始时采用没有石块的物料回填，并防止其中有抛石损坏； （3）当管沟内有水时，务必注意观察，确信管子没有从其支承的结实沟底上浮起
CO 02-04-АКТНП-010—2004	（1）管沟底部应使用软土填料层平整铺垫（由下向上依次为沙子、亚砂土、砂质黏土、黏土），应高出地基厚度不小于 20cm，并使用机械打夯机将其夯实； （2）管沟回填土不应使用冻结状态的土壤，应使用处于融化状态或者解冻过程中未沉降的砂土； （3）管沟回填应预留管道沉降余量； （4）管沟回填土应夯实至土壤的自然密度

通过表 6-63 的比对发现，我国和国外标准在管沟回填时，针对不同地理环境对回填土颗粒的大小、回填高度、分层回填等进行了规定，从而保护管道防腐层、预留管道沉降余量、保护土壤生态等，国内和国外基本一致。我国标准规定得更为细致，指导性更强。

第四节　国内外油气管道标准比对分析总体评价

我国油气管道标准经历了十几年的发展，目前已经建立涵盖管道线路、穿跨越工程、输送工艺、防腐、完整性等专业的标准体系，覆盖了管道的设计、施工及验收、运行管理、维抢修等阶段的技术要求，已基本满足生产需求，对规范管道工程建设和运行管理发挥了积极作用。本篇重点从国内外油气资源发展和管道建设现状出发，将我国与国外油气管道在工程建设、运行维护、完整性管理等多方面标准内容进行了比对分析研究，完成了35项中国标准、42项国外标准关键技术指标的比对分析。

通过比对分析可以得出，我国油气管道技术及标准与国际标准以及欧美先进标准基本上保持一致，且部分技术及标准走在前列，这为我国标准“走出去”提供了重要的先决条件。具体如下：

（1）在油气管道设计标准方面，从天然气管道设计、液体管道设计、油气管道输送用钢管三个影响重大投资决策和管道本质安全的方面开展了国内外重点标准比对分析。

天然气及液体管道设计方面，GB 50251—2015、GB 50253—2014是总结国内近年来油气管道工程实践和经验，并参考了ASME、CSA等北美的油气管道标准制定而成，因而在设计系数的选取、管道壁厚的计算等关键技术指标方面与北美标准保持一致，但基于我国人口密度大的国情，我国标准在地区等级的划分、管道与地下建构筑物的间距等方面进行了更详细规定，因而我国标准相对北美标准，保持了其先进性的同时又带有深厚的中国特色，更能适应不同国家的人口密度的情况，具备“走出去”的条件。

油气管道输送用钢管方面，GB/T 9711—2017修改采用ISO 3183：2012，属于欧美的标准体系，具有广泛的适用性和先进性，可以直接进行推广应用，具备“走出去”的条件。在标准比对时，选择与俄罗斯标准ГОСТ 52079—2003进行比对分析，主要考虑中亚地区管道工程的需求。两项标准的差异性主要在于用钢理念，俄罗斯标准更倾向于较低的屈强比（强调管材在屈服变形后塑性变化能力），而我国标准和欧美标准更强调高抗拉强度（表现为更高的抗“断裂”能力），就目前的管道承压和钢级水平来看，我国标准和欧美标准较为先进，管道设计中在同等承压情况下表现较小壁厚（即用钢量），但随着更高压力、更高等级钢材的使用，更能反映材料特性的俄标是否能表现出先进性，这也是目前国内外学者研究的重点。

（2）在油气管道施工及验收标准方面，从油气管道焊接、油气管道试压与投产及油气管道穿越工程几方面开展了国内外重点标准比对分析。

油气管道穿越工程标准方面，目前国内穿跨越工程标准主要有 GB 50423—2013、GB 50424—2015，主要规定了在管道穿越工程过程中一些具体的施工方法，如：顶管法穿越施工、盾构法穿越施工，矿山法隧道穿越施工等，这些方法没有国界的区别，因而从管道施工难点管道穿越工程标准来看，国际上都是通用做法，可以直接转化。

油气管道焊接标准方面，我国长输管道工程焊接施工执行的石油行业标准 SY/T 4103—2006，在技术内容上与美国石油学会标准 API 1104—2013 第 17 版等效，各章的内容不变或稍有改变，虽然这两项标准与欧盟标准 EN 14163：2001 在焊接接头试验、管口焊接要求、焊缝射线检测要求三个具体条款上部分指标稍有区别，但各标准均能达到保证管道工程的焊接质量。由于欧盟标准 EN 14163：2001 针对焊接工艺评定的规则制定及返修焊接的基本要求相关规定较为全面、合理，因而在焊接标准方面在欧盟地区实现“走出去”，可能还需要针对实际的情况进行适当的修改。

油气管道试压与投产方面，涉及标准较多，主要有 GB 50251—2015、GB 50253—2014、GB 50369—2014、SY/T 5922—2012 等，从比对情况来看，这些标准基本都与欧美标准保持一致。

（3）在管道运行管理标准方面，主要从油气管道运行、油气管道安全、管道完整性管理、管道维抢修四个能反映管道安全运营和维护管理水平方面进行标准比对分析。

油气管道运行管理方面，GB 50251 和 GB 50253 既是油气管道设计的重要规范，也是管道运行控制以及相关标准制定的重要依据，因而管道运行管理相应的技术规定基本遵照上述两项标准。从比对分析情况来看，管道运行参数分析、管道清管、冰堵防范等方面，基本都与目前国际通用的标准内容保持一致，但在安全阀压力值设定方面，北美标准统一规定设定值为 1.1 倍最大允许操作压力（MAOP），而我国标准规定设定值应根据 MAOP 具体值范围区间确定。对于大口径、高压力的干线管道由于长输管道目前最大试压强度接近管材屈服强度，因而我国标准对于 MAOP 大于 7.5MPa 的管道泄压阀压力设定值采用 1.05 倍 MAOP 是否过于保守，还需要我国学者更进一步研究。

油气管道完整性管理主要涉及管道内检测、完整性评价和风险评价等方面内容，相关标准较多，均是以完整性管理标准为宏观指导性标准，其他缺陷、检测、评价专项标准为技术支撑，整体情况国内外基本一致，但近几年我国在油气管道完整性管理实践方面走出了一大步，因而标准应用实践经验较为丰富，在应对一些具体油气管道完整性管理问题时，我国标准条款更加细致和完整，如补充了螺旋焊缝检测的内容、增加管道内检测风险控制与应急处置等内容。近几年我国在油气管道完整性管理方面的实践经验不断总结，不断完善。2019 年，ISO 19345-1 和 ISO 19345-2 正式发布，这两项标准的发布标志着我国油气管道完整性管理技术进入世界先进水平行列，标志着管道完整性管理实现了标准化，具备了在全世界推广应用的条件。

从以上标准比对分析的情况来看，从管道设计、管道施工与建设、管道运行及维护等方面，我国油气管道大部分标准与国际标准基本一致，达到了世界先进水平，具备“走出去”的条件，下一步可通过开展国际与国外先进标准培育，优选国内安全预警、泄漏防控、防腐等方面先进技术标准，积极推动我国标准向国际标准转化，逐步提升我国油气管道标准国际话语权。

第四篇

海工装备篇·自升式钻井平台

近年来，我国海工装备制造业整体水平不断提升，在产品结构上，逐渐由中低端配套向附加值更高的核心高端配套发展。目前，我国已逐渐成为全球性海工装备制造大国，在某些海工装备已经“走出去”的同时，更应注重推进我国海工装备标准“走出去”，将技术优势转化为国际市场的竞争优势，借助标准“走出去”，引领我国整个海工装备产业走向国际舞台，从而带动更多海工产品、技术、装备、服务等整个产业链“走出去”，形成我国海工装备产业发展的良性循环。

国务院发布的《深化标准化工作改革方案》（国发〔2015〕13号），给出了我国标准“走出去”的方式：社会组织和产业技术联盟、企业积极参与国际标准化活动，争取承担更多国际标准组织技术机构和领导职务，增强话语权。加大国际标准跟踪、评估和转化力度，加强我国标准外文版翻译出版工作，推动与主要贸易国之间的标准互认，结合海外工程承包、重大装备设备出口和对外援建推广我国标准等。

为取得国际话语权，应采用各种标准“走出去”的方式，在国际范围内积极推行使用我国海工装备标准。在优势领域，如甲板机械，应多制定国际标准，争取国际市场话语权；在产品优势领域，如自升式钻井平台及相关配套件，积极获得国际客户认可；在其他领域，积极把海工装备设计建造中的自主经验固化，上升为各层级标准，为海工装备的发展和我国标准“走出去”提供有效的技术支撑。

海工装备标准“走出去”，要解决的根本问题在于我国海工装备标准是否具有先进性与适用性，因而，我国海工装备标准与国际标准间的比对分析工作势在必行。本篇选取海工装备典型结构设计标准、典型产品标准，与相应国际标准、国际先进性标准比对差异性与适用性，针对标准内容逐项比对，一方面，为未来我国更多的海工装备标准“走出去”提供实践经验与技术支撑，另一方面，比对分析我国海工装备标准存在的不足，有助于进一步提升我国海工装备标准的先进性。

第七章　国内外海工装备标准现状

第一节　中国海工装备标准

一、我国海工装备标准体系概况

按照国际惯例，海洋工程（以下简称“海工”）约束性要求主要有国际公约、国家法律法规、入级规范、标准体系，见图 7-1。相关企业应按照相关要求，根据企业自身的管理需求与目的制定各自的标准体系，以促使企业在良好的体系下运行，保证所生产的海工产品或提供的海工服务符合相关要求。

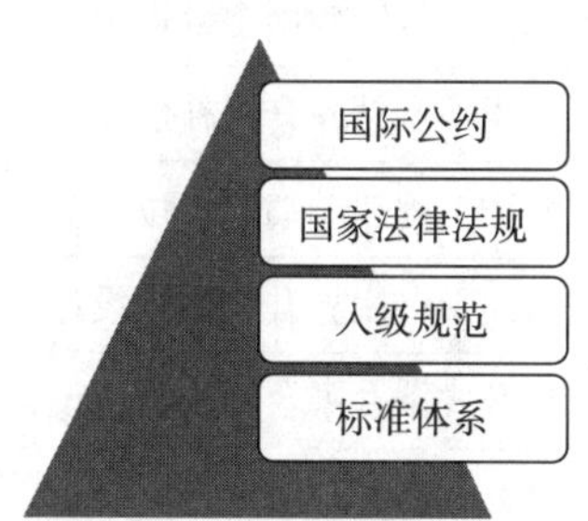

图 7-1　海工约束性要求

目前，我国针对海工装备相关的法规如下：

技术法规：与国际海事组织（IMO）公约、规则相一致，针对海上移动平台的安全规则，如《海上移动平台安全规则》（1992）及其补充规定等；针对海洋固定生产设施的安全规则，如《海上固定平台安全规则》等；针对 FPSO 设施的安全规则，如《FPSO 安全规则》等；针对海工设施的相关规范及标准主要是国内规范及标准，以及采用的国外行业标准、规范及推荐做法，同时也吸收国外先进的技术法规要求。

中国船级社（CCS）是接受主管部门授权的，中国唯一从事船舶及海洋油气工程入级、法定和第三方发证检验业务的专业机构。中国船级社海工设施规范体系的完整性对我国海工设施及人员安全起着重要的作用。由于我国海工开发建设起步较发达国家晚，经过30多年的努力，中国船级社建立了基本的海工规范体系，但目前尚不健全，一些高尖端的技术规范还需要进一步研究。随着我国海工事业蓬勃发展，新技术的应用，海工设施的开发、设计和建造能力的快速增强，结合国际上海工体系的发展趋向，建设混合型规范体系比较适合我国的海工发展需求。目前，中国船级社建立的海工规范标准体系包含规范、指南共计32本，其中“一类规范”4本、“二类规范”2本、“专项系统及设备规范 / 指南”8本、“新颖设施建造指南”3本、“推荐性做法及专项技术指南”15本。

国内的标准规范以国家标准、中国船级社（CCS）规范、船舶行业标准（CB）、石油天然气行业标准（SY）为主。从国家标准的情况来看，近几年海工领域发布的国家标准逐渐增多，海工领域的国家标准主要集中在平台设计，建造运营，平台结构设计，部分零部件的设计、建造等方面，主要的海工领域国家标准见表7-1。

表7-1　海工领域主要的国家标准（GB）

序号	标准编号	标准名称
1	GB/T 38713—2020	海洋平台结构用中锰钢钢板
2	GB/T 39209—2020	海洋平台钻井升沉补偿绞车
3	GB/T 39185—2020	海洋工程船舶动力定位系统技术要求
4	GB/T 37307—2019	海洋平台用直升机甲板设计要求
5	GB/T 37331—2019	自升式钻井平台结构材料设计细则
6	GB/T 37335—2019	自升式钻井平台结构全焊透区域设计指南
7	GB/T 37339—2019	自升式钻井平台桩腿结构设计指南
8	GB/T 37347—2019	自升式钻井平台节点结构
9	GB/T 37348—2019	自升式钻井平台甲板载荷图设计指南
10	GB/T 37349—2019	自升式钻井平台悬臂梁结构设计指南
11	GB/T 37350—2019	自升式钻井平台上层建筑结构设计指南
12	GB/T 37351—2019	自升式钻井平台桩靴结构设计指南
13	GB/T 37353—2019	自升式钻井平台钻台结构设计指南
14	GB/T 37381—2019	自升式钻井平台主体结构设计指南
15	GB/T 37442—2019	海洋平台起重机卷筒设计方法
16	GB/T 37443—2019	海洋平台起重机一般要求
17	GB/T 37444—2019	海洋平台起重机索具应用技术要求
18	GB/T 37449—2019	冰区环境下海洋平台起重机的设计要求

表 7-1（续）

序号	标准编号	标准名称
19	GB/T 37450—2019	海洋平台起重机结构要求
20	GB/T 37451—2019	海洋平台起重机试验规程
21	GB/T 37452—2019	海洋平台起重机钢丝绳选型方法
22	GB/T 37455—2019	海洋平台液压环梁升降装置
23	GB/T 37456—2019	海洋平台电驱动齿轮齿条升降装置
24	GB/T 37457—2019	自升式钻井平台插桩工艺
25	GB/T 37459—2019	自升式平台升降装置安装要求
26	GB/T 37747—2019	自升式钻井平台建造质量要求
27	GB/T 37582—2019	海洋工程装备腐蚀控制工程全生命周期要求
28	GB/T 37602—2019	船舶及海洋工程用低温韧性钢
29	GB/T 37636—2019	海洋工程桩用焊接钢管
30	GB/T 12466—2019	船舶及海洋工程腐蚀与防护术语
31	GB/T 37159.1—2018	石油天然气钻采设备　海洋石油自升式钻井平台　第 1 部分：功能配置和设计要求
32	GB/T 37159.2—2019	石油天然气钻采设备　海洋石油自升式钻井平台　第 2 部分：建造安装与调试验收
33	GB/T 37324—2019	甲板作业用多功能机械手
34	GB/T 37159.3—2018	石油天然气钻采设备　海洋石油自升式钻井平台　第 3 部分：运营检验
35	GB/T 35987—2018	海洋工程结构物称重作业规范
36	GB/T 36671—2018	海洋工程船高速轴系设计要求
37	GB/T 36880—2018	船舶及海洋工程建造有害物质控制规程
38	GB/T 35989.1—2018	石油天然气工业　海上浮式结构　第 1 部分：单体船、半潜式平台和深吃水立柱式平台
39	GB/T 36579—2018	自升式钻井平台悬臂梁负荷试验方法
40	GB/T 36659—2018	自升式钻井平台悬臂梁滑移系统设计要求
41	GB/T 36673—2018	自升式钻井平台钻台滑移系统设计要求
42	GB/T 36948—2018	海洋平台定位系泊纤维绳　高模量聚乙烯（HMPE）
43	GB/T 35177—2017	海上生产平台基本上部设施安全系统的分析、设计、安装和测试的推荐作法

表 7-1（续）

序号	标准编号	标准名称
44	GB/T 17501—2017	海洋工程地形测量规范
45	GB/T 34103—2017	海洋工程结构用热轧 H 型钢
46	GB/T 34105—2017	海洋工程结构用无缝钢管
47	GB/T 34206—2017	海洋工程混凝土用高耐蚀性合金带肋钢筋
48	GB/T 20848—2017	系泊链
49	GB/T 33364—2016	海洋工程系泊用钢丝绳
50	GB/T 13951—2016	移动式平台及海上设施用电工电子产品环境试验一般要求
51	GB/T 13952—2016	移动式平台及海上设施用电工电子产品环境条件参数分级
52	GB/T 32079—2015	自升式海洋平台齿条式桩腿锁紧装置
53	GB/T 31065—2014	钻井平台张紧器用耐火软管及软管组合件
54	GB/T 19485—2014	海洋工程环境影响评价技术导则
55	GB/T 29549.1—2013	海上石油固定平台模块钻机　第 1 部分：设计
56	GB/T 29549.2—2013	海上石油固定平台模块钻机　第 2 部分：建造
57	GB/T 29549.3—2013	海上石油固定平台模块钻机　第 3 部分：海上安装、调试与验收
58	GB/T 712—2011	船舶及海洋工程用结构钢
59	GB/T 17503—2009	海上平台场址工程地质勘察规范
60	GB/T 23803—2009	石油和天然气工业　海上生产平台管道系统的设计和安装
61	GB/T 6384—2008	船舶及海洋工程用金属材料在天然环境中的海水腐蚀试验方法
62	GB/T 7788—2007	船舶及海洋工程阳极屏涂料通用技术条件
63	GB/T 12763.11—2007	海洋调查规范　第 11 部分：海洋工程地质调查

中国船级社（CCS）规范在海工装备方面目前主要是检验规范，如:《海上移动平台入级规范》（2020）、《海上浮式装置入级规范》（2020）、《海上固定平台入级与建造规范》《浅海固定平台建造与检验规范》《海底管道系统规范》《液化天然气浮式储存和再气化装置构造与设备规范》《海上油气处理系统规范》《海上单点系泊装置入级规范》《海洋工程结构物疲劳强度评估指南》《海洋工程结构物屈曲强度评估指南》《固定式导管架结构可靠性分析及应用指南》《海上固定平台振动检测与结构安全评估指南》《海上升压站平台指南》《大型海工结构物运输和浮托

安装分析指南》《固定式导管架平台结构基于风险的检验指南》《海上自升式钻井平台桩腿裂纹检验与修复指南》《在役导管架平台结构检验指南》《海上移动平台结构状态动态评价及应急响应指南》《海底管道结构分析指南》《海洋立管系统检验指南》《海上固定设施高压电力系统检验指南》等。其中，《海上移动平台入级规范》（2020）是 CCS 提供海上移动平台入级服务的基础性规范，包括入级条件与范围以及相配套的技术要求，规定了检验和试验、结构与设备、稳性 / 分舱及载重线、机械装置与系统、电气装置、自动化系统、防火与防爆、各种用途平台和特殊系统及设施的要求，以及保持其良好状态的条件，旨在控制海上移动平台的安全与质量达到适当水平，并得到业界的广泛认同。《海上移动平台入级规范》（2020）于 2020 年 7 月 1 日生效，生效后替代《海上移动平台入级与建造规范》（2016），以及规范 2016 第 1 次规范变更通告、2016 第 2 次规范变更通告和 2019 第 1 次规范变更通告。

石油行业标准（SY）中有一些与海工相关的标准，SY/T 10001 及后续编号的石油行业标准现已发布 50 余项，主要是海工相关标准，平台及零部件的设计建造标准相对较少，见表 7-2。

表 7-2　海工领域主要的石油行业标准（SY）

序号	标准编号	标准名称
1	SY/T 10002—2000	结构钢管制造规范
2	SY/T 10003—2016	海上平台起重机规范
3	SY/T 10004—2010	海上平台管节点碳锰钢板规范
4	SY/T 10005—1996	海上结构建造的超声检验推荐作法和超声技师资格的考试指南
5	SY/T 10008—2016	海上钢质固定石油生产构筑物全浸区的腐蚀控制
6	SY/T 10009—2002	海上固定平台规划、设计和建造的推荐作法　荷载抗力系数设计法（增补 1）
7	SY/T 10010—2020	非分类区域和 I 级 1 类及 2 类区域的固定及浮式海上石油设施的电气系统设计、安装与维护推荐作法
8	SY/T 10011—2006	油田总体开发方案编制指南
9	SY/T 10012—1998	海上油气钻井井名命名规范
10	SY/T 10015—2019E	海上拖缆式地震数据采集作业技术规程（附英文版）
11	SY/T 10017—2017	海底电缆地震资料采集技术规程
12	SY/T 10019—2016	海上卫星差分定位测量技术规程

表 7-2（续）

序号	标准编号	标准名称
13	SY/T 10020—2018E	海上拖缆地震勘探数据处理技术规程（附英文版）
14	SY/T 10023.1—2020	海上油（气）田开发项目经济评价方法　第 1 部分：自营油（气）田
15	SY/T 10023.2—2012	海上油（气）田开发项目经济评价方法　第 2 部分：合作油（气）田
16	SY/T 10024—1998	井下安全阀系统的设计、安装、修理和操作的推荐作法
17	SY/T 10025—2016	海洋钻井装置作业前检验规范
18	SY/T 10026—2018	海上地震资料采集定位及辅助设备校准指南
19	SY/T 10028—2002	海洋石油工程制图规范
20	SY/T 10029—2016	浮式生产系统规划、设计及建造的推荐作法
21	SY/T 10030—2018	海上固定平台规划、设计和建造的推荐作法　工作应力设计法
22	SY/T 10031—2000	寒冷条件下结构和海管规划、设计和建造的推荐作法
23	SY/T 10032—2000	单点系泊装置建造与入级规范
24	SY/T 10033—2000	海上生产平台基本上部设施安全系统的分析、设计、安装和测试的推荐方法
25	SY/T 10034—2000	敞开式海上生产平台防火与消防的推荐作法
26	SY/T 10034—2020	敞开式海上生产平台防火与消防的推荐作法
27	SY/T 10035—2019	钻井平台拖航与就位作业规范
28	SY/T 10037—2018	海底管道系统
29	SY/T 10038—2002	海上固定平台直升机场规划、设计和建造的推荐作法
30	SY/T 10040—2016	浮式结构物定位系统设计与分析
31	SY/T 10043—2002	泄压和减压系统指南
32	SY/T 10044—2002	炼油厂压力泄放装置的尺寸确定、选择和安装的推荐作法
33	SY/T 10046—2018	船舶靠泊海上设施作业规范
34	SY/T 10047—2019	海上油（气）田开发工程环境保护设计规范
35	SY/T 10048—2016	腐蚀管道评估推荐作法
36	SY/T 10049—2004	海上钢结构疲劳强度分析推荐作法
37	SY/T 10050—2004	环境条件和环境荷载规范
38	SY/T 10051.1—2004	海上结构用改良韧性的碳锰钢板规范

表 7-2（续）

序号	标准编号	标准名称
39	SY/T 10051.2—2005	改良缺口韧性的轧制型钢规范
40	SY/T 7460—2019	石油天然气钻采设备　浮式钻井平台　钻柱升沉补偿装置
41	SY/T 6428—2018	浅海移动式平台沉浮与升降安全规范
42	SY/T 7423—2018	石油天然气钻采设备　海上浮式平台钻井系统的基本配置
43	SY/T 7428—2018	海上固定平台结构延长设计使用年限规范
44	SY/T 7395—2017	柱稳式平台圆柱壳结构稳定性设计
45	SY/T 6346—2016	浅海移动式平台拖带与系泊安全规范
46	SY/T 7059—2016	浮式生产系统和张力腿平台的立管设计
47	SY/T 7089—2016	海洋平台钻机选型推荐作法
48	SY/T 6396—2014	丛式井平台布置及井眼防碰技术要求
49	SY/T 4094—2012	浅海钢质固定平台结构设计与建造技术规范
50	SY/T 6874—2012	张力腿平台规划、设计和建造的推荐作法
51	SY 5747—2008	浅（滩）海钢质固定平台安全规则

从船舶行业标准（CB）情况来看，关于海工的标准很少，但近几年，随着海工事业的发展，我国每年也编制一些海工方面的基础标准和技术标准，主要集中在部分配套件的设计、建造方面，见表 7-3。

表 7-3　海工领域主要的船舶行业标准（CB）

序号	标准编号	标准名称
1	CB/T 4512—2020	海洋工程用平台升降系统超速保护装置
2	CB/T 4513—2020	自升式平台液压升降系统设计、安装要求
3	CB/T 4491—2019	自升式钻井平台钻井设备的布置原则和方法
4	CB/Z 810—2019	海洋工程装备动力定位能力评估方法
5	CB/Z 811—2019	海洋工程环境模拟与环境载荷预报方法
6	CB/Z 812—2019	海洋工程结构物耐波性试验规程
7	CB/T 3663—2013	移动式海洋平台锚泊定位装置
8	CB/T 3756—2014	海上平台栏杆
9	CB/T 3757—2014	海上平台斜梯
10	CB/T 3806—1997	海洋平台照度要求和测量方法

表 7-3（续）

序号	标准编号	标准名称
11	CB/T 4306—2013	海洋平台用风冷直接蒸发式空调装置
12	CB/T 4395—2014	海洋钻井平台输油软管吊具技术条件
13	CB/T 4397—2014	海洋石油平台电气设备防护、防爆等级要求
14	CB/T 4398—2014	海洋石油平台用电缆桥架设计通用要求
15	CB/T 4403—2014	自升式平台桁架式桩腿建造要求
16	CB/T 4309—2013	海洋工程模块支墩焊接工艺要求
17	CB/T 4310—2013	海洋工程用齿轮齿条电梯安装工艺
18	CB/T 4340—2013	海洋工程用玻璃鳞片涂料施工工艺
19	CB/T 4393—2014	海洋工程装备用盐雾空气净化器技术条件
20	CB/T 4311—2013	软钢臂式单点系泊系统建造及安装工艺
21	CB/Z 808—2016	海洋平台模型试验规程
22	CB/T 4214—2013	A 类阀门的结构长度
23	CB/T 3528—2013	海洋平台变压器
24	CB/T 3560—1993	巴拿马运河引航员平台

综上所述，目前，我国已有海工领域移动式平台总体设计、结构设计和部分零部件设计建造的标准，主要配套设备和水下设备设计的标准较少，见图 7-2。

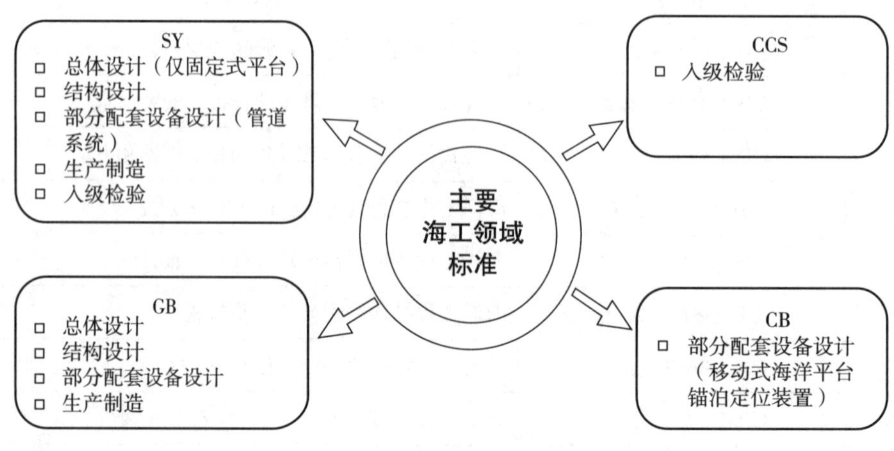

图 7-2　海工领域主要标准

二、我国海工装备国际标准化情况

（一）我国海工标准体系建设及成果

《国家标准化体系建设发展规划（2016—2020 年）》提出要推动实施标准化战略，建立完善标准化体制机制，优化标准体系，强化标准实施与监督，夯实标准化技术基础，增强标准化服务能力，提升标准国际化水平，加快标准化在经济社会各领域的普及应用和深度融合，充分发挥“标准化 +”效应，为我国经济社会创新发展、协调发展、绿色发展、开放发展、共享发展提供技术支撑。

我国在海工装备制造业虽然实现了跨越式发展，但还没有完整的海工技术标准体系。所以，建立科学、全面、准确的海工装备标准体系有利于指导我国海工装备制造业的健康、持续发展，有利于未来几年实现我国海工和装备自主设计、建造等自给自足，提升我国世界海工市场的话语权，加快我国海工行业的国际化步伐。

1. 2017 年发布船舶工业全新标准体系

我国的船舶工业标准化工作自“十一五”起取得了长足进步，船舶工业标准体系建设已做到了船舶设计、建造、修理行业准入标准的基本建立，对口国际标准转化率已达到 70% 左右，有力地支撑了船舶工业的发展。

但是，目前我国船舶标准化还存在一些问题，主要为标准老化情况严重，很大一部分标准的标龄已经有二三十年，技术内容落后；海工装备等一些行业发展急需的标准数量非常少。此外，我国长期以来都是被动应对国际新公约、新规范。要从根本上改变我国船舶标准化工作与世界先进造船国家的差距，就必须依靠顶层规划，从顶层抓起，使船舶标准化工作形成一个有机整体。因此，工业和信息化部与国家标准委从统筹协调行业资源，促进船舶工业国家标准和行业标准全面融合的角度出发，联手推进船舶标准化工作，共同组织编制并联合发布了《船舶工业标准体系（2017 年版）》，力求从顶层上解决标准不集中、不合理的问题，推进我国船舶标准化工作实现质的提升。这个全新的船舶工业标准体系的发布目的是适应我国船舶工业转型升级，尽快实现由造船大国向造船强国转变，进一步加大标准化工作力度。这部全新的船舶工业标准体系，从体系的权威性、开放性、科学性、合理性和可操作性入手，完全适用于船舶工业标准的制定、修订和管理，是指导相关产品设计、制造、试验、修理、管理和工程建设的依据。

其中，船舶与海工装备标准体系框架见图 7-3。船舶工业标准体系还给出了海工结构物标准子体系框架，见图 7-4。

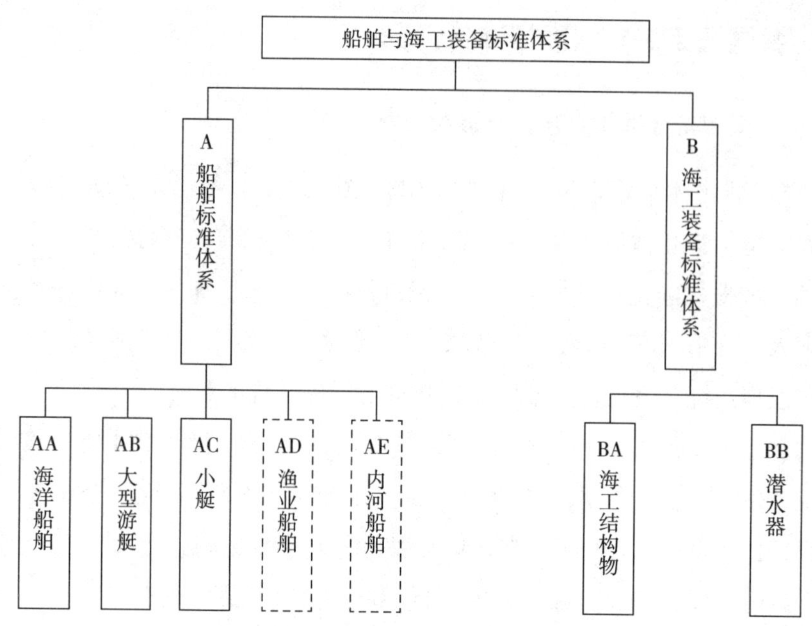

图 7-3 船舶与海工装备标准体系框架

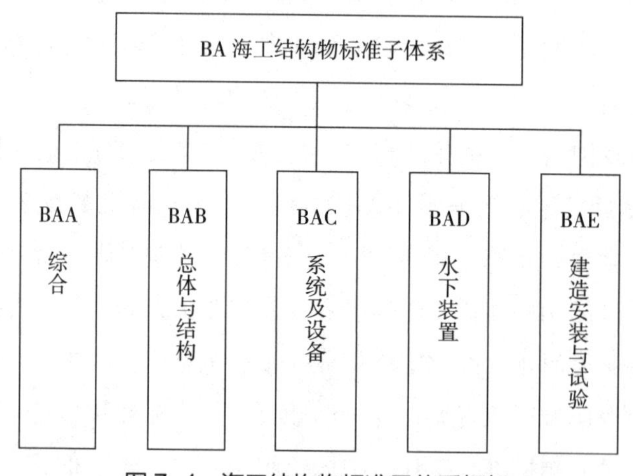

图 7-4 海工结构物标准子体系框架

2. 首个海工装备综合标准化示范项目已通过验收

2015 年 10 月，我国首个海工装备综合标准化示范项目“海工装备——自升式钻井平台综合标准化示范项目”在上海外高桥造船有限公司通过专家评审，顺利结题验收。该项目历时 5 年，在自升式钻井平台的设计和建造中，首次建立了自升式钻井平台标准体系，开拓了海工标准化的新局面，实现了我国海工装备顶层标准体系建设的新突破，为我国海工装备产业创新发挥了示范引领和辐射带动作用，为中国装备“走出去”做出了积极贡献。该示范项目由中国船舶工业集团公司和上海市质量技术监督局组织，上海外高桥造船有限公司牵头，中国船舶及海洋工程设计研究院、中国船舶工业综合技术经济研究院共同实施推进。

标准化助推海工产品批量化、高效率、高质量建造，产品远销挪威、美国、新加坡等地，为我国更多更好的海工产品“走出去”做出贡献。此次示范项目的成功验收，标志着我国在海工装备领域实现产业、标准、科技三大突破：开展海工装备领域综合标准化示范，有效带动产业链协同联动发展，凸显中国实力，实现海工装备制造产业突破；建立自升式钻井平台标准体系，借鉴国外先进经验，标准从少到多、从多到全、从全到优，实现海工装备顶层标准体系建设突破；开展技术成果转化，力求自主创新，率先在绿色、安全、环保等多个方面实现国家海工装备制造上的技术突破。

3. 国家技术标准创新基地（船舶与海工装备）

我国经济发展进入新常态，大众创业、万众创新蓬勃兴起，诸多新产业、新业态蕴含巨大发展潜力，大力实施创新驱动发展战略，推进供给侧结构性改革，需要加快推进科技研发、标准研制与产业升级的协同发展，以技术标准加速科技创新成果产业化，提升发展的质量效益。然而，我国标准化工作还存在着运行机制不够灵活、创新活力不足、标准缺乏有效供给等问题。通过创新基地建设，搭建标准化创新服务平台，将有效整合标准、科技、产业优势资源，发挥技术标准在促进科技成果产业化、市场化和国际化中的作用，以更加高效、灵活、便捷的方式为经济社会发展提供标准化基础保障与技术支撑。

根据《国家技术标准创新基地建设总体规划（2017—2020 年）》，已有 22 家单位获批国家技术标准创新基地建设。国家技术标准创新基地（船舶与海工装备），推进海工关键技术研发与标准研制同步，加快制定一批具有自主核心技术的国际标准、国家标准，巩固提升海洋优势产业。

4. 标准化对海工产业的引领作用

目前，美国、德国、日本等国的高端装备制造业处于全球领先地位，在机器人、航空航天等高端装备制造领域具有明显技术优势。纵观这些国家经验，标准化工作在推动装备制造业发展方面起着重要引领作用。并且，德国除了在国内及欧盟层面推广工业 4.0 标准化工作外，还积极在国际层面开展相关工作，比如在国际标准化组织设立与工业 4.0 相关的咨询小组。

2017 年 3 月，国务院颁布实施《深化标准化工作改革方案》，标志着我国标准化工作改革的全面启动。《中国制造 2025》明确提出制造业标准化提升计划，除建立智能制造标准体系、强化基础领域标准体系建设外，推动海工装备等重点领域标准化突破、推动装备走出去和国际产能合作；积极推进船舶、海洋、信息技术等国际标准取得突破，增加标准互认的国家和标准数量，加大标准互认力度。

对海工产业而言，在产业集群内部，企业与配套商、外协厂商之间存在大量的跨组织协作，在产业集群外部，企业与金融机构、中介服务机构、科研机构亦存在许多跨领域合作。在上述过程中，海工产业集群内外部标准化势必成为多方合作的基础，也对传统制造产业向新型制造产业实现转型升级产生深刻影响；与此同时，制造产业多方协作共赢过程中也势必产生的诸多标准化成果，按照“技术专利化 —专利标准化— 标准国际化 — 标准市场化”的模式又可以将标准化作为制造产业价值提升的新途径。

（二）国内海工装备国际标准化情况

1. 国际标准化活动参与情况

近年来，我国成功争取立项了一批国际标准项目，一些国际专业标准化技术委员会秘书处也相继落户中国。据不完全统计，截至 2019 年年底，我国承担的 ISO、IEC 有关 TC、SC 秘书处共 92 个，我国承担的 ISO、IEC 有关 TC、SC 主席、副主席职务共计 74 个，我国组织制定已发布的 ISO、IEC 国际标准共 762 项。国内各地方参与国际标准化工作积极性不断提高：一方面，对于服务我国标准“走出去”发挥了重要的支撑作用；另一方面，也为地方推进骨干企业、科研机构和大专院校等积极有效地参与国际标准化活动，培育和孵化国际标准化项目，培养标准化国际人才，加强与国际标准化组织相关技术委员会的交流协作奠定了良好的基础。

国际标准化组织技术管理局 2015 年 9 月正式任命七〇四研究所所长李彦庆为国际标准化组织船舶与海洋技术委员会（ISO/TC 8）主席。这是中国专家首次当选船舶与海洋领域国际标准制定机构的最高管理者，标志着我国在船舶与海洋技术国际标准化领域取得突破性进展，也是我国在“海洋强国”建设中增强国际话语权和影响力的重要里程碑。

2. 国际标准制定情况

截至 2020 年上半年，我国已主导编制了近 60 项船舶与海工装备 ISO 标准，见表 7-4。预计 2020 年年底统计总量会超过 60 项。

表 7-4　我国主导制定船舶与海工装备 ISO 标准统计

序号	标准编号	标准名称	参与地区	归口国际标委会 / 工作组	主要起草单位
1	ISO 15401：2000	船舶与海上技术　散货船　船体结构建造质量	上海	ISO/TC 8/SC 8	上海船舶设计研究院
2	ISO 15402：2000	船舶与海上技术　散货船　船体结构维修质量	上海	ISO/TC 8/SC 8	上海船舶设计研究院
3	ISO 4568：2006	造船　海船　起锚机和起锚绞盘	上海	ISO/TC 8/SC 4	中国船舶重工集团公司第七〇四研究所
4	ISO 15516：2006	船舶与海上技术　吊放式救生艇降放装置	上海	ISO/TC 8/SC 4	中国船舶重工集团公司第七〇四研究所、南京中船绿洲机器有限公司
5	ISO 3828：2006	造船　甲板机械词汇	上海	ISO/TC 8/SC 4	中国船舶重工集团公司第七〇四研究所
6	ISO 1704：2008	船舶和海上技术　有挡锚链	江苏	ISO/TC 8/SC 4	无锡蓝海船舶西装设备有限公司、江南造船集团有限责任公司
7	ISO 15516：2008	船舶与海上技术　吊放式救生艇降放装置	上海	ISO/TC 8/SC 4	中国船舶重工集团公司第七〇四研究所、南京中船绿洲机器有限公司
8	ISO 13122：2011	船舶与海上技术　自由降落式救生艇降放装置	上海	ISO/TC 8/SC 4	中国船舶重工集团公司第七〇四研究所等
9	ISO 14409：2011	船舶与海上技术　船舶下水用气囊	北京	ISO/TC 8/SC 8	中国船舶工业综合技术经济研究院、济南昌林气囊容器厂有限公司
10	ISO 3730：2012	造船　系泊绞车	上海	ISO/TC 8/SC 4	中国船舶重工集团公司第七〇四研究所、南京中船绿洲机器有限公司
11	ISO 13795：2012	船舶与海上技术　船用系泊和拖带设备　海船用钢质焊接带缆桩	上海	ISO/TC 8/SC 4	中国船舶重工集团公司第七〇四研究所、中国船舶重工集团公司第七〇八研究所
12	ISO 7365：2012	造船与海洋结构物　甲板机械　远洋拖曳绞车	江苏	ISO/TC 8/SC 4	南京中船绿洲机器有限公司、中国船舶重工集团公司第七〇四研究所

表 7-4（续）

序号	标准编号	标准名称	参与地区	归口国际标委会/工作组	主要起草单位
13	ISO 16857：2013	船舶和海上技术　船用起重设备可拆卸零部件　卸扣	江苏	ISO/TC 8/SC 4	南京中船绿洲机器有限公司、中国船舶重工集团公司第七〇四研究所
14	ISO 16855：2013	船舶和海上技术　船用起重设备可拆卸零部件　一般技术要求	湖北	ISO/TC 8/SC 4	武汉船用机械有限责任公司、中国船舶重工集团公司第七〇四研究所
15	ISO 16856：2013	船舶和海洋技术　船用起重设备可拆卸零部件　吊钩	上海	ISO/TC 8/SC 4	中国船舶重工集团公司第七〇四研究所、南京中船绿洲机器有限公司
16	ISO 16858：2013	船舶和海洋技术　船用起重设备可拆卸零件　滑轮装置	上海	ISO/TC 8/SC 4	中国船舶重工集团公司第七〇四研究所、中国船舶重工武汉船用机械有限公司
17	ISO 18296：2014	船舶与海洋技术　移船绞车	上海	ISO/TC 8/SC 4	中国船舶重工集团公司第七〇四研究所、南京中船绿洲机器有限公司
18	ISO 17907：2014	船舶与海洋技术　传统油船用单点系泊设备	上海	ISO/TC 8/SC 4	中国船舶工业物资华东有限公司、中国船舶重工集团公司第七〇四研究所
19	ISO 16145-5：2014	船舶与海洋技术　涂层保护与检查方法　第5部分：压载舱涂层破损面积的评估和计算方法	上海	ISO/TC 8	沪东中华造船（集团）公司、中国船舶工业综合技术经济研究院
20	ISO 17683：2014	船舶与海上技术　陶制焊接衬垫	北京	ISO/TC 8/SC 8	中国船舶工业综合技术经济研究院、武汉天高熔接材料有限公司
21	ISO 18289：2014	船舶和海上技术　航行及浅水工程船　起锚绞车	江苏	ISO/TC 8/SC 4	南京中船绿洲机器有限公司、中国船舶重工集团公司第七〇四研究所
22	ISO 5488：2015	造船　舷梯	江苏	ISO/TC 8/SC 1	姜堰船舶舾装件有限公司、江南造船（集团）有限责任公司

表 7-4（续）

序号	标准编号	标准名称	参与地区	归口国际标委会 / 工作组	主要起草单位
23	ISO 7061：2015	船舶和海上技术 造船 海船铝质码头跳板梯	江苏	ISO/TC 8/SC 1	姜堰船舶舾装件有限公司、中国船舶重工集团公司第七〇四研究所
24	ISO 17905：2015	船舶和海上技术 集装箱系固设备的安装、检验和维护	江苏	ISO/TC 8/SC 4	昆山吉海实业公司、中国船舶重工集团公司第七〇八研究所
25	ISO 6042：2015	船舶和海上技术 钢质单扇风雨密封门	江苏	ISO/TC 8/SC 8	江阴黄山船舶配件有限公司、江南造船（集团）有限责任公司
26	ISO 17939：2015	船舶和海上技术 油舱口盖	江苏	ISO/TC 8/SC 8	无锡蓝海船舶西装设备有限公司、中国船舶重工集团公司第七〇八研究所
27	ISO 17940：2015	船舶和海上技术 铰链式水密门	江苏	ISO/TC 8/SC 8	江阴黄山船舶配件有限公司、沪东中华造船（集团）公司
28	ISO 17941：2015	船舶和海上技术 液压铰链式防火水密门	江苏	ISO/TC 8/SC 8	无锡东舟船舶附件有限公司、上海外高桥造船有限公司
29	ISO 19354：2016	船舶和海上技术 船用起重机 一般要求	江苏	ISO/TC 8/SC 4	南京中船绿洲机器有限公司、中国船舶重工集团公司第七〇四研究所
30	ISO 16706：2016	船舶与海洋技术 海上撤离系统 载荷计算与试验	上海	ISO/TC 8/SC 1	中国船舶重工集团公司第七〇四研究所
31	ISO 7364：2016	船舶与海洋技术 甲板机械舷梯绞车	上海	ISO/TC 8/SC 1	中国船舶重工集团公司第七〇四研究所、中国船舶工业综合技术经济研究院
32	ISO 3078：2016	造船 起货绞车	上海	ISO/TC 8/SC 4	中国船舶重工集团公司第七〇四研究所、武汉船用机械有限责任公司
33	ISO 19356：2016	船舶与海洋技术 船用起重机 试验规范和程序	上海	ISO/TC 8/SC 4	中国船舶重工集团公司第七〇四研究所、南京中船绿洲机器有限公司

表 7-4（续）

序号	标准编号	标准名称	参与地区	归口国际标委会 / 工作组	主要起草单位
34	ISO 19360：2016	船舶与海洋技术 船用起重机 索具应用技术要求	上海	ISO/TC 8/SC 4	中国船舶重工集团公司第七〇四研究所、武汉船用机械有限责任公司
35	ISO 19355：2016	船舶和海上技术 船用起重机 结构要求	江苏	ISO/TC 8/SC 4	南京中船绿洲机器有限公司、中国船舶重工集团公司第七〇四研究所
36	ISO 20438：2017	船舶和海上技术 系泊链	江苏	ISO/TC 8/SC 4	江苏亚星锚链股份有限公司、中国船舶重工集团公司第七〇四研究所
37	ISO 7825：2017	造船 甲板机械 一般要求	江苏	ISO/TC 8/SC 4	南京中船绿洲机器有限公司、中国船舶重工集团公司第七〇四研究所
38	ISO 20155：2017	船舶和海上技术 船用泵声源特性测试方法	江苏	ISO/TC 8/SC 8	中国船舶重工集团公司第七〇二研究所、中国船舶重工集团公司第七〇四研究所
39	ISO 20154：2017	船舶和海上技术 船用机械隔振系统设计方法	江苏	ISO/TC 8/SC 8	中国船舶重工集团公司第七〇二研究所、中国船舶重工集团公司第七〇四研究所
40	ISO 5894：2018	船舶与海洋技术 船用人孔盖	上海	ISO/TC 8/SC 8	上海船厂船舶有限公司
41	ISO 21157：2018	船舶与海上技术 低温球阀 设计和试验要求	北京	ISO/TC 8/SC 3	中国船舶工业综合技术经济研究院
42	ISO 21159：2018	船舶与海上技术 低温蝶阀 设计和试验要求	北京	ISO/TC 8/SC 3	中国船舶工业综合技术经济研究院
43	ISO 8384：2018	船舶与海上技术 挖泥船 词汇	北京	ISO/TC 8/SC 7	中国交通建设股份有限公司
44	ISO 8385：2018	船舶与海上技术 挖泥船 分类	北京	ISO/TC 8/SC 7	中国交通建设股份有限公司
45	ISO 21125：2019	船舶与海洋技术 船用起重机 制造要求	上海	ISO/TC 8/SC 4	中国船舶重工集团公司第七〇四研究所、南京中船绿洲机器有限公司

表 7-4（续）

序号	标准编号	标准名称	参与地区	归口国际标委会 / 工作组	主要起草单位
46	ISO 21130：2019	船舶与海洋技术 应急拖带装置主要部分	上海	ISO/TC 8/SC 4	中国船舶工业物资华东有限公司、中国船舶重工集团公司第七〇四研究所
47	ISO 21132：2019	船舶与海洋技术 船用起重机 使用与维护要求	上海	ISO/TC 8/SC 4	中国船舶重工集团公司第七〇四研究所、武汉船用机械有限责任公司
48	ISO 9089：2019	海上结构物 海上移动平台 系泊定位用锚绞车	上海	ISO/TC 8/SC 4	中国船舶重工集团公司第七〇四研究所、南通力威机械有限公司
49	ISO 799-1：2019	船舶和海上技术 引航员软梯 第1部分：设计和规范	江苏	ISO/TC 8/SC 1	姜堰船舶舾装件有限公司；大连船舶重工集团有限公司；中国船舶重工集团公司第七〇四研究所
50	ISO 21711：2019	海上结构物 海上移动平台 锚链轮	江苏	ISO/TC 8/SC 4	南通力威机械有限公司、中国船舶重工集团公司第七〇四研究所
51	ISO 21173：2019	潜水器耐压壳体和浮力材料静水压试验方法	江苏	ISO/TC 8/SC 8	中国船舶重工集团公司第七〇二所；中国船舶工业综合技术经济研究院
52	ISO 19357：2016	船舶和海上技术 船用起重机 冰区环境的设计要求	湖北	ISO/TC 8/SC 4	武汉船用机械有限责任公司、中国船舶重工集团公司第七〇四研究所
53	ISO 21131：2019	船舶和海上技术 船用起重机 噪声要求和测量方法	湖北	ISO/TC 8/SC 4	武汉船用机械有限责任公司、南京中船绿洲机器有限公司、中国船舶重工集团公司第七〇四研究所
54	ISO 21593：2019	船舶和海上技术 液化天然气加注干式接头技术要求	湖北	ISO/TC 8	中国船级社武汉规范所；中国船舶工业综合技术经济研究院；中国船舶重工集团公司第七一四研究所
55	ISO 20661：2020	船舶和海上技术 绞吸挖泥 船疏浚监控系统	北京	ISO/TC 8	中国交通建设股份有限公司、中国船舶工业综合技术经济研究院
56	ISO 20662：2020	船舶和海上技术 耙吸挖泥 船疏浚监控系统	北京	ISO/TC 8	中国交通建设股份有限公司、中国船舶工业综合技术经济研究院

表 7-4（续）

序号	标准编号	标准名称	参与地区	归口国际标委会 / 工作组	主要起草单位
57	ISO 20663：2020	船舶和海上技术　抓斗轮挖　泥船疏浚监控系统	北京	ISO/TC 8	中国交通建设股份有限公司、中国船舶工业综合技术经济研究院
58	ISO 22252：2020	载人潜水器呼吸气供应及二氧化碳吸收设计要求	江苏	ISO/TC 8/SC 13	中国船舶重工集团公司第七〇二研究所
59	ISO 24044：2020	船舶与海洋技术　甲板机械　多功能机械手	上海	ISO/TC 8/SC 4	中国船舶重工集团公司第七〇四研究所、上海市质量和标准化研究院

可以看出，自 2000 年中国主导编制第一项海工装备 ISO 标准以来，中国所主导编制的海工装备 ISO 标准主要集中在甲板机械、海工辅助船、钻井平台的零部件上，在基础设计、关键零部件上还没有突破。

主导制定的地区集中在上海、江苏、北京、湖北 4 个省（直辖市），其他地区还没有主导研制 ISO 标准。4 个省（直辖市）中，上海 25 项，江苏 21 项，北京 9 项，湖北 4 项。各牵头起草单位，主要集中在中国船舶重工集团公司和中国船舶工业集团公司的下属子公司。

3. 国际标准化发展方向

标准是交易的技术规则，一个国家的标准是该国国内交易的技术规则，国际标准则是国际贸易的技术规则。如果哪个国家采纳了中国标准，就为中国的一系列产品和服务打开了一扇门，为中国企业走进这个国家铺平了道路。如果中国标准为国际范围所接受，成为国际标准，意味着国内的交易技术规则成了国际的贸易技术规则，将大大降低国内产品走出国门的技术壁垒，为国内产品的输出创造有利条件。中国是全球性的制造大国，在中国企业“走出去”的同时，应注重推进中国标准“走出去”，将技术优势转化为国际市场的竞争优势，以中国标准“走出去”带动产品、技术、装备、服务“走出去”。

随着国际竞争的加剧，中国在海工装备制造方面的优势日益凸显，目前市场占有率已全球领先；我们应该利用中国海工装备产品已经走出去的优势，重点推进国外公司或国外机构直接采用国内海工装备制造企业的企业标准，积极参加国际标准化活动，争取更多的国际标准技术委员会或分技术委员会承担单位的工作，在国际标准化工作中取得主导权。

三、海工装备标准存在的主要问题

近几年，我国海工装备制造业虽实现了快速发展，但作为技术基础的海工装备标准化研究起步较晚，标准数量较少，远远不能全面覆盖海工装备设计和建造，总结起来，我国的海工标准化工作还存在许多不足。

（一）我国海工标准体系不健全

我国已经建立了完整的船舶工业标准体系，但没有一个比较系统完整的标准体系用以指导海工装备的整个设计建造过程，不同的规范对于某些方面的要求也出入较大，国内的标准规范以国家标准、中国船级社（CCS）规范、石油天然气行业标准（SY）以及船舶行业标准（CB）为主，标准分散、数量少，缺乏系统性和完整性，与标准化需求还存在很大的差距。

（二）对国际国外相关标准研究不够系统和深入

目前，国际上海工装备的设计建造主要符合美国船级社（ABS）、挪威船级社（DNV）相关规范或规则、指南等，以及采用与石油工业有关的国际和国外标准如ISO、IEC、ASTM、API、ASME、ANSI、NACE 等标准。但在海工实际设计建造中，各类设计生产单位对这些规范、标准有的是直接采用，还有的是根据需要进行参照，并没有对这些国外规范、国际和国外标准进行全面系统的分析研究，也不了解国内现有标准与国际和国外先进标准的差距；我国参与起草的海工国际标准数量不多，并且仅限于甲板机械、船舶舾装等非关键技术领域。

（三）海工技术标准存在短板、行业发展受制于人

近年来，我国海工技术标准已有了不小的进步和发展，在海工装备产业的部分产品领域也有一些自主创新成果，但这些与我国海工装备自主研发设计和总装建造的整体需求相去甚远。目前，国内还没有移动式平台总体设计的标准，主要配套设备设计的标准较少；材料、配套设备或系统，包括甚高强度钢、大功率柴油机、大容量锅炉，以及油水气处理设备、深海钻井设备、运动补偿器、特种系泊系统、动力定位设备、自动检测报警控制系统、外输系统、海洋铺管设备等，都需要从国外进口。仅仅是高昂的进口价格一项即令当前急需降本增效的海工企业处境窘迫。以“海洋石油 981”所用的设备为例，一半左右的设备要从国外进口。标准短板对行业的最大影响是增加企业成本和行业发展上的受制于人。

（四）海工标准转化、制定力度不够

在海工装备的市场竞争中，技术能力和优势的重要性越来越大，相关领域的技术积累是承担海工装备开发任务的关键条件。国际和国外先进标准是先进国家多年来技术经验的总结，应及时转化为我国标准以指导设计建造，但我国海工装备领域企事业单位对国外的适用先进标准转化力度不够，同时，把海工装备设计建造中的自主经验固化、上升为标准的程度也远远不够，对海工装备的发展不能提供有效的技术支撑。

第二节　国外海工装备标准

一、国外海工装备标准体系概况

（一）国际公约

国际海事组织（IMO）是联合国负责海上航行安全和防止船舶造成海洋污染的一个专门机构，总部设在伦敦。已有 171 个正式成员，中国是 A 类理事国。该组织宗旨为促进各国间的航运技术合作，鼓励各国在促进海上安全，提高船舶航行效率，防止和控制船舶对海洋污染方面采取统一的标准，处理有关的法律问题。IMO 所制定的条约文件，是以国际法为准的国际书面协定或国际组织缔结的书面协定；它具有强制性，一经生效，即对缔约国产生法律效力。IMO 有责任以公约、规则、建议和指南的方式提高国际标准，让几乎所有从事国际航线的船舶均在其指导和制约之下。

（二）国家法律法规

1969 年缔结的《维也纳条约法公约》（以下简称《公约》）第 26 条规定："凡有效之条约对其各当事国有拘束力，必须由各当事国善意履行。"一国一旦成为一项"有效"条约的当事国，该国就必须将该项条约接受为国内法，解决好《公约》与国内法之间的效力冲突，使《公约》在该国国内行政与司法机关中可适用。

（三）入级规范

国外船级社是对执行船舶技术监督、制定船舶规范和规章、保障船舶具备安全航行技术条件的验船机构的一种称谓。包括以下两类：一是政府性质的验船机构，

如美国海上警卫队、英国的贸易部、澳大利亚的海事安全局；二是民间组织性质的验船机构，如船级社 、验船协会等。船舶入级和建造规范（rules for classification and construction of ships），是船级社对船体结构和设备，船用材料，保证船舶在海上安全航行所必需的系统、装置、设备的设计、建造、安装、试验等所作的涉及安全和质量方面的最低标准和综合性技术规定以及船舶入级和检验规定。海工产品出口时，应向出口国的船级社申请并按该出口国船级社规范通过入级检验。

（四）发达国家的海工法规体系情况

从 20 世纪中后期开始，海洋石油工业进入了高速发展时期，在为世界工业文明贡献了大量石油的同时，创造了一个又一个工业奇迹。海工标准汇集、沉淀了成熟的工业经验，推广了先进成熟的技术、规范，引导和管理海洋石油工业向安全、环保、经济、高效的方向发展，在海洋石油开发的过程中发挥着不可替代的重要作用。海洋石油工业所经受的每一次挑战和事故洗礼，在经过政府和业界的充分反思和研究之后都有力地推动了海工标准的发展。

当今世界上海洋石油工业发达的国家，经过数十年工业实践，建立了各具特点的海工法规体系。其中美国、英国和挪威的法规体系最具代表性。

1. 美国

针对海洋矿产开发，美国离岸 5.56km 内的海域一般由沿岸各州管理，距此之外的外大陆架海域由联邦管理。外大陆架海域的管理机构包括美国海岸警卫队（USCG）、内政部矿业管理局（MMS）和运输部，各管理部门通过法律和签署备忘录来明确界面。移动平台主要由 USCG 负责，但其中钻井许可、钻井安全及生产系统安全由 MMS 负责。固定平台主要由 MMS 负责，其中固定设施要有具备资质的机构进行技术评审和检查。救生、消防、起重等重要安全设备仍由 USCG 负责。海底生产管线由 MMS 负责，运输管线由运输部负责。2010 年 4 月 20 日的墨西哥湾井喷事件后，MMS 的职能由海洋能源管理、法规与执行局（BOEM）取代。

美国的外大陆架海工法规体系由法律和联邦规则构成。法律主要有《外大陆架地产法》《外大陆架税分配法》《1972 海岸区域管理法》等 11 部，从不同角度对外大陆架海域的油气开发活动进行规范。联邦规则（CFR）共有 50 篇，其中第 30 篇矿产资源和第 46 篇航运与海工关联较大，它们主要从技术方面对外大陆架的海洋石油开发做出处方式的规定。墨西哥湾井喷事件促使美国政府对有关海上钻探的 30 CFR 250 做了重大修改，加强了对井身结构设计、固井工艺和井控工艺与设备的相关规定。

2. 英国

英国海上设施由健康与安全执行局（HSE）管理，其核心职能就是评价、验证、检查、调查和实施海上设施的安全案例。船舶由海岸警卫局（MCA）负责监管，而海上事故调查部门（MAIB）则专门进行事故调查。上述3个部门相互独立，工作界面以法规和备忘录的方式划分清楚。

英国海工主要依据的法律是《1974工作健康和安全法》，主要规则包括安全案例规则、海底管线安全规则、海上设施和管线工作规则、海上设施火灾和爆炸预防与应急响应规则、海上设施和油井规则以及工作设备供应和使用规则。目前，英国的安全法规以效能式规定为主。1988年7月6日PiperAlpha平台爆炸事故后，出台了著名的LordCullen调查报告。报告提出了106条建议，对英国的海工法规体系产生了巨大影响，首次引入了安全案例的概念，并且促使英国海上安全法的重构，改变过去的处方式的规则为目标设定型的规则，即由规则描述目标，作业者可以选择方法和设备以达到这些目标，履行他们的法定义务。经过认可的实践标准和指导文件作为安全案例法规的补充。

3. 挪威

经过精简后的挪威海上管理部门仅剩3个，即石油安全局、污染控制局和公共健康局。挪威1969年开始开发海上石油，从那时起着手制定法规。到20世纪80年代，法规才比较健全。通过吸取过去几十年的经验，到21世纪，挪威对法规重新进行规划，因此现在的规则显得系统、完整。而且值得一提的是，从1985年开始挪威的海上管理部门与工业界以研发、专业研讨和法规制定的方式相互交流，最终推动完成了法规从处方式到效能式的转变。

挪威的海工法规体系由法、规则、指南、解释和标准组成。海工相关的法律主要有石油活动法、工作环境法、污染和废弃物法和人员健康法等12部。规则有健康安全和环保框架规则、管理规则、资讯职责规则、设施规则和活动规则5个。其中，健康安全和环保框架规则是对其他4个规则的概括和总结，对整个规则体系进行指导；设施规则是硬件规则，包括对结构、钻井、工艺、公用等设备的规定；其余3个规则主要是针对管理、资讯和作业活动的软件要求。指南与规则对应也有5个，用以论证如何满足规则要求。相应的有5个文件来解释如何理解法规、如何履行法规。在指南中经常引用标准来满足规则规定的功能要求。引用的主要标准有：挪威国内标准、IMO、ISO、IEC、API等。

综上所述，国外先进国家做法，基本都采用了“法规 + 标准或规范性文件 + 依法监管”的模式进行海工及装备的管理。

（五）国外主要标准体系

国外先进的海工装备大国之所以技术领先，在核心技术研究等方面具有绝对优势，先进的标准支撑是重要因素。经过多年的发展，欧美国家积淀了深厚的技术力量，如挪威船级社（DNV）、美国石油学会（API）、美国船级社（ABS）、MSS、ANSI、ASME、ASTM、AWS、NACE、欧盟（EN）、挪威石油标准化组织（NORSOK）等，这些海工装备领域内的国外先进标准在世界范围内都具有影响力，大量的 ISO/IEC 标准都是依据这些组织机构的标准而制定。目前，国外海工方面的标准规范以 DNV、ABS、API 等为主。

DNV 作为世界知名船级社，在全球设立的分支机构多达 300 多个，业务范围主要涉及入级服务、认证服务等方面。在海洋工程方面，我国海域中有 75% 左右的油气生产设施是由 DNV 检验发证的。在 DNV 的海工标准规范（数据统计截至 2009 年 1 月）中，共有海工规范 17 项（以 OSS 表示）、海工标准 31 项（以 OS 表示）、推荐的经验做法 49 项（以 RP 表示），涉及海工结构设计、重要部件和装置的要求、风险管理与评估等多个方面，如：DNV-OSS-101—2008《海上钻井装置入级规范》、DNV-OS-A101—2008《安全原则与布局》、DNV-OS-B101—2008《金属材料》、DNV-OS-C101—2008《海洋平台钢结构设计总则（LRFD）法》、RP-C203—2008《平台钢结构疲劳强度设计》、RP-C205—2007《环境条件与环境载荷》等。

ABS 主要是入级检验规范以及相应的配套规范，主要有：《ABS 移动式平台入级与建造规范》（2009）、《ABS 近海设备安装入级与建造指南》（2009）、《ABS 自升式钻井平台动力分析程序》（2004）、《ABS 海底管道系统》（2008）等。

API 是美国工业主要的贸易促进协会之一，是代表整个石油行业以勘探开发、储运、炼油与销售的主要业务的行业协会组织。API 有一整套关于石油装备的标准规范，数量将近 450 项，但更多的还是侧重于钻井设备、石油管路等与钻采相关的标准，对平台结构方面的标准比较少。相关的标准主要有：API RP 2SK《浮式结构的定位设计与分析》、API RP 2X《海洋结构物建造的超声波磁粉探伤操作规程以及技术员资质导则》、API Spec 2W《由热机控制工艺加工的海洋结构用钢板》、API RP 14C《海上生产平台地面安全系统分析、设计、安装及测试》、API RP 14E《海上生产平台管路系统的设计及安装》等。

ISO 相关的技术组织为船舶和海上技术（ISO/TC 8）和石油天然气工业

（ISO/TC 67）。其中，海上平台相关的结构或设备可参考或使用ISO/TC 8的相关标准，钻采或与石油天然气行业相关的标准主要是参考或使用ISO/TC 67的标准。ISO/TC 67主要负责石油、石化及天然气用材料、设备和海上结构物专业领域，已颁布标准共220余项。该技术委员会下设7个分技术委员会，分别为SC 2（管线传输系统），SC 3（钻井、完井液及混凝土油井），SC 5（套管、油管和钻管），SC 6（生产装备及系统），SC 7（海上结构物）。其中，ISO/TC 67/SC 7主要负责有关石油与天然气工业用海上结构物设计制造标准的编制。TC 67/SC 7现已有标准共21项，包括ISO 19901-1：2015《石油与天然气工业　海上结构物特殊要求　第1部分：满足海洋条件的设计与操作要点》、ISO 19900：2019《石油与天然气工业　海上结构物一般要求》等。

综上所述，API发布的标准侧重于钻井设备、石油管路等与钻采相关的内容，平台结构方面的标准比较少，ABS发布的标准侧重于入级检验，DNV和ISO标准覆盖面相对较广，由于ISO非船级社，因此没有入级检验的标准，见图7-5。

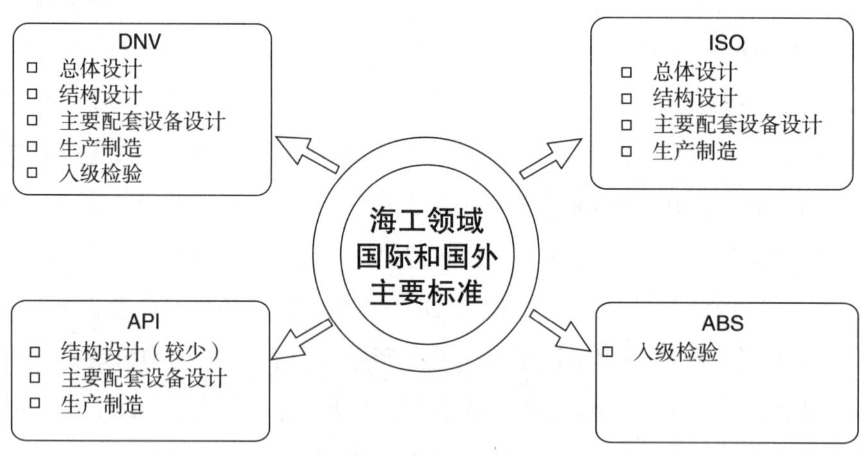

图7-5　海工领域国际和国外主要标准

二、我国海工装备标准在国外推广应用的对策建议

我国海工装备标准“走出去”的受制因素较多，按可控性可分为外部因素和内部因素。外部因素主要包括产业情况、国际公约、国家法律法规、入级规范、标准体系、标准、认证要求等方面；内部因素主要包括规划设计、标准研制、实施体系、技术机构以及人才培养等方面。

我国海工装备标准要“走出去”，国内应具备某个领域的优势，比如舾装与甲板机械，中船重工第七一四研究所和中船重工第七〇四研究所分别承担了国际标准化组织船舶与海洋技术委员会（ISO/TC 8）和舾装与甲板机械分委会（ISO/TC 8/SC 4）的秘书处工作，可以考虑在类似的优势领域寻找突破点，逐步实现标准走出去。

我国海工装备标准要“走出去”，除该标准具备一定技术优势外，还需提前了解外部影响因素，如国际公约的要求、目标国的法律法规的约束、相关政策导向、相关适用标准的特殊要求、认证要求等方面，尽早减少或绕开外部壁垒，为产品进入国际市场赢得先机。

内部影响因素包括顶层设计、标准研制、实施体系、技术机构以及人才培养等，虽然相对可控，但控制不好会影响标准是否可以“走出去”和标准“走出去”的效率。海工装备中的子行业发展阶段不同，比如水下设备，目前还没有批量化的可靠的产品，处于起步阶段；而其他子行业，比如钻井平台、油气外输设备、海工辅助船等，处于快速发展阶段。不同发展阶段所需的标准化资源及内部机制不同，因此有必要对不同发展阶段的子行业标准化情况进行分别分析研究，给出标准“走出去”具体的路径。

第八章　海工装备标准比对分析

第一节　典型结构设计标准比对分析

一、标准比对分析

针对ISO 19900：2013《石油天然气工业　海洋结构的一般要求》和GB/T 23511—2009《石油天然气工业　海洋结构的一般要求》两项标准进行了比对分析。

GB/T 23511—2009等同采用ISO 19900：2002，而ISO 19900：2002已更新为ISO 19900：2013，因此本文仅针对ISO 19900：2013对于ISO 19900：2002的更新内容进行分析。

（一）一般要求和条件的比对分析

关于一般要求和条件的内容，ISO 19900：2013与GB/T 23511—2009的区别如下：

（1）新增了此章内容的总则说明；

（2）在基本要求中新增了强度要求，要求结构设计时应体现充分的强度以抵御各种原因下的破损；

（3）在基本要求中新增了计划要求，要求在设计开始前应进行充分的计划以获得安全、可操作及经济的海洋结构；

（4）在基本要求中新增了位置和方位要求，要求海洋结构设计应从多个方面考虑其所处位置的特点以便采取应对措施；

（5）在基本要求中新增了海上作业要求；

（6）在基本要求中新增了海冰和冰山要求，要求海洋结构的设计应考虑作用于结构上的冰；

（7）在基本要求中新增了海啸要求，要求设计时评估其潜在危险。

（二）计算及设计原则的比对分析

对于计算及设计原则的内容，两个标准的核心内容大致相同，只是在章节的排序上有所不同，且 ISO 19900：2013 的内容更加丰富，增加了极限状态设计原则的相关内容，详细描述了各极限设计状态的定义和设计要求。

（三）基本参数的比对分析

此章内容基本相似，ISO 19900：2013 的内容表述更加详细。

（四）分项系数设计形式的比对分析

分项系数设计形式的内容在两个标准中的表述大致相同，但 ISO 19900：2013 新增了特征值的概念，要求在设计中考虑此因素的影响。

（五）质量控制、管理的比对分析

GB/T 23511—2009 仅仅简单地描述了质量控制的材料检验、制造检验、安装检验、作用期间的检验、维护和维修、文件记录和存档等内容。

ISO 19900：2013 详细描述了海工平台结构建造工程的设计、制造、运输和装配阶段的质量管理系统。围绕质量管理系统的概念，从质量系统需求、质量控制计划、材料检验、制造检验、安装检验、作用期间的检验、维护和维修、文件记录和存档等方面详细阐述。

（六）对已建结构评估内容的比对分析

此章内容两个标准基本一致，ISO 19900：2013 在文字表述上有部分区别，且增加了已建结构需评估的条件状态和缓解方式。

（七）ISO 19900：2013 新增内容

（1）ISO 19900：2013 增加了“暴露等级”内容的新章节。

此章内容完全新增，主要涉及生命安全类别、结果类别的定义和分级、暴露等级的判定及新设计或现有海洋结构物对暴露等级的考虑等内容。

（2）ISO 19900：2013 增加了模型及分析的内容。

（3）ISO 19900：2013 增加了大量的资料性附录。

GB/T 23511—2009 等同采用了 ISO 19900：2002，因此 GB/T 23511—2009 与 ISO 19900：2013 的比对分析，等同于 ISO 19900：2002 与 ISO19900：2013 的比对分析。

二、适用性分析及结论

ISO 19900：2013 中的主要技术内容及要求在国内自升式钻井平台设计建造中的引用分析如下。

（一）基本要求

标准要求：结构及其构件应根据其预期的使用寿命来设计、建造和维护。特别是它应满足下列性能要求。

（1）能抵抗在建造和预期使用中可能出现的极端作用（ULS 要求）。

（2）在所有预期的作用下能正常发挥功能（SLS 要求）。

（3）在重复作用下不会失效（FLS）。

（4）能提供适当的强度标准来抵御破损和失效的发生，考虑如下：

——失效的原因和模式。

——对人身安全、环境和财产等风险方面可能的失效后果。

（5）满足国家、地区或当地标准的不同要求。

此要求是针对海洋结构物结构件设计的基本要求，在自升式钻井平台的结构设计中同样得到了充分的实施。平台在设计之初就会根据预期的寿命期来考虑临界、疲劳等极限状态所必需的可靠度。

（二）耐久性、维护和检测

标准要求：（a）在环境条件下，结构的耐久性应保证在其设计使用期内它的基本状态保持在一个可接受的水平。对于腐蚀的影响、磨损导致的结构损失和其他能影响结构或结构构件抵抗力的老化形式作出说明。

此要求能够适用于自升式平台的结构设计，通常腐蚀、磨损等容易导致结构损失的环境或作业条件都会在设计之初考虑到。

标准要求：（b）维护和程序检查应与结构的设计和功能，及其所暴露在的环境情况保持一致。维护应包括适当的定期检测、特殊状态（如：地震、其他剧烈或异常的环境条件、意外发生后）检测、保护系统升级及结构构件的修复。

此要求不属于设计要求，仅属于后期的维护和检修，但是在平台的设计过程中会考虑给后期的维护和检修提供便于实施的空间要求。

（三）人员配置

标准要求：应确定结构寿命期各阶段的人员配置水平。

此要求完全适用于自升式钻井平台的设计，通常在设计的初始阶段即会确定该平台的人员配置要求，并在平台设计的全过程中充分考虑该配置人员所需的诸如住宿、救生等方面相关的所有要求。

（四）隔水套管和立管

标准要求：在结构设计中，应确定并考虑所有隔水套管和立管的数量、位置、尺寸、间距和操作条件等。在设计和布置中，应对隔水套管和立管提供保护以避免意外损坏。设计中应采取措施缓解因意外事故对隔水套管和立管产生的影响。

此要求在自升式钻井平台的设计和布置中得到了充分应用。

（五）设备和材料布置

标准要求：应确定设备、材料布置和相应的重量、重心以及环境条件下的作用，并考虑对将来操作的影响。

此要求在自升式钻井平台的设计中得到了充分应用。因为重量控制对于自升式平台有着非常重要的意义，因而重量控制在平台的设计和建造整个过程中得到了全面的监控。

（六）人员和材料运输

标准要求：应确定人员和材料的运输计划，如：

（1）直升机的类型、尺寸和重量；

（2）供应船和其他服务船的类型、尺寸和排水量；

（3）甲板吊机和其他材料搬运系统的数量、类型、尺寸和位置。

上述 3 个要求均适用于自升式钻井平台的设计。设计方根据所确定的直升机的类型进行相关直升机平台、照明等一系列相关内容的设计，并根据材料搬运系统的要求，确定甲板吊机的布置和选型。根据供应船的类型尺寸进行平台结构的加强。

（七）位置和方位

标准要求：应确定场址位置和结构方位。

结构应设计成现场定位以便其方位和任一辅助系统的位置（如深基础桩、系泊缆、锚、立管、可移动式保护栏等）能够考虑到：

——油气藏几何形状；

——建造要求（包括钻井通道或船舶构造，它们的定位系统和延伸的支撑）；

——物理环境，包括盛行风向，波和冰的漂流方向；

——其他平台和其附件的下部结构（水下井、集油管、出油管、管线等）；

——能通过船舶或直升机到达；

——在烃类化合物泄漏或火灾的情况下采取安全措施。

位置的误差应当由操作者确定。

地面设施和水下结构结合物及构件之间的最小间隙在一些情况下由一系列特定的适用于海洋结构的标准确定。对于没有特定标准覆盖的情况，最小间隙要求应通过合适的风险评估来确定。

结构所处位置的经纬度应在设计的最开始就明确，以便促进位置特定参数的确定，如环境条件、土壤和地质参数、地震风险等。

自升式钻井平台的设计同样需要考虑位置和方位要求，但上述要求并不完全适用于自升式钻井平台，在设计初始阶段自升式平台主要需要考虑物理环境，尤其是风向和波的流向，同时需要根据当地的环境确定最小间隙，但是上述标准中提到的水下井，集油管、出油管等下部结构等内容与自升式平台无关。

（八）结构型式

标准中此章涉及甲板高程、飞溅区、系留系统、浮式结构的稳性和分舱、环境条件（主要指风、浪、流、海生物堆积、冰雪堆积、温度、海冰和冰山）、地质调查（主要指地震、断层、海啸）、工程地质资料（主要指土壤特性、海床的不稳定性）等一系列要求。

上述一系列要求不完全适用于自升式钻井平台的设计，其中甲板高程，环境条件中的风、浪、流、温度，地质调查中的地震，工程地质资料中的土壤特性在自升式平台的设计中会考虑到，以保证平台设计的安全性，尤其是风、浪、流的标准要求，是平台设计中需要考虑的重要因素。但飞溅区，系留系统，浮式结构的稳性和分舱，环境条件中的海生物堆积、冰雪堆积并不在自升式平台设计的考虑范围内，这些要求主要针对浮式结构。

（九）极限状态设计原则

标准中此章针对临界极限状态（ULS）、使用极限状态（SLS）、疲劳极限状态（FLS）、偶然极限状态（ALS）这四种极限状态提出了一系列的设计要求。这些设计要求基本上是概念性的要求，对于自升式钻井平台的设计是适用的，但是平台的设计原则主要是参照各个船级社的规范要求，两者在概念上是相通的。

（十）一般设计要求

标准要求：设计中应考虑所有的有关极限状态，应针对每个有关的极限状态分别建议计算模型。这个模型应包括所有适当的参数且考虑：

——作用的不确定性；

——结构的整体响应；

——单个结构构件的特性；

——环境的影响。

此要求适用于自升式钻井平台的设计，平台的设计方在设计初始阶段即会建立相关计算模型，并根据不同的设计工况和环境条件进行结构分析。

（十一）基本参数——作用

标准中将作用分为永久作用、可变作用、环境作用、偶然作用及重复作用，并详细定义了各类作用。

此种分类方式适用于自升式钻井平台的设计，标准中规定的分类与结构设计中的永久性载荷、可变载荷、环境载荷、偶然载荷及重复载荷基本对应。

（十二）分项系数设计形式

标准描述了何谓分项系数设计形式，提出了特征值、代表值、设计值等概念。

标准中此章节内容基本不适用于自升式平台的设计，对于平台来说，设计所用的计算方法基本上只强制要求满足相关船级社的规范要求。

（十三）质量控制

标准中此章节概括了一个典型海工平台结构建造工程的设计、制造、运输和装配阶段的质量管理系统。更多的细节要求在特定结构标准中介绍，如 ISO 19902、ISO 19903、ISO 19904-1、ISO 19905-1 和 ISO 19906。

标准中此章内容就质量责任、质量管理系统、质量控制计划、工作人员资格、材料检验、制造检验、安装检验、作用期间检验、维护和维修、记录和存档等多个方面提出了基础要求，但是并不涉及具体的控制细节。

上述标准要求基本适用于自升式钻井平台的质量控制。目前我们的平台质量控制在上述要求的各个环节都能够满足相关的标准。

经上述分析，建议采用新版的 ISO 19900：2013 修订 GB/T 23511—2009。

第二节　典型产品标准比对分析

项目合作单位——上海振华重工（集团）有限公司应用本项目研究成果，共同发掘事实“走出去”的企业先进技术并及时转化为企业标准。上海振华重工（集团）有限公司的企业标准 Q/Z JS241 1601—2019《自升式平台升降系统》于 2019 年 12 月 4 日发布实施，在发布实施之前给 Gulf Drilling International Ltd. 的供货，是统一按照该标准的技术内容生产的；该企业标准发布实施之后，上海振华重工（集团）有限公司生产的振海系列 2 号自升式平台租赁给 Marinsa 公司，3 号、5 号和 6 号平台租赁给 Seadrill 公司，其升降系统均按照本标准生产。目前，Q/Z JS241 1601—2019 已成为上海振华重工（集团）有限公司海外市场供货的事实标准。

经多年的市场观察，上海振华重工（集团）有限公司确定如下国家作为自升式平台升降系统的出口目标国：卡塔尔、挪威、墨西哥、阿联酋、美国、新加坡。此外，欧美市场也是其出口目标。经调查研究：大多出口目标国都接受符合 ABS 船级社标准的产品，还有的出口目标国，如阿联酋，接受符合 GL 船级社标准的产品。

所以，该企业标准的内容是基于 CCS 和 ABS 规范标准起草的，内容丰富，并在安全系数等关键指标上严于 CCS 和 ABS 规范标准。该企业标准与 CCS 和 ABS 规范的具体比对情况见表 8-1 和表 8-2。

表 8-1　Q/Z JS241 1601—2019 中各项技术要求与 CCS 规范的比对情况

相关要求	Q/Z JS241 1601—2019	中国船级社（CCS） 海上移动平台入级规范
术语和定义	第 3 章增加了升降系统单元预压升降载荷、升降系统单元最大静态支撑载荷、平台升降速度等专业术语的定义	—
结构	4.2　增加升降系统的细分结构组成以及典型结构示意图，见图 8-1、图 8-2	—
标记	4.3　根据产品的性能、驱动形式特点增加编制了升降系统特有的标记方式	—
技术要求	5.3　根据产品结构组成，在设计要求中增加对关键设备进行细分和技术要求描述	—

表 8-1（续）

相关要求		Q/Z JS241 1601—2019	中国船级社（CCS） 海上移动平台入级规范
技术要求	设备强度校核的安全系数取值范围	5.3.4.2　升降爬升齿轮 a）齿轮齿根极限强度（破坏载荷）应大于齿条的极限强度的 1.1 倍； b）在静态或动态负荷条件下，齿根弯曲安全系数大于 1.5	6.3.3.1　爬升齿轮的设计应给予特别考虑，且应满足下列要求： a）齿轮齿根极限强度（破坏负荷）应不小于齿条的极限强度的 1.1 倍； b）在静态或动态负荷条件下，齿根弯曲安全系数应不小于 1.5
		5.3.4.3　减速箱齿轮 a）在静态或动态负荷工况下，齿轮齿面接触应力最小安全系数大于 1； b）在静态或动态负荷工况下，齿根弯曲应力最小安全系数大于 1.5	6.3.2　密闭传动齿轮装置 a）在静态或动态负荷工况下，齿轮齿面接触应力最小安全系数 1； b）在静态或动态负荷工况下，齿根弯曲应力最小安全系数 1.5
		5.3.4.4　升降框架 a）在平台组合工况，结构许用应力安全系数大于 1.11； b）在平台静载工况，结构许用应力安全系数大于 1.43； b）在平台静载工况，结构许用应力安全系数大于 1.43	3.4.2.2　板材屈服校核 a）在平台组合工况，结构等效应力安全系数 1.11； b）在平台静载工况，结构等效应力安全系数 1.43
		5.3.5.3　插销销轴 a）在平台组合工况，校核轴的剪切应力安全系数大于 1.88； b）在平台静载工况，校核轴的剪切应力安全系数大于 2.5； b）在平台静载工况，校核轴的剪切应力安全系数大于 2.5	3.4.2　屈服失效准则 a）在平台组合工况，校核轴的剪切应力安全系数 1.88； b）在平台静载工况，校核轴的剪切应力安全系数 2.5
试验方法		6 1. 根据产品实际特点，试验方法进行一一细分，内容更加丰富； 2. 分别从试验操作和检测内容两个方面对升降试验详细进行描述	—

表 8-1（续）

相关要求	Q/Z JS241 1601—2019	中国船级社（CCS） 海上移动平台入级规范
检验规则	第 7 章增加了检验规则这一章节，分别从检验分类、试验样品、检验项目、受检样品数量、判定规则几个方面制定出厂升降产品是否符合合格检验的标准	—
包装、随机文件、运输和贮存	第 8 章、第 9 章增加了包装、随机文件、运输和贮存这几项内容，在产品的实际生产过程中，这几项内容是必不可少的	—

表 8-2　Q/Z JS241 1601—2019 中各项技术要求与 ABS 规范的比对情况

<table>
<tr><th>相关要求</th><th colspan="2">Q/Z JS241 1601—2019</th><th>《ABS 海上移动钻井平台》</th></tr>
<tr><td>术语和定义</td><td colspan="2">第 3 章增加了升降系统单元预压升降载荷、升降系统单元最大静态支撑载荷、平台升降速度等专业术语的定义</td><td>—</td></tr>
<tr><td>结构</td><td colspan="2">4.2 增加了升降系统的细分结构组成以及典型结构示意图，见图 8-1、图 8-2</td><td>—</td></tr>
<tr><td>标记</td><td colspan="2">4.3　根据产品的性能、驱动型式特点增加编制了升降系统特有的标记方式</td><td>—</td></tr>
<tr><td rowspan="2">技术要求</td><td colspan="2">5.3　根据产品结构组成，在设计要求中增加对关键设备进行细分和技术要求描述</td><td>—</td></tr>
<tr><td>设备强度校核的安全系数取值范围</td><td>5.3.4.2　升降爬升齿轮
a）齿轮齿根极限强度（破坏载荷）应大于齿条的极限强度的 1.1 倍；
b）在静态或动态负荷条件下，齿根弯曲安全系数大于 1.5</td><td>11.7　齿面接触疲劳强度
a）所有抬升和下降及其他载荷工况，齿轮齿面接触应力最小安全系数 1；
b）所有抬升和下降及其他载荷工况，齿根弯曲应力最小安全系数 1.5</td></tr>
</table>

表 8-2（续）

<table>
<tr><td>相关要求</td><td colspan="2">Q/Z JS241 1601—2019</td><td>《ABS 海上移动钻井平台》</td></tr>
<tr><td rowspan="3">技术要求</td><td rowspan="3">设备强度校核的安全</td><td>5.3.4.3　减速箱齿轮
a）在静态或动态负荷工况下，齿轮齿面接触应力最小安全系数大于 1；
b）在静态或动态负荷工况下，齿根弯曲应力最小安全系数大于 1.5</td><td>11.7　齿面接触疲劳强度
a）所有抬升和下降及其他载荷工况，齿轮齿面接触应力最小安全系数 1；
b）所有抬升和下降及其他载荷工况，齿根弯曲应力最小安全系数 1.5</td></tr>
<tr><td>5.3.4.4　升降框架
a）在平台组合工况，结构许用应力安全系数大于 1.11；
b）在平台静载工况，结构许用应力安全系数大于 1.43</td><td>11.3.1　机械结构件应力分析
a）在平台组合工况，结构许用应力安全系数大于 1.11；
b）在平台静载工况，结构许用应力安全系数大于 1.43</td></tr>
<tr><td>5.3.5.3　插销销轴
a）在平台组合工况，校核轴的剪切应力安全系数大于 1.88；
b）在平台静载工况，校核轴的剪切应力安全系数大于 2.5</td><td>11.3.1　零部件应力分析
a）在平台组合工况。校核轴的剪切应力安全系数大于 1.88；
b）在平台静载工况，校核轴的剪切应力安全系数大于 2.5</td></tr>
<tr><td>试验方法</td><td colspan="2">6
1. 根据产品实际特点，试验方法进行一一细分，内容更加丰富；
2. 增加出厂试验、船厂试验；
3. 分别从试验操作和检测内容两个方面对升降试验详细进行描述</td><td>ABS 船级社对试验只有型式试验要求
25.3 原型试验</td></tr>
<tr><td>检验规则</td><td colspan="2">第 7 章增加了检验规则这一章节，分别从检验分类、试验样品、检验项目、受检样品数量、判定规则这几个方面制定出厂升降产品是否合格检验的标准</td><td>—</td></tr>
<tr><td>包装、随机文件、运输和贮存</td><td colspan="2">第 8 章、第 9 章增加了包装、随机文件、运输和贮存这几项内容，在产品的实际生产过程中，这几项内容是必不可少的</td><td>—</td></tr>
</table>

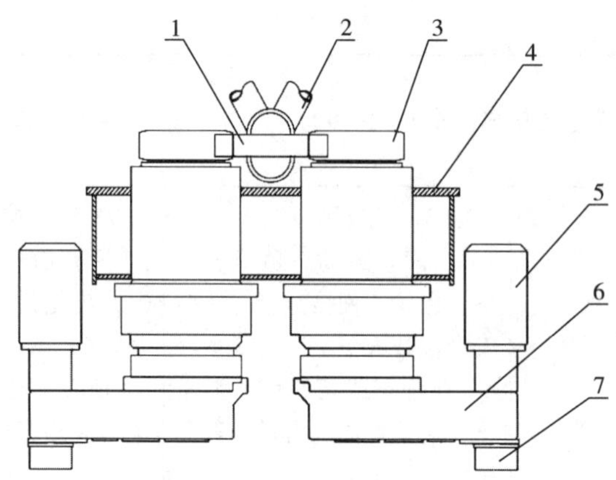

说明：

1——齿条；2——桩腿；3——升降爬升齿轮；4——升降结构；5——电动机；6——减速箱；7——制动器。

图 8-1　齿轮齿条升降系统典型结构示意图

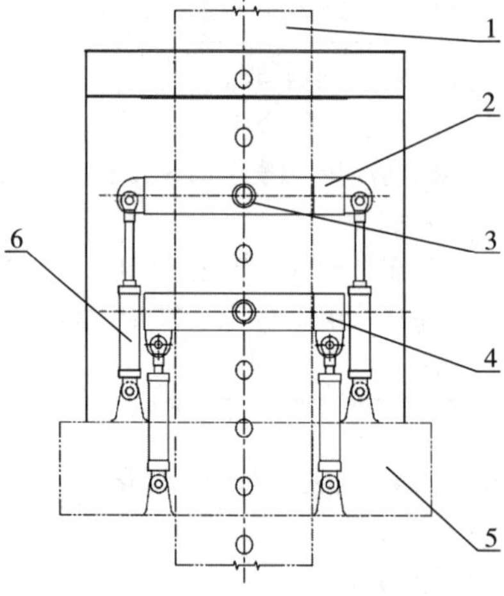

说明：

1——桩腿；2——动环梁；3——插销装置；4——固定环梁；5——平台体；6——升降油缸。

图 8-2　插销式液压升降系统典型结构示意图

目前，上海振华重工（集团）有限公司的自升式升降系统的设计、建造技术上已成熟，产品已在国内或国外应用，用户反馈良好。标准实施后，自升式平台升降系统依托公司风力设备安装船项目、自升式钻井平台项目，预计每年可向国内外市场提供 72～216 台，销售额可达 1 亿～2.2 亿元，获得利润 2000 万～4400 万元，经济效益非常可观。

第三节　典型零部件标准比对分析

一、多功能机械手国内标准比对分析

近年来，我国海工装备产业发展具备了一定基础，已成功设计和建造了浮式生产储卸装置（FPSO）、自升式钻井平台、半潜式钻井平台以及多种海洋工程船舶，在基础设施、技术、人才等方面初步形成了海洋工程装备产业的基本形态。海上作业装备是保障各类海上施工、生产、作业的重要支撑。随着深海油气钻探向深海海域发展，传统的悬链式系泊系统和新型的张紧索系泊系统以及索链组合系泊系统的锚链、钢索等越来越长，也越来越重。曾经，靠船员在甲板区域人拉肩扛整理，在深海海域船舶摇摆不定、单位长度重量大幅增加等情况下船员工作极为危险。

多功能机械手就用于 FPSO 系泊锚链、钢索、纤维索等释放和回收时，三用途工作船或大型拖轮后甲板面进行锚链、钢索在高海况下的拖带 / 整理（拖带锚链、钢索、缆绳、卸扣等）作业，除了起抛锚外其他作业均由两套左右舷安装的多功能机械手联动完成，确保船员操作环境更加安全、船员操作更加轻松。

作为甲板作业多功能机械手设计研发、生产及使用的主要国家之一，我国有必要开展国际标准研制，贡献中国的海上技术方案，以争取海洋装备领域更多的国际话语权。

作为海上特种作业装备，多功能机械手可在各类海工支持船支持多场景的海上作业。以 Rolls-Royce 公司和麦基嘉公司为主，推出有折臂吊、操锚吊等相似产品。但在规范及标准层级，在 ISO 24044：2020 发布之前，国际层面尚未形成规范、有效的标准化指导文件，相关产品的装船应用多以不同船级社规范认证为依据。

为完善甲板机械领域国际标准化体系，促进海洋装备市场的规范化，为相关装备设计、制造方及用户等提供技术依据，我国以 GB/T 37324—2019《甲板作业用多功能机械手》为基础，同期开展了国际标准研制。

与 GB/T 37324—2019 相比，ISO 24044：2020 主要技术内容与国家标准保持一致。考虑到国际应用和编写要求，ISO 24044：2020 在试验环节删去了“检验规则”，以适用于更多利益相关方。

二、多功能机械手国际“标杆”比对分析

2020年10月26日，中国船舶第七〇四研究所、上海市质量和标准化研究院联合主导制定的ISO 24044：2020《船舶与海洋技术　甲板机械　多功能机械手》由ISO正式发布。该标准规定了甲板作业用多功能机械手的分类、技术要求、试验方法、检验规则及标志包装运输等要求，将有效指导甲板作业中夹持和整理锚链、钢索的双折臂多功能机械手的设计、制造和检验验收。

多功能机械手作为三用途工作船及大型拖轮后甲板安全作业系统的核心部件，集成了起重、钩缆、拖带锚链/钢索等作业功能，为三用途工作船及大型拖轮后甲板作业面赋予了全新的作业功能，将传统的甲板机械集成并形成了新的甲板机械作业体系，是甲板机械集成发展的新方向，在海工等行业应用前景广阔。多功能机械手布置在船舶后甲板上，左右舷各一个，模仿人的肢体交替动作进行锚链、钢索、纤维索的夹持及整理作业，在整船稳性允许条件下，支持舷外作业。

多功能机械手为近海特种甲板作业设备，目前，国际上只有Rolls-Royce公司和麦基嘉公司针对海洋工程作业用多用途工作船设计有船用液压折臂吊等相似产品。其中，Rolls-Royce公司开发的安全甲板操作系统（SDOS）主要安装于海洋工程船舶上，用于起重、抓锚链、抓钢丝绳、钩缆绳等锚作业。该系统的核心是一对可在船艉部作业区域行走的自行式液压折臂吊，每套折臂吊上有两个工作臂，其中一个工作臂带有多功能头，具有抓锚链、抓钢丝绳的功能，另一个工作臂具有起重和钩缆绳的功能。该自行式液压折臂吊有以下特点：具有自行功能、锚作业和起重功能、能无线遥控操纵、能双机联合作业。ODIM公司也针对多用途工作船开发了安全锚作业系统（SAHS）。该系统中的核心设备也是带有机械手的自行式液压折臂吊，该折臂吊由公司下属的ABAS公司开发，其功能与Rolls-Royce公司的产品类似，因只有一个工作臂，功相对单一，主要为起重使用。麦基嘉集团为了提高多用途工作船的作业安全，开发了甲板作业机械手系统（DHMS），该系统中的核心设备同为自行式液压折臂吊。

多功能机械手与Rolls-Royce操锚吊产品比对：

——设计条件不同：Rolls-Royce使用条件为横倾5°/纵倾2°，多功能机械手设计输入为横倾8°/纵倾4°；

——臂架变幅长度不同：Rolls-Royce操锚吊为14m，多功能机械手为12m；降低变幅长度的原因为增加设备工作静倾角，更适合多种船型、多种海况作业要求；

——臂架结构不同：Rolls-Royce 操锚吊采用 16mm 板厚，空心结构，多功能机械手采用 10mm 板厚，内部和局部加强结构；

——电压等级不同：Rolls-Royce 操锚吊采用 690V，多功能机械手采用常规电制 380V。

——在多功能头钢索夹具方面，Rolls-Royce 仅有最大夹持力，多功能机械手设计采用多挡夹持，更符合多种作业特点。

三、多功能机械手国际标准主要内容

ISO 24044：2020 包括范围、规范性引用文件、术语和定义、分类、技术要求、试验方法、标志、包装、运输及贮存等。

（一）分类

标准确定了固定式和行走式两类多功能机械手的结构形式，包括单纯多功能臂、多功能臂与起重臂组合两种，并给出了主要结构形式图。同时，经过梳理总结国内外主流产品，标准明确了多功能机械手基本参数，包括安全工作载荷（起重载荷及多功能头作业载荷）、起升速度、工作半径、回转角度、主臂 / 起重臂 / 多功能臂变幅、多功能头变幅、夹持锚链 / 钢索尺寸范围等。

（二）技术要求

标准从设计与结构（包括钢丝绳、吊钩、滑轮、臂架 / 回转塔身 / 底座 / 行走架结构、回转机构、固定底座 / 行走机构、多功能头、制动系统、电控系统、座椅等）、材料、性能（空载、额定载荷、超负载、电气性能）、外观质量等方面明确了多功能机械手主要部件的机械性能要求。

（三）试验方法

标准从空载试验、额定负载试验、超负载试验、安全防护检查、电源波动、绝缘电阻、外壳防护等级检查、外观质量等方面规范了多功能机械手的试验程序、方法及要求。

四、对比分析结论

目前，海洋石油开发行业蓬勃发展，相关配套设备市场需求明显扩大。我国主导提出的 ISO 24044：2020 的成功发布，有效统一了各方在设计、制造、检验验收等方面的要求。作为国际标准的主导起草国，我国起草的ISO 24044：2020的主要技术内容均以我国优势产品为基础提出，在甲板机械市场的竞争中，将有效保护我国企业及相关装备产品，维护我国产业利益。

第四节　国内外海工装备领域标准比对分析总体评价

国外先进的海工装备大国之所以技术领先，是因为在核心技术研究方面具有绝对优势，先进的标准支撑是技术领先的重要因素。经过多年的发展，欧、美等国家和地区积淀了深厚的技术力量，如DNV、API、ABS、MSS、ANSI、ASME、ASTM、AWS、NACE、EN、NORSOK等，这些海工装备领域的国外先进标准在世界范围内都具有影响力，大量的ISO/IEC国际标准都是依据这些组织机构的标准而制定。目前，国外海工领域的标准规范以DNV、ABS、API等为主。

目前，国内海工方面的标准规范以国家标准、中国船级社（CCS）规范、石油行业标准（SY）、船舶行业标准（CB）等为主，还没有移动式平台总体设计的标准，主要配套设备和水下设备设计的标准相对较少。

近几年，我国海工装备制造业虽实现了快速发展，但作为技术基础的海工装备标准化研究起步较晚，数量较少，远远不能全面覆盖海工装备设计和建造，总结起来，我国在海洋工程标准化还存在许多不足。

国际上海工装备的设计建造主要符合ABS、API、DNV、ISO、IEC等相应标准，对这些国外规范、国际标准和国外先进标准进行全面系统的分析研究，了解国内现有标准与国际标准、国外先进标准的差距，对于国内海工产业的发展、实现赶超尤为重要。

通过海工装备标准化建设，可以在各分支领域，进行国际标准和国外先进标准的适用性分析。在优势领域，如甲板机械，多制定国际标准，争取国际市场话语权；在产品优势领域，如自升式钻井平台及相关配套件，积极寻求国际客户认可；在其他领域，积极把海工装备设计建造中的自主经验固化、上升为各级标准，为海工装备的发展和海工装备标准“走出去”提供有效的技术支撑。

结　语

标准比对分析作为深化标准服务、提升标准能力的一项重要工作内容，其本质仍然是对“一流标杆”的研究与学习，过程涉及组织自身目标、标杆及信息资源优选、对标过程管理等多方面研究，对专业知识、对标研究方法及对标经验有较高需求，目前已广泛应用于标准制修订、不同国家间标准比对、国内标准与国际（外）标准比对、国内同类标准比对等领域。比对范围不仅局限于国内外标准，还包括组织实践做法、技术研究等比对分析，明确国内外差异及差距，开展先进技术、标准及条款识别，提出先进技术引进建议和标准改进建议，形成适用于组织的技术与标准发展对策，为技术标准水平提升提供重要技术支撑。

虽然本书只是从四类重大装备领域进行了标准比对分析，但在比对过程中形成的通用技术与对标准比对分析工作的理解可以归纳如下，希望可以为其他领域进行标准比对分析提供指导。

（1）标准比对内容要具有可比性：标准的要素、层次、结构、分类、技术指标等都是常见的比对内容，而标准的制修订背景、版本变化、专利等也可以作为比对的重要补充内容。这些内容应当具有相同或相近的规则、指南或特性，才能放在一起比对。

（2）标准比对结果要具有概括性：不需要把不同标准的全部不同内容都罗列出来，根据研究目的和关注重点确定比对范围，概括性地阐明比对结果。使用表格、公式、符号、分类等形式优化比对结果，可以帮助使用者更快捷、更方便地利用比对结果。

（3）标准比对范围要具有针对性：标准按使用范围分为国际标准、国家标准、行业标准、地方标准、团体标准、企业标准等，按内容分为基础标准、产品标准、辅助产品标准、原材料标准、方法标准等，没有必要也不可能进行大数量级的标准比对，通常选择两项或几项标准进行比对。指标型比对通常也在几项标准中进行，如果要开展大数量级标准文件的单一或者多项指标的比对，应先建立和完善某类标准大数据库，依托信息、统计等技术方能实现。

（4）标准比对方法要具有科学性：虽然标准比对的通用方法和技术目前还不成

熟，但标准是其他学科发展的技术产物，可以借鉴物理、数学、化学、统计、信息技术等学科的常用方法和技术进行标准比对。在这些学科中，常用的方法有：类比法、比较法、等效法、分类法、归纳法、分析法（包括定性分析、定量分析、因果分析、系统分析等）。

参考文献

［1］《中国航天事业的60年》编委会 . 中国航天事业的60年［M］. 北京：北京大学出版社，2016.

［2］张兴超 . 魏永刚 . 代建 . 卫巍 . 任伟 . 中国航天标准体系构建与研究［J］. 中国标准导报，2017（2）.

［3］王全永 . 中国标准“走出去"初探［J］. 中国标准化，2015（7）.

［4］石红霞 . 国际民航组织概况及标准制定程序［J］. 民航法制和标准化研究，2021：111-113.

［5］宫轲楠，计雄飞 . 非洲标准组织的现状与发展［J］. 标准科学，2017（4）.

［6］陈胜 . 俄罗斯实施《技术调节法》推进国家标准体系改革［J］. 世界标准信息，2005（8）.

［7］俄罗斯联邦技术调节法 .N 184-Φ 3 .

［8］俄罗斯联邦标准化联邦法 .N 162-Φ3.

［9］铎恩 . 极简中国航空工业史［M］. 北京：航空工业出版社，2019.

［10］中国航空综合技术研究所 . 航空标准化与通用技术［M］. 北京：航空工业出版社，2013.

［11］廖子祥，吕保良 . 对外合作直升机型号专用标准编制、应用案例研究［J］. 标准科学，2019（7）.

［12］张冰，郑朔昉，吕保良 . 中俄航空标准差异性分析研究［J］. 航空标准化与质量，2018：22-26，35.

［13］皮润格，吕保良 . 声级计中外标准对比分析［C］. 第三十六届（2020）全国直升机年会论文，2020.

［14］郑朔昉，吕保良 . 关于民用直升机标准体系建设的探讨［C］. 第二十八届（2012）全国直升机年会论文，2012.

［15］吕保良 . 直升机旋翼系统标准现状与发展［J］. 直升机技术，2010（6）.

［16］李鹏 . 航空用中俄螺纹标准对比分析［J］. 工程技术（全文版）.2017（11）.

［17］中国航空综合技术研究所 . 航空标准化与通用技术［M］. 北京：航空工业出版社，2013.

［18］金烈元 . 标准的实施与监督［M］. 北京：航空工业出版社，2005.

［19］金烈元 . 标准的选用与剪裁［M］. 北京：国防工业出版社，2016.

[20] 孔昌生，冯雪峰 . 吉尔吉斯斯坦共和国计量和标准化发展状况及分析 [J]. 中国计量，2016（8）：13-14.
[21] 胡小明 . 哈萨克斯坦油气行业标准化现状及发展趋势 [J]. 中国标准化，2016（13）：16-17，20.
[22] 塞丽滩乃提・米吉提 . 中亚五国标准化机构的设置研究 [A]. 国家标准化管理委员会 . 市场践行标准化——第十一届中国标准化论坛论文集 [C]. 国家标准化管理委员会，2014：8.
[23] 曾云清，玉家铭 . 缅甸标准化管理体系及标准化现状 [J]. 标准科学，2018（6）：23-26.
[24] 谭笑，徐葱葱等 . 中俄东线国内外维抢修技术与标准比对分析 [J]. 石油工业技术监督，2018（10）：25-28.
[25] 徐葱葱，姚学军 . 中俄天然气管道抢修关键点标准比对分析 [J]. 石油工业技术监督，2018（1）：31-33.
[26] 2017 年度油气管道行业发展报告 [C]. 中国石油管道科技研究中心，2018：6-76.
[27] 马江涛，刘冰，张妮 .Transmission pipelines—techniques，technologies and implementation Research on standardized cooperation strategy of natural gas pipeline in "the Belt and Road" countries [C]. 第二十七届世界天然气大会 .
[28] 姚学军，吴张中等 . 俄罗斯国家标准体系现状研究 [J]. 大众标准化，2017（6）：36-41.
[29] 张妮，马伟平等 . 国内外长输管道清管技术综述 [J]. 全面腐蚀控制，2017（4）：6-10.
[30] 马飞，李天煜 . 海工装备相关重点国外先进标准研究 [J]. 船舶标准化与质量，2017（5）：4-7.
[31] 王延博 . 论我国海工装备制造业国际化战略法律保障体系构建 [J]. 经济研究导刊，2010（23）：71-73.
[32] 谭家盈 . 中国技术标准"走出去"的思考 [J]. 国际工程与劳务，2016（5）：68-70.
[33] 上海市船舶与海洋工程学会 . 海洋工程科技创新与跨越发展战略研究 [M]. 上海：上海世纪出版股份有限公司、上海科学技术出版社，2016.
[34] 中国标准化研究院 . 国内外标准化现状及发展趋势研究 [M]. 北京：中国标准出版社，2007.